"十三五"国家重点出版物出版规划项目
材料科学研究与工程技术系列

冲压成形原理与方法

Principle and Method of Stamping Forming

● 于洋　崔令江　主　编
● 韩飞　王传杰　副主编

哈爾濱工業大學出版社

内 容 简 介

本书共9章，主要阐述各种冲压加工中毛坯的受力与变形特点、各种冲压变形的共同规律和每种冲压变形的规律，并在此基础上进一步研究冲压变形的控制、冲压成形极限的确定与提高、冲模设计的基本原理等各种实际问题的解决原则与方法。

本书可作为高等院校材料成型及控制工程专业本科生的教学用书，也可供从事塑性加工技术的工程技术人员参考。

图书在版编目(CIP)数据

冲压成形原理与方法/于洋，崔令江主编. —哈尔滨：哈尔滨工业大学出版社，2020.3

ISBN 978-7-5603-8588-4

Ⅰ.①冲… Ⅱ.①于… ②崔… Ⅲ.①冲压—工艺学 Ⅳ.①TG38

中国版本图书馆CIP数据核字(2019)第255716号

材料科学与工程
图书工作室

策划编辑 许雅莹 杨 桦
责任编辑 庞 雪
封面设计 卞秉利
出版发行 哈尔滨工业大学出版社
社 址 哈尔滨市南岗区复华四道街10号 邮编150006
传 真 0451-86414749
网 址 http://hitpress.hit.edu.cn
印 刷 黑龙江艺德印刷有限责任公司
开 本 787mm×1092mm 1/16 印张11.75 字数279千字
版 次 2020年3月第1版 2020年3月第1次印刷
书 号 ISBN 978-7-5603-8588-4
定 价 30.00元

前　言

冲压技术在各种工业生产中占有很重要的地位，应用十分广泛。冲压工艺学是材料加工工程和材料成型及控制工程专业教学的基本内容，同时也是材料成型及控制工程专业的主要专业课。

冲压生产技术是多方面的，但最主要的基础内容是，在充分了解和掌握各种冲压变形规律的基础上解决冲压加工中出现的各种实际问题，确定最佳工艺参数，以最简便的方式在消耗最低的条件下实现冲压过程，获得高质量的冲压产品。因此，本书的内容重点以分析讨论各种冲压加工中板料毛坯的受力与变形特点、各种冲压变形的共同规律和每种冲压变形的规律为主，并在此基础上进一步研究冲压变形的控制、冲压成形极限的确定与提高、冲模设计的基本原理等各种实际问题的解决原则与方法。

本书力求从塑性变形本身的基本规律出发，将其与金属塑性加工成形进行有机融合，使读者从塑性变形基本规律的总体角度，认识理解金属塑性加工各种工艺方法的基本规律，掌握塑性成形工艺技术要点、影响加工质量的因素及控制措施等，从而全面系统地掌握塑性加工工艺的基本规律。

在课程教学过程中，教师应力求从冲压塑性变形基本规律的角度出发，明确各种冲压成形工艺的基本概念与基本规律，如分离工序与成形工序的分类与变形区别、板材拉深与胀形的应力和变形区别、宽板弯曲与窄板弯曲的应力和应变区别等。同时，在教学过程中，应注意分析各种影响质量问题的因素及控制措施的矛盾转化，使学生能深入浅出地去学习。对于部分教材内容，可以以学生自学为主，提高学生的学习兴趣，激发学生的学习主动性。

在经常用到的冲压加工方法中，有一部分冲压加工方法占有一定的比重，可是却缺少其变形分析方面的资料，鉴于这种情况，在本书里对曲面翻边、校形、胀形等变形分析方面的内容做了一定程度的补充与加强。同时也增加了特种冲压工艺，既可以增强学生的科研兴趣，也加强了对专业的深层次了解。

本书第1～5章由于洋编写，第6、7章由崔令江编写，第8章由韩飞编写，第9章由王传杰编写，全书由于洋统稿。另外，在此对哈尔滨工业大学（威海）王刚副教授及孙金平博士在审稿过程中提出的修改意见表示感谢。

本书可作为高等院校材料成型及控制工程专业本科生的教学用书，也可供从事塑性加工技术的工程技术人员参考。

由于编者水平有限，书中难免有疏漏和不妥之处，望广大读者批评指正。

编　者

2019年9月

目　录

第1章　冲压工艺概述

1.1　冲压工艺特点及应用

利用金属在外力作用下产生的塑性变形来获得具有一定形状、尺寸和力学性能的毛坯或零件的生产方法，称为金属塑性加工成形，也称为压力加工。

金属塑性加工所用毛坯主要有棒材、锭材、板材和管材等。棒材和锭材主要采用锻造方法成形，一般要对毛坯进行加热后再进行成形加工，故又常称为热加工；而冲压是指在室温下靠压力机和模具对板材、带材、管材和型材等施加载荷，使其产生塑性变形或分离，从而获得所需形状和尺寸的工件的加工方法。板材和管材主要采用冲压方法成形，一般在常温下进行成形加工，故又常称为冷冲压。随着技术和新材料的发展，又出现了温、热冲压工艺。冲压生产的产品称为冲压件，冲压所用的模具称为冲压模具，简称冲模。图1.1所示为冲压工艺的应用举例。

图1.1　冲压工艺的应用举例

冲压是由设备和模具完成其对材料加工过程的，具备三个要素：冲压设备、模具和原材料。

与机械加工和塑性加工的其他方法相比，冲压加工具有许多显著的特点，主要表现在以下几点：

(1)力学性能好。由于塑性变形的强化作用，可以得到刚性好且强度高的零件。

(2)材料利用率高。塑性加工是通过金属的塑性变形与流动获得所需要的形状与尺寸，而不需要进行大量的切削加工，故成形中的废料较少，材料的利用率较高。普通冲压材料利用率一般可达70%～85%，有的高达95%，几乎无须进行后续机械加工即可满足普通的装配和使用要求。

(3)生产效率高。金属塑性加工主要是利用模具进行生产，故其生产效率较高，如高速冲床的生产效率可达每分钟数百次。

(4)产品尺寸稳定，互换性好，模具与产品有“一模一样”的关系。因为冲压加工主要是利用模具进行生产，而模具的精度变化很小，故冲压生产时零件的尺寸稳定性很好，互换性好。

(5)能生产形状复杂的零件，如壁厚为0.15 mm的薄壳拉深件、汽车覆盖件等薄板壳类零件及中空变径零件，这些零件用切削加工的方法制造存在困难大或者成本非常高等问题。

(6)操作简单，便于生产的机械化和自动化。冲压加工是利用模具进行加工的，故而操作简单，对操作工人的要求低，易于生产的机械化和自动化。在目前大工业生产中，很多冲压加工生产都是采用机械化或自动化生产线。

由于冲压加工具有节材、节能和生产效率高等突出特点，这决定了冲压产品成本低廉，效益较好，因此冲压生产在制造行业中占有重要地位。

在国民经济各工业部门中，几乎都有冲压加工或冲压产品的生产，如在交通运输、电机、电器、仪表、电信、化工及轻工日用产品中，均占有相当大的比重。如在汽车制造业中，有65%～75%的零件是采用冷冲压制成的。

1.2 冲压工艺分类

对于冲压加工的零件，由于其形状、尺寸、精度要求、生产批量、原材料性能等各不相同，因此生产中所采用的冲压工艺方法也是多种多样的。冲压工序按照变形性质可分为分离工序和成形工序两大类。

分离工序是指材料受力后，应力超过其强度极限，而使板料发生剪裂或局部剪裂而分离，从而获得具有一定形状、尺寸和断面质量的冲压件(俗称冲裁件)的工序，如冲孔、落料、剖切、切边等。

成形工序是指材料受力后，应力超过了材料的屈服强度，经过塑性变形后而获得一定形状和尺寸的冲压件的工序，如弯曲、拉深、翻边等工序。

上述两类基本工序，按照冲压方式不同又具体分为很多工序，见表1.1和表1.2。

表 1.1 分离工序

工序	图例	特点及应用范围
落料	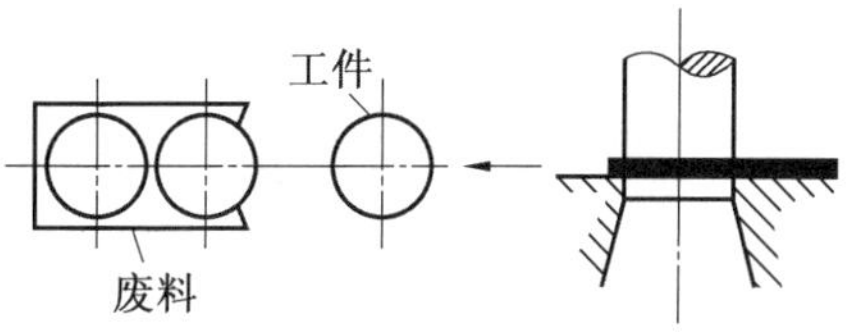	用模具沿封闭线冲切板料，冲下的部分为工件，其余部分为废料
冲孔	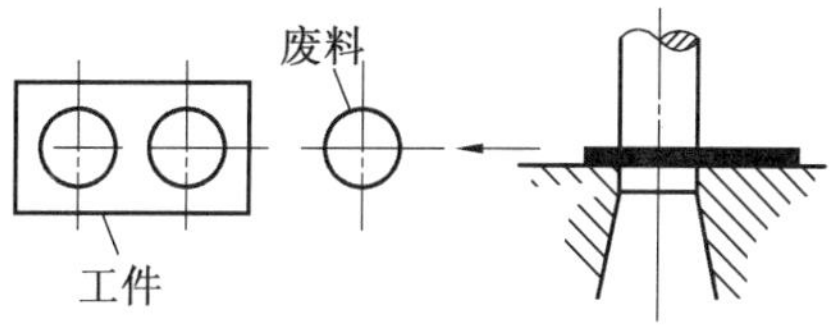	用模具沿封闭线冲切板材，冲下的部分是废料
剪切		用剪切或模具切断板材，切断线不封闭
切口	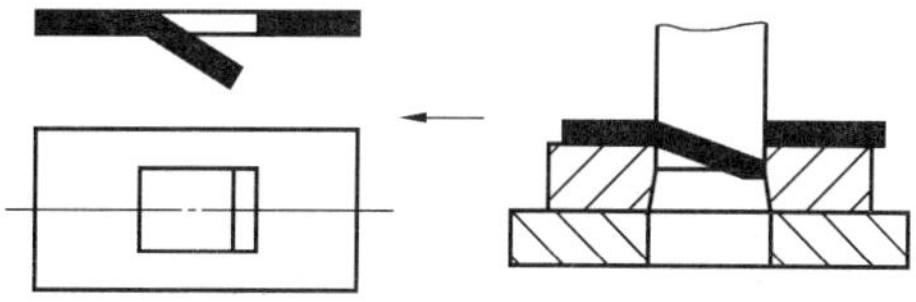	在坯料上将板材部分切开，切口部分发生弯曲
切边	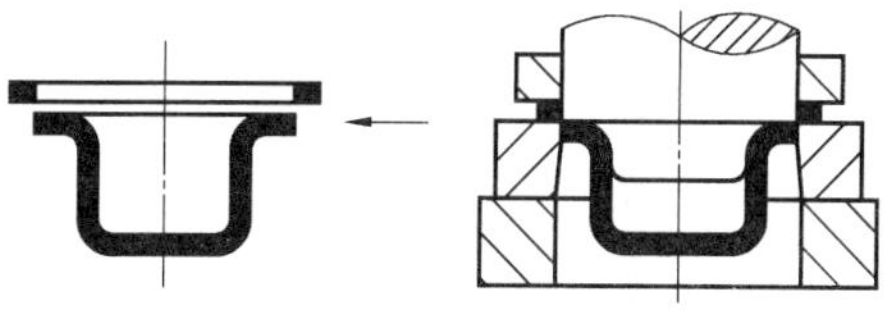	将拉深或成形后的半成品边缘部分的多余材料切掉
剖切	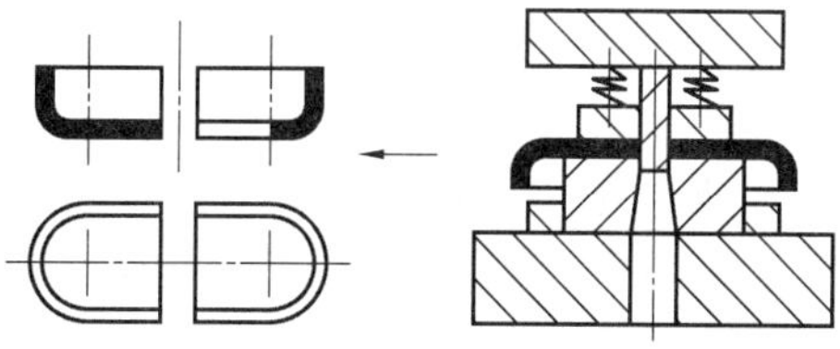	将半成品切开成两个或几个工件，常用于成双冲压

表 1.2　成形工序

工序		图例	特点及应用范围
弯曲		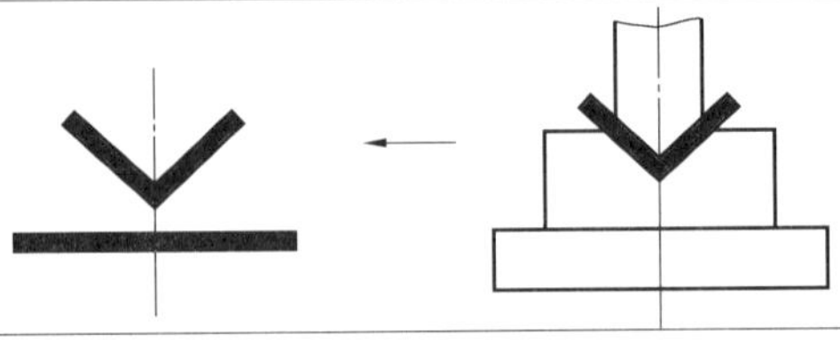	用模具使材料弯曲成一定形状
卷圆		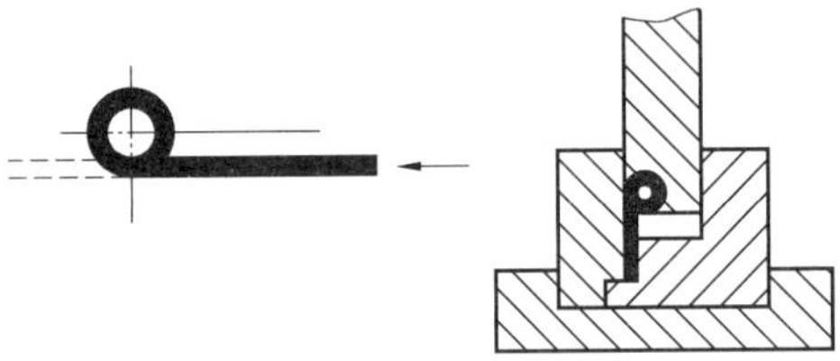	将板料端部卷圆
扭曲		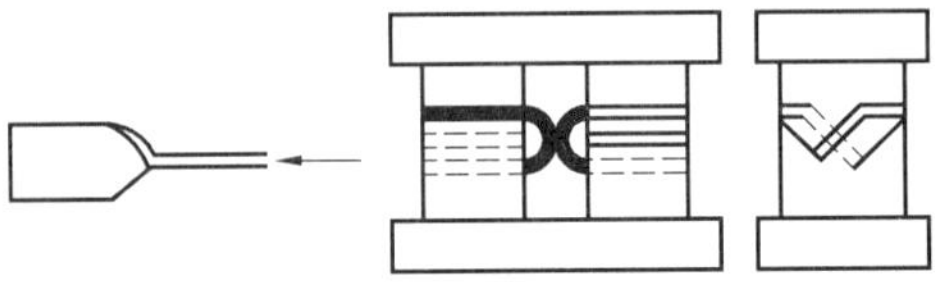	将平板毛坯的一部分相对于另一部分扭转一个角度
拉深		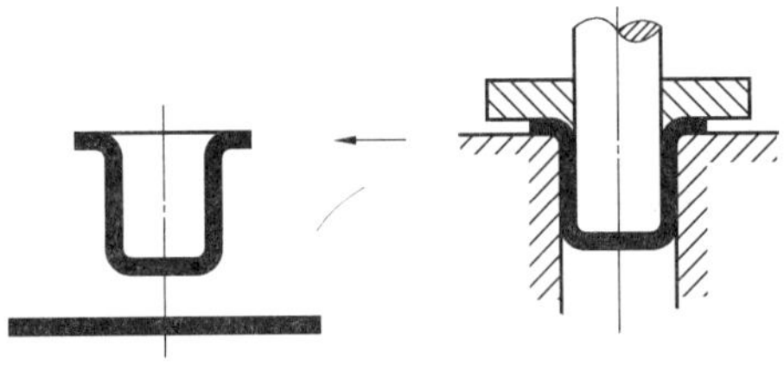	将板料毛坯压制成空心工件，壁厚基本不变
变薄拉深		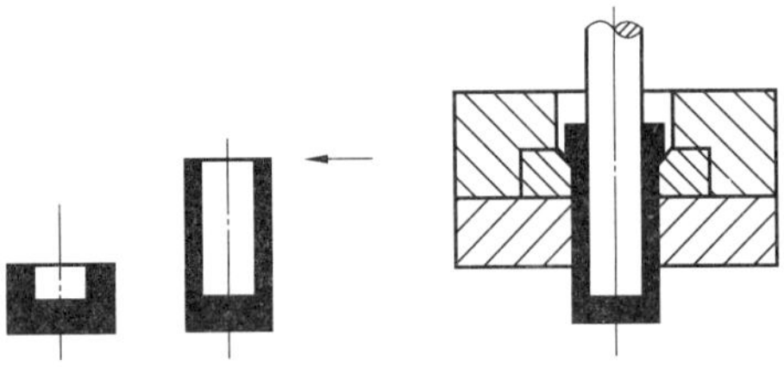	用减小壁厚、增加工件高度的方法来改变空心件的尺寸，得到要求的底厚、壁薄的工件
翻边	孔的翻边	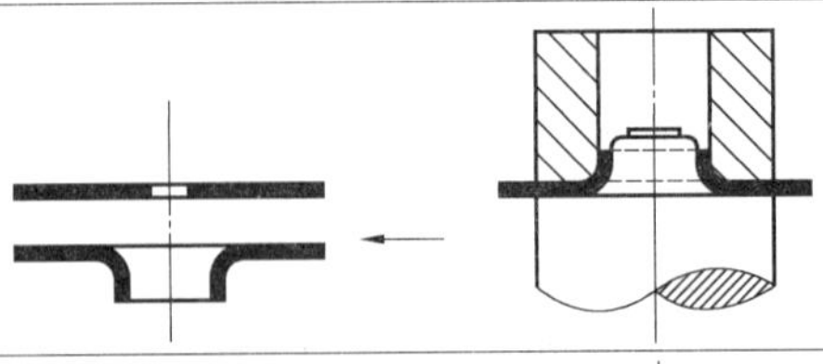	将板料或工件上有孔的边缘翻成竖立边缘
	外缘翻边	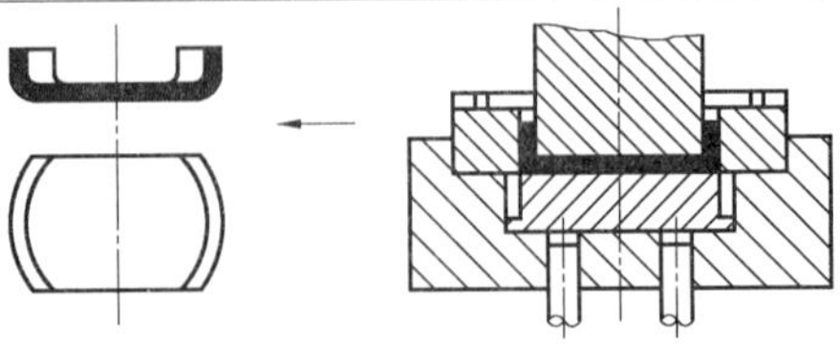	将工件的外缘翻起圆弧或曲线状的竖立边缘

续表 1.2

工序	图例	特点及应用范围
缩口	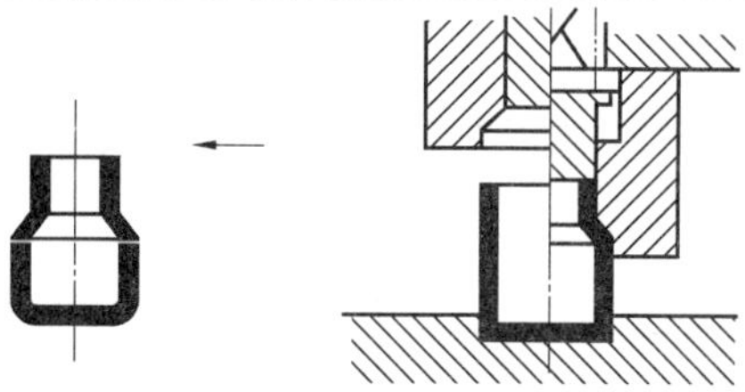	将空心件的口部缩小
扩口	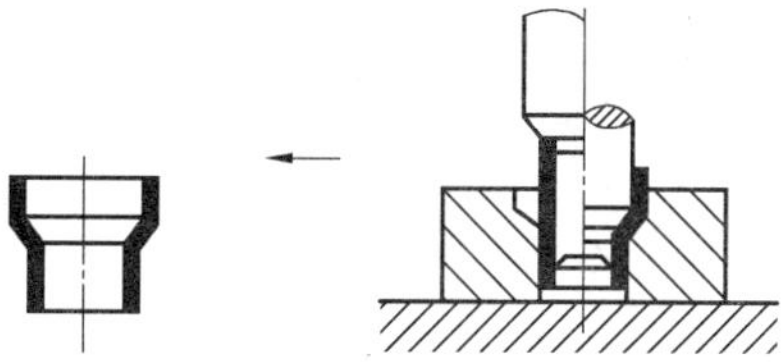	将空心件的口部扩大，常用于管子
起伏	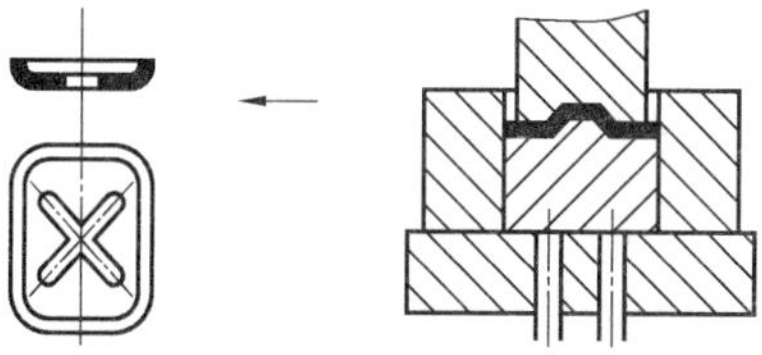	在板料或工件上压出肋条、花纹或文字，在起伏处的整个厚度上都变薄
卷边	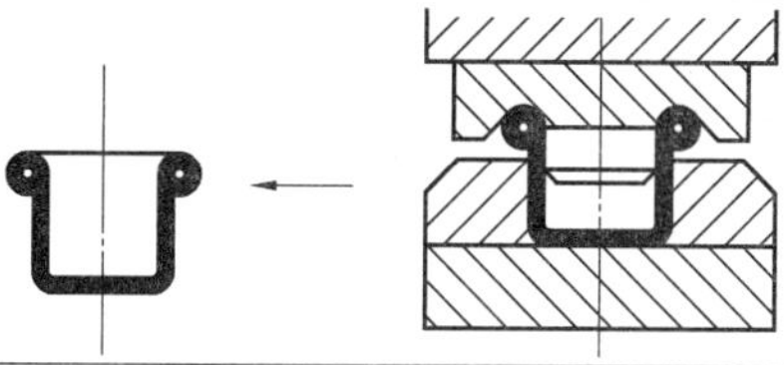	将空心件的边缘卷成一定的形状
胀形	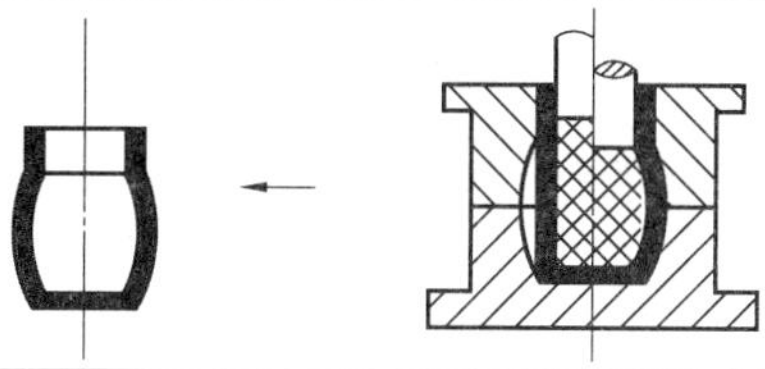	使空心件（或管料）的一部分沿径向扩张，呈凸肚形
旋压	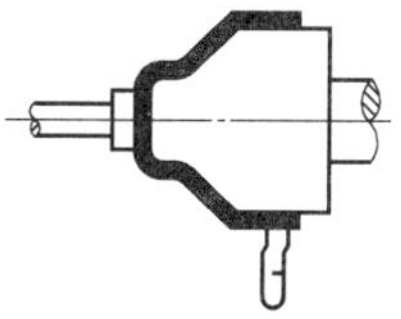	利用擀棒或滚轮将板料毛坯擀压成一定形状（有变薄与不变薄两种）
整形	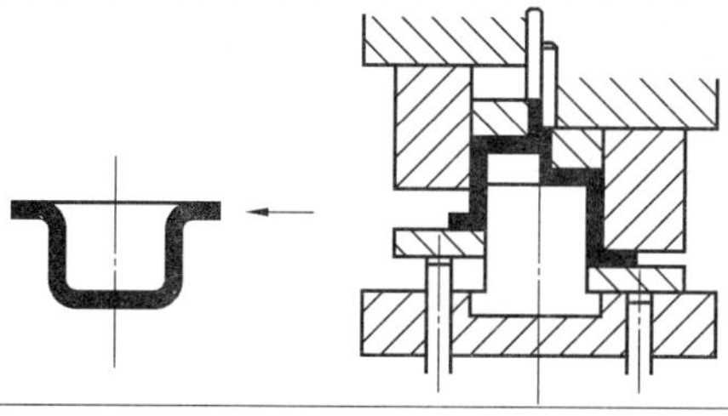	将形状不太准确的工件校正成形

续表 1.2

工序	图例	特点及应用范围
校平		将毛坯或工件不平面或弯曲予以压平
压印		改变工件厚度,在表面上压出文字或花纹

1.3　金属塑性成形基本规律

金属在外力作用下产生塑性变形,掌握其基本规律和基本假设对合理安排成形工艺及其参数具有重要意义。由于锻造工艺可以为冲压工艺提供毛坯,因此掌握其变形规律对于能否获得合格的冲压毛坯至关重要。

1. 最小阻力定律

金属塑性成形问题实质上是金属的塑性流动问题。塑性成形时影响金属流动的因素十分复杂,要定量描述线性流动规律非常困难,可以应用最小阻力定律定性地分析金属质点的流动方向。金属受外力作用发生塑性变形时,如果金属颗粒在几个方向上都可以移动,那么金属颗粒就沿着阻力最小的方向移动,这就是最小阻力定律。在锻造工艺中用最小阻力定律可以更好地设计工艺流程,判断金属在锻造过程中可能的变形规律,预测可能会出现的质量问题。图 1.2 中,图(a)、(b)、(c)分别为圆形、方形和矩形断面毛坯镦粗成形时各质点的流动方向,图(d)是方形断面毛坯镦粗后的断面变化过程。

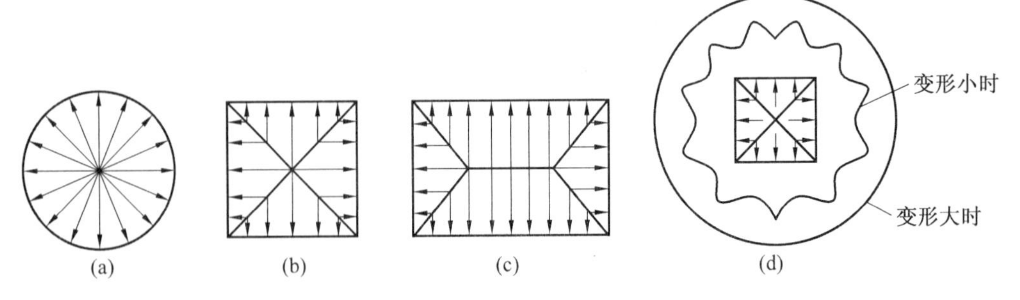

图 1.2　最小阻力定律示意图

2. 体积不变假设

金属弹性变形时,体积变化与形状变化比例相当,必须考虑体积变化对变形的影响。

但在塑性变形时，由于金属材料连续且致密，体积变化很微小，与形状变化相比可以忽略，因此假设体积不变（即塑性变形）时，变形前金属的体积等于变形后金属的体积。

采用真实应变表达塑性变形时，体积不变假设可表达为

$$\varepsilon_1+\varepsilon_2+\varepsilon_3=0 \tag{1.1}$$

3. 应力应变关系

塑性加工变形主要是塑性变形，则弹性变形可以忽略不计，那么应力与应变之间的关系可表达为

$$\frac{\varepsilon_1-\varepsilon_2}{\sigma_1-\sigma_2}=\frac{\varepsilon_2-\varepsilon_3}{\sigma_2-\sigma_3}=\frac{\varepsilon_3-\varepsilon_1}{\sigma_3-\sigma_1}=\frac{3}{2}\frac{\varepsilon_i}{\sigma_i} \tag{1.2}$$

式中　ε_1、ε_2、ε_3——三个主方向的主应变；

σ_1、σ_2、σ_3——三个主方向的主应力，MPa；

ε_i——综合应变；

σ_i——综合应力，MPa。

4. 应变硬化模型

在塑性加工中，随着变形的增加，材料的流动应力也增加，这种现象称为应变硬化现象。常用幂指数模型来表达这种硬化现象，即

$$\sigma=K\varepsilon^n \tag{1.3}$$

式中　σ——应力，MPa；

ε——应变；

K——系数；

n——硬化指数。

5. 薄板材成形时的平面应力假设

在薄板材冲压成形中，由于板平面的尺寸远大于板厚尺寸，即使在板厚方向受到较大的压力（如压边力、凸模作用力等），但其应力值却远远小于板平面内的主应力值。因此，在分析板材冲压成形时的受力状态时，一般按平面应力处理，即板厚方向的应力为零。但厚板弯曲成形时，板厚方向的应力对变形有较大影响，故不能进行平面应力处理。

6. 板材拉深成形时的面积不变假设

在板材拉深成形时，由于不同部位的应力状态不同，必然会存在有的部位板厚增加，而有的部位板厚减小，但这种板厚的变化所引起的板平面面积的变化却非常小。因此，在拉深成形时，一般假设材料在拉深前后表面积不变。

1.4　板材性能与试验方法

金属的材料性能对塑性加工有重要影响，甚至关系到成败。棒材和锭材在常温或高温下的各种性能主要采用常规的拉伸试验、冲击试验、抗弯试验等测试方法获得。

板材的冲压性能是指板材对各种冲压加工方法的适应能力，包括：便于加工，容易得到高质量和高精度的冲压件，生产率高（一次冲压工序的极限变形程度和总的极限变形程度大），模具消耗低，不易出废品等。

板材冲压性能的试验方法可分为直接试验和间接试验两类(图 1.3)。直接试验中板材的应力状态和变形情况与真实冲压时基本相同,所得的结果也比较准确;而间接试验时,板材的受力情况与变形特点都与实际冲压时有一定差别,所得的结果也只能间接地反映板材的冲压性能,有时还要借助于一定的分析方法才能做到这一点。

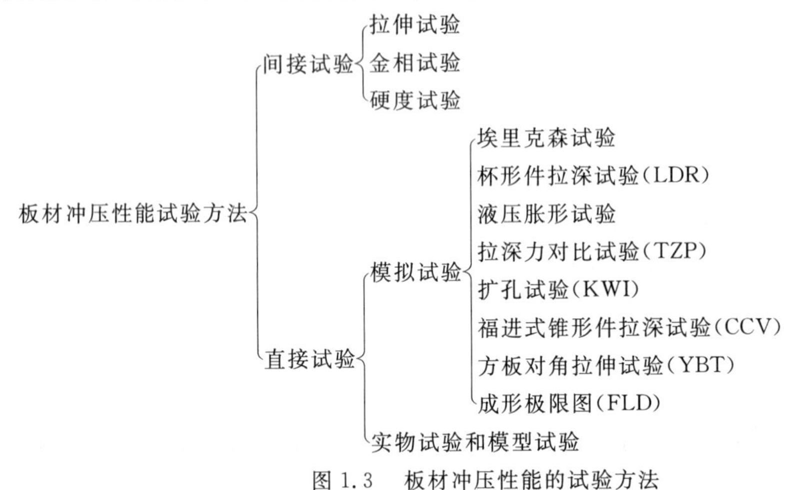

图 1.3　板材冲压性能的试验方法

1. 单向拉伸试验

板材拉伸试验一般用图 1.4 所示形状的标准试样在材料试验机上进行,可得到图 1.5 所示的应力(σ) 与伸长率(δ) 之间的关系曲线,即拉伸曲线。

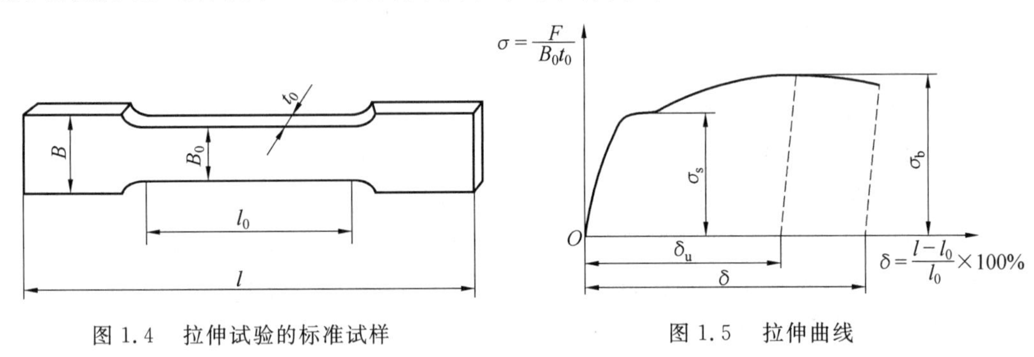

图 1.4　拉伸试验的标准试样　　　　图 1.5　拉伸曲线

拉伸试验所得到的表示板材力学性能的指标与冲压性能有很好的相关性,有如下常用的几个参数。

(1)δ_u 与 δ。

δ_u 称为均匀伸长率,是拉伸试样开始产生局部集中变形(缩颈时) 的伸长率。δ 称为总伸长率,或简称伸长率,是在拉伸试样破坏时的伸长率。

δ_u 表示板材产生均匀的或稳定的塑性变形的能力,它直接决定板材在伸长类变形中的冲压性能。可以用 δ_u 间接地表示伸长类变形的极限程度,如翻边系数、扩口系数、最小弯曲半径、胀形系数等。

(2) $\frac{\sigma_s}{\sigma_b}$。

$\frac{\sigma_s}{\sigma_b}$ 称为屈强比，是材料的屈服极限与强度极限的比值。较小的屈强比对所有的冲压成形都是有利的。

小的屈强比对于压缩类成形工艺是有利的。在拉深时，如果板材的屈服点 σ_s 低，则变形区的切向压应力较小，材料起皱的趋势也小，所以防止起皱所必需的压边力和摩擦损失都要相应地降低，结果对提高极限变形程度有利。例如，当低碳钢的$\frac{\sigma_s}{\sigma_b}\approx 0.57$时，其极限拉深系数为 $m=0.48\sim 0.5$；而65Mn的$\frac{\sigma_s}{\sigma_b}\approx 0.63$，其极限拉深系数为 $m=0.68\sim 0.7$。

在伸长类的成形工艺中，如胀形、拉形、拉弯、曲面形状零件的成形等，当 σ_s 较小时，为消除零件的松弛等弊病以及为使零件的形状和尺寸得到固定(指卸载过程中尺寸的变化小)所必需的拉力也小。这时成形所必需的拉力与毛坯破坏时的拉力之差较大，所以成形工艺的稳定性高，不容易出废品。

弯曲件所用板材的 σ_s 较小时，卸载时的回弹变形也小，有利于提高弯曲零件的精度。

当材料的种类相同，而且伸长率相近时，较小的屈强比表明其硬化指数 n 大，所以有时也可以简便地用$\frac{\sigma_s}{\sigma_b}$代替 n 值，表示材料在伸长类成形工艺中的冲压性能。

由此可见，屈强比对板材的冲压性能的影响是多方面的，而且也是很重要的，所以在很多标准中都对冲压用板材的屈强比有一定的要求。例如我国冶金标准规定：用于复杂形状零件的深拉深用ZF级钢板的屈强比不大于0.66。

(3) 硬化指数 n。

硬化指数 n 也称 n 值，它表示在塑性变形中材料硬化的强度。n 值大的材料，在同样的变形程度下，真实应力增加得要多。n 值大时，在伸长类变形过程中可以使变形均匀化，具有扩展变形区、减少毛坯的局部变薄和增大极限变形参数等作用。尤其对于复杂形状的曲面零件的深拉深成形工艺，当毛坯中间部分的胀形成分较大时，n 值的上述作用对冲压性能的影响更为显著。试验表明，n 值与埃里克森试验值之间存在正比例关系。

硬化指数 n 的数值可以根据拉伸试验结果所得的硬化曲线，利用幂硬化模式在对数坐标系统里求得，也可以利用不同宽度的阶梯形拉伸试验的试验结果计算求得。

(4) 板厚方向性系数 r。

板厚方向性系数 r 也称 r 值，它是板材拉伸试验中试样宽度应变 ε_b 与厚度应变 ε_t 之比，即

$$r=\frac{\varepsilon_b}{\varepsilon_t}=\frac{\ln\frac{B}{B_0}}{\ln\frac{t}{t_0}} \tag{1.4}$$

式中 B_0 和 B、t_0 与 t—— 变形前后试样的宽度与厚度，mm。

r 值的大小表明板材在受单向拉应力作用时，板平面方向和厚度方向上的变形难易程度的比较，也就是表明在相同的受力条件下，板材厚度方向上的变形性能和板平面方向上的差别，所以称为板厚方向性系数，有时也称为塑性应变比。当 $r>1$ 时，板材厚度方向上的变形比宽度方向上的变形困难。所以 r 值大的材料，在复杂形状的曲面零件拉深成形时，毛坯的中间部分在拉应力作用下，厚度方向上变形较困难，即变薄量小，而在板材平面内与拉应力相垂直的方向上的压缩变形比较容易，结果使毛坯中间部分不易减薄且起皱的趋向性降低，有利于冲压加工的进行和产品质量的提高。

r 值大时，使筒形件的拉深极限变形程度增大，用软钢、不锈钢、铝、铜、黄铜等所做的试验也证明了拉深程度与 r 值之间的关系，见表 1.3。

表 1.3　拉深程度与 r 值间关系

r 值	0.5	1	1.5	3
拉深程度 $K=\frac{D}{d}$	2.12	2.18	2.25	2.5

板材的 r 值可以用拉伸试验的方法测定。r 值的大小除取决于材料的性质外，也随拉伸试验中伸长率的增大而变化（稍有降低）。因此，一般资料中都规定 r 值应取相对伸长率为 20% 时测量的结果。

冲压生产所用的板材都是经过轧制的，其纵向和横向的性质不同，在不同方向上的 r 值也不一样。常用下式计算板厚方向性系数的平均值，并作为代表板材冲压性能的一项重要指标。

$$\bar{r}=\frac{r_0+r_{90}+2r_{45}}{4} \tag{1.5}$$

式中　r_0、r_{90} 与 r_{45}——板材的纵向（轧制方向）、横向和 45° 方向上的板厚方向性系数。

（5）板平面方向性。

当在板材平面内不同方向上裁取拉伸试样时，拉伸试验中所测得的各种力学性能、物理性能等也不同，这说明在板材平面内的力学性能与方向有关，所以称为板平面方向性。在圆筒形零件拉深时，板平面方向性明显地表现在零件口部形成的突耳现象。板平面方向性越大，突耳的高度越大。

板平面方向性在拉深、翻边、胀形等冲压过程中，能够引起毛坯变形的不均匀分布，其结果不但可能因为局部变形程度的加大，而使总体极限变形程度减小，而且还可能形成冲压件的不等壁厚，降低冲压件的质量。

在表示板材力学性能的各项指标中，板厚方向性系数对冲压性能的影响比较明显，所以在冲压生产中都用 Δr 来表示板平面方向性的大小，其值为

$$\Delta r=\frac{r_0+r_{90}-2r_{45}}{2} \tag{1.6}$$

由于板平面方向性对冲压变形和冲压件的质量都是不利的，所以生产中都尽量设法降低板材的 Δr 值，而且有的国家对板材的 Δr 值也有一定的限制。

间接试验的结果能够在相当大的程度上反映板材的冲压性能，但不可能很确切地反映每个冲压成形方法中的冲压性能。

2. 埃里克森试验(胀形性能试验)

埃里克森试验是一种较为古老的试验方法,但也是目前应用较为广泛的一种试验方法,埃里克森试验装置的主要形状与尺寸如图 1.6 所示。

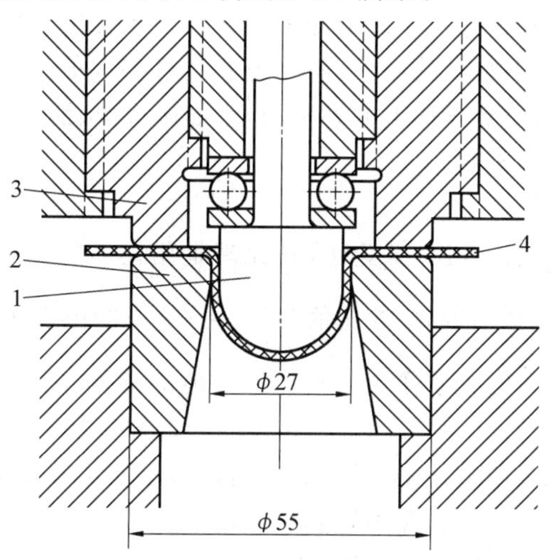

图 1.6 埃里克森试验装置的主要形状与尺寸

1— 冲头;2— 凹模;3— 压边圈;4— 试样

试验时将试样放在凹模平面上,用压边圈 3 压料,并用球形的冲头 1 将板材试样 4 压入凹模 2。由于试样的外径(或宽度)具有比凹模孔大得多的尺寸,所以试验时试样外径不收缩,仅使板材的中间部分受到两向拉应力作用而胀形。试样在受拉下发生裂纹时冲头的压入深度称为埃里克森试验深度或埃里克森值。在埃里克森试验时,试样的应力状态和变形特点与局部胀形时相同,所以其试验深度能够反映胀形类成形时的冲压性能。在复杂的曲面零件拉深时,毛坯中间部分的应力状态也属于这种情况,而且中间部分成形的好坏又是这类零件冲压的关键,所以埃里克森试验对润滑剂与润滑方法都有一定的要求,以便减小试验结果的波动。

3. 拉深性能的试验

确定板材的拉深性能的试验方法主要有以下几种形式。

(1) 确定最大拉深程度法。

该试验又称斯韦福特试验,其原理如图 1.7 所示。用不同直径的圆形毛坯(直径相差 1 mm),在图示的模具中进行拉深试验。取在侧壁不致发生破坏的条件下可能拉深成功的最大毛坯的直径 $D_{0\max}$ 与冲头直径 d_p 的比值作为表示拉深性能的指标,称为极限拉深比,用 LDR(又称为最大拉深程度或极限拉深程度) 表示,即

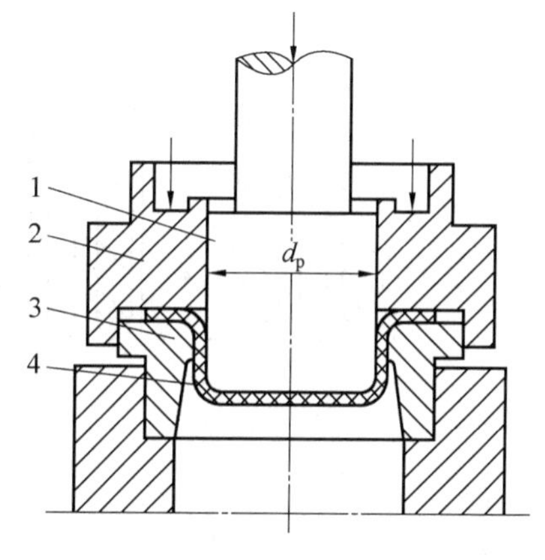

图 1.7 求 LDR 的试验方法原理

1— 冲头;2— 压边圈;3— 凹模;4— 试样

$$\mathrm{LDR}=\frac{D_{0\max}}{d_{\mathrm{p}}} \tag{1.7}$$

由于这种试验方法的原理和拉深时的变形条件完全相同，所得的结果可以综合地反映出在拉深变形区和传力区不同受力条件下板材的冲压性能。但其主要缺点是，为取得最终的试验结果，需用较多数量的试件，而且还要经过多次的反复试验。另外，用此方法所得试验的结果，也因为受到操作上的各种因素（如压边力、润滑等）的影响而产生波动，所以试验结果的可靠性也不高。

（2）拉深力对比试验。

拉深力对比试验法也称 TZP 试验法，其原理是用在一定拉深变形程度（通常取拉深试验件毛坯直径 D_0 与凸模直径 d_{p} 的比值为$\frac{D_0}{d_{\mathrm{p}}}=\frac{52}{30}$）下的最大拉深力与试验中已经成形的试样侧壁的拉断力之间的关系作为判断拉深性能的依据。这两个力之间的差别越大，板材的拉深性能也越好。

TZP 试验法如图 1.8 所示。采用可以一次拉深成功、不致发生破坏的拉深试样直径，按一般方法进行拉深试验。当拉深力达到最大值 $F_{\max}$ 以后，随即加大压边力使试样的外法兰边固定，消除其以后继续变形和被拉入凹模的可能性。然后再增加凸模力直到使试样的侧壁被拉断，并测得拉断力 F。试验曲线如图 1.9 所示，根据测得的最大拉深力 $F_{\max}$ 与试样侧壁拉断力 F 的数值用下式来表示板材的冲压性能：

$$T=\frac{F-F_{\max}}{F}\times 100\% \tag{1.8}$$

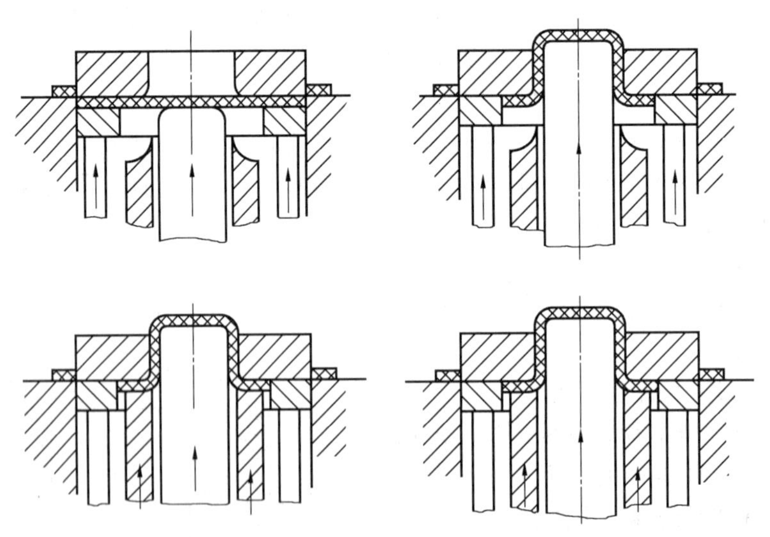

图 1.8　TZP 试验法

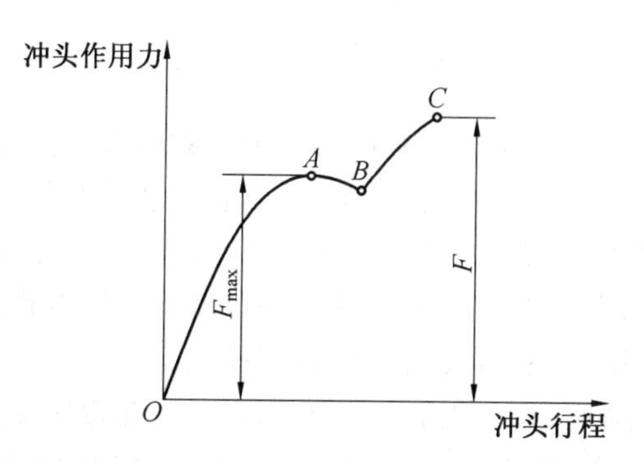

图 1.9　拉深性能 T 值的确定过程

A— 拉深力最大；B— 外边缘固定；C— 拉断

4. 锥形件拉深试验法

锥形件拉深试验法可以反映板材的拉深和胀形的综合性能，其试验结果可以作为评定板材冲压性能的一项重要指标。试验所用装置如图 1.10 所示。用球形凸模和 60° 角的锥形凹模，在不同压力的条件下做圆形毛坯的拉深试验。一般取凸模直径 d_p 与试样毛坯直径 D_0 的比值 $\frac{d_p}{D_0}=0.35$。试验时，试样于底部发生破坏时终止试验，取出试样后测量其上口直径，称为 CCV 值并用以表示板材的冲压性能。由于材料方向性的影响，锥形拉深试样上口的直径在不同方向上也有差别(图 1.11)，所以通常采用其平均值，即取 CCV 值为

$$CCV=\frac{D_{max}+D_{min}}{2} \tag{1.9}$$

或

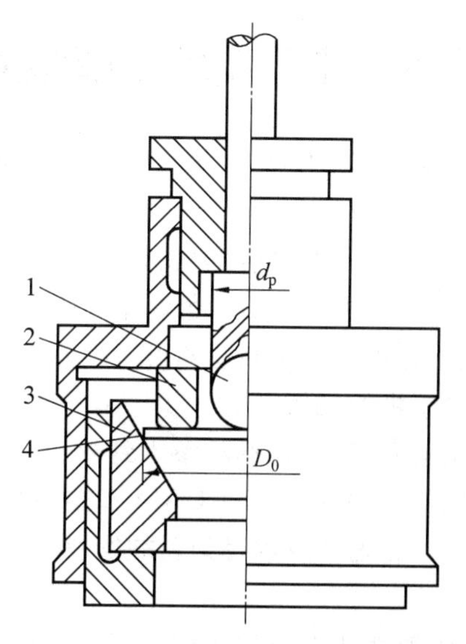

图 1.10　锥形件拉深试验所用装置

1— 球形冲头；2— 支撑圈；3— 凹模；4— 试样

$$\text{CCV} = \frac{D_0 + D_{90} + 2D_{45}}{4} \tag{1.10}$$

式中　D_{max}、D_{min}—— 锥形拉深试样被破坏时上口的最大直径和最小直径，mm；

D_0、D_{90}、D_{45}—— 板材纵向、横向和45°方向上锥形拉深试样上口的直径，mm。

锥形拉深试样底部发生破坏时的上口直径越小，即CCV值越小，说明试验材料可能产生的变形越大，其冲压性能越好。锥形件拉深试验不用压边装置，可以排除压边条件对试验结果的影响，而且用一个试样即可简便地完成试验。

除上述各种冲压性能的试验方法外，还有确定弯曲性能的冷弯试验法、确定翻边性能的扩孔试法、确定拉深性能的楔形拉伸试验法等，其原理均比较简单，而且试验中试样的受力情况和变形性质与实际冲压变形非常接近。

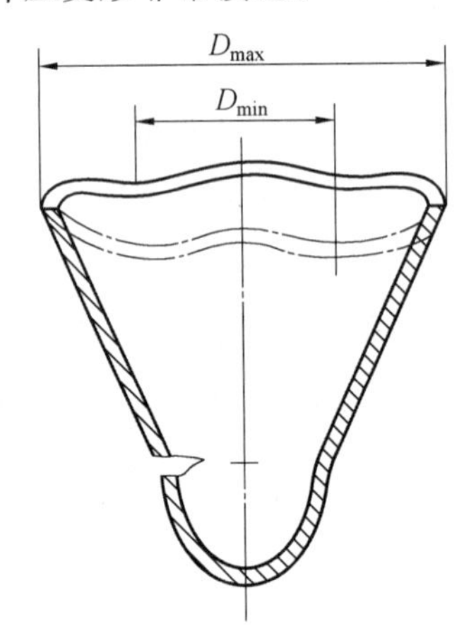

图1.11　底部破坏后的锥形件拉深

1.5　冲压技术发展趋势

在信息化社会和经济全球化不断发展的过程中，模具行业的主要发展趋势是：模具产品向以大型、精密、复杂、长寿命模具为代表的，与高效、高精工艺生产装备配套的高新技术模具产品的方向发展；模具生产向管理信息化、技术集成化、设备精良化、制造数字化、精细化、加工高速化及自动化和智能控制的绿色制造方向发展；企业经营向品牌化和国际化方向发展；行业向智能化、信息化、绿色制造和可持续方向发展。

1. 计算机技术在塑性加工中的应用

计算机软硬件技术的迅速发展，使其不断渗入到社会活动的各个角落。计算机技术在塑性加工领域得到大力应用，模具的CAD/CAM和塑性加工的数值模拟、CAPP、CAE以及CIMS等使塑性加工这一古老的技术得到新的发展。

(1)模具CAD/CAM。

CAD/CAM技术在金属塑性加工中的应用已经比较广泛，在现代企业之间、企业内各部门之间通过网络进行技术信息传递，为实现从模具设计到制造的自动化，必须采用CAD/CAM技术。作为CAD/CAM技术支撑的数据库，可以储存大量的经验、标准、图表、零部件，使工艺和模具设计的质量和速度大大提高，并将设计传输到数控加工中心，大幅度地提高模具制造的可靠性和精度。

为实现模具 CAD/CAM，其系统必须具备描述物体几何形状的能力，而且图形库和数据库要实现标准化，以保证系统装配图和各零部件设计图纸的可靠性和准确性。模具 CAD/CAM 系统的硬件配置形式，按照所用计算机类型的不同，可分为大型主机系统、小型机系统、工作站系统和微机系统；按照是否联网，可分为集中式系统和分布式系统。图 1.12 是集中式 CAD/CAM 系统的硬件配置，图 1.13 是用互联网连接的分布式 CAD/CAM 系统，图 1.14 是用环形网连接的分布式 CAD/CAM 系统。

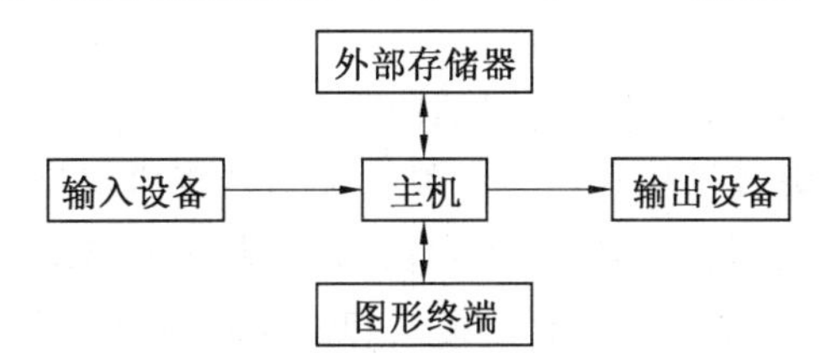

图 1.12 集中式 CAD/CAM 系统的硬件配置

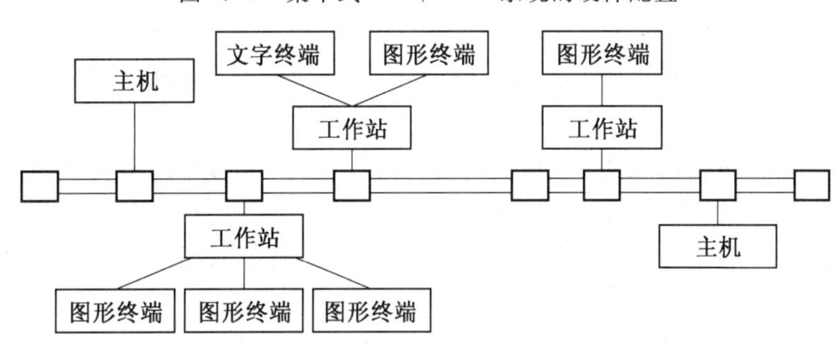

图 1.13 用互联网连接的分布式 CAD/CAM 系统

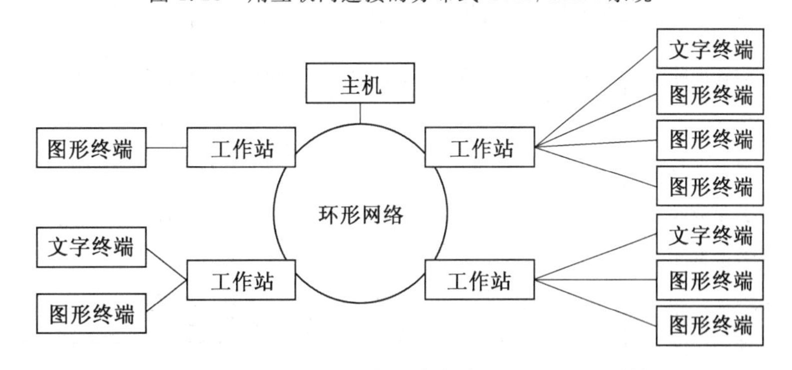

图 1.14 用环形网连接的分布式 CAD/CAM 系统

模具 CAD/CAM 软件系统可分为三个层次，即系统软件、支撑软件和应用软件，如图 1.15 所示。系统软件主要是指操作系统等，它处在整个软件的内层，由里向外是系统软件、支撑软件和应用软件，但它们相互之间又没有严格的界限，整个软件在操作系统的管理和支持下运行。

系统软件是指挥计算机运行和管理用户作业的软件，是用户和计算机之间的接口。操作系统把计算机的硬件组织成一个协调一致的整体，以便尽可能地发挥计算机的卓越功能和最大限度地利用计算机的各种资源。支撑软件一部分是由计算机制造商提供的，如加工语言及其解释程序、编译程序和汇编程序等；另一部分是由计算机制造商或软件公司提供的，包括图形软件、几何造型软件、计算机分析优化仿真软件、数据库管理系统、网络软件、NC编程软件等。应用软件是指针对某一特定应用领域而专门设计的一套可资料化的标准程序。编写模具设计应用程序的过程就是将模具设计准则和设计模型解析化、程序化的过程。

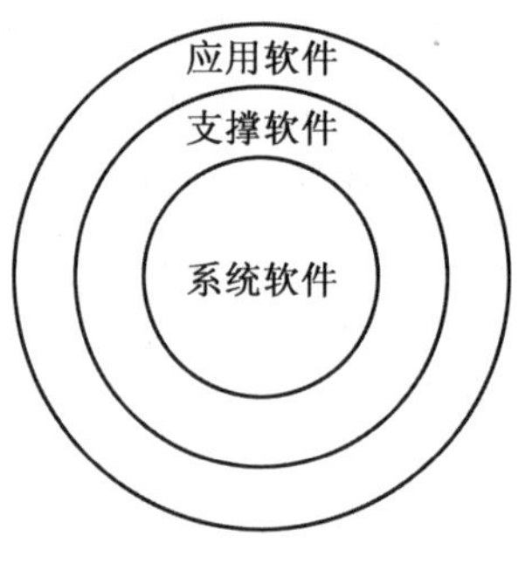

图1.15 CAD/CAM系统软件层次图

(2)塑性加工计算机辅助工艺设计(CAPP)。

工艺质量直接影响模具结构和产品质量。采用计算机辅助工艺设计，可以克服人工设计的不一致性，有利于工艺的标准化和优化，同时有利于把技术人员长期积累的实际工作经验充分利用。目前，CAPP主要有修订式和创成式两种。

修订式CAPP是对零件进行分类编码，形成同类零件组的标准工艺，新零件的工艺可在标准零件基础上根据零件的特点进行适当修改，形成新零件的工艺。创成式CAPP是通过建立零件的几何模型和工艺信息模型，按照一定的算法和推理机制进行工艺决策，生成工艺过程。

修订式CAPP系统构成简单，易于实施，但对工艺人员的经验依赖性较大，对生产条件和产品的更新不能及时适应。创成式CAPP克服了修订式CAPP的缺点，但由于零件的形状和工艺的复杂性，工艺模型、几何模型及各种工艺知识还难以计算机化，影响了其在生产中的应用。

塑性加工工艺CAPP系统一般包括零件模型定义、工艺性分析、毛坯设计、工艺过程设计、工艺文档生成及管理等功能。图1.16是冲压工艺CAPP流程图。

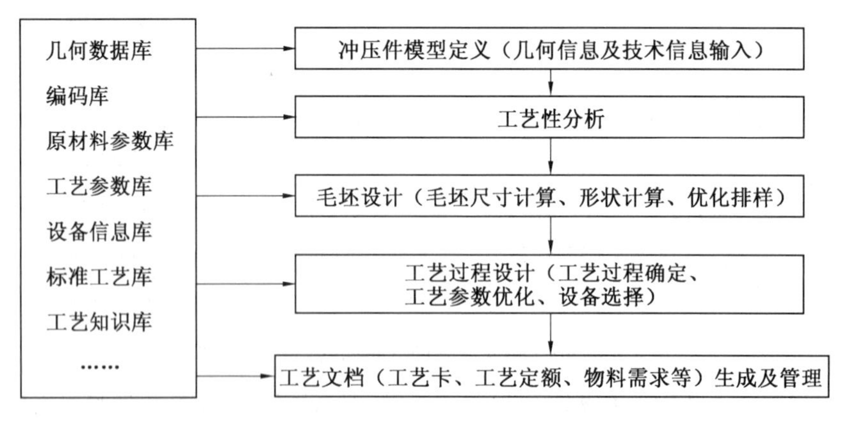

图1.16 冲压工艺CAPP流程图

(3)塑性加工过程的数值模拟。

金属塑性加工一般离不开设备、工具及所加工的材料这三大基本条件。在塑性加工过程中，这三大基本条件是随时间而变化的，所引起的毛坯的受力状态和变形的变化规律是十分复杂的。因而，在进行工艺设计和模具设计时，要准确确定各种工艺参数和模具参数是比较困难的，往往要经过生产实践的检验不断进行修正和优化。对于形状复杂的零件，特别是在新产品开发过程中，由于无法用简单的方法分析各种因素对成形的影响，工艺和模具的调整工作量会很大，比如汽车覆盖件冲模的调整时间会占整个模具开发周期的一半以上。因此，如何准确预测塑性成形过程中的缺陷，以及了解各种工艺因素、模具因素、成形条件等对成形的影响，采取哪些措施减少质量问题，都是人们一直研究的课题。而塑性成形过程数值模拟为解决这一问题提供了强有力的手段。

塑性加工过程的数值模拟是应用有限元法对塑性成形过程不同阶段中毛坯各部位的受力状态、变形状态进行计算的过程。数值模拟通过给定各种初始条件、边界条件及判别准则，计算出各部位的状况，观察是否出现质量问题，进而可通过改变某些初始条件，优化工艺参数和模具参数，提高成形件的质量。表 1.4 是板材成形用有限元方法的分类。图 1.17是用有限元模拟冲压成形过程的流程图。

塑性加工过程的数值模拟在生产中已得到大量应用，如轮胎螺母挤压过程模拟，摆动辗压过程模拟，翼形叶片锻造过程模拟，汽车的车门外板、车门内板、挡泥板、行李箱盖、发动机盖板的数值模拟等。

表 1.4　板材成形用有限元方法的分类

1. 运动描述及解法	2. 单元类型	3. 材料模型	4. 接触摩擦算法
1.1 运动学描述 a. U. L b. T. L c. Euler 1.2 未知量 a. 速度 b. 位移 1.3 数值方法 a. 显式 b. 隐式	2.1 三维单元 a. 固体元 b. 板壳元 c. 薄膜元 2.2 二维单元(平面应力、平面应变、轴对称) a. 三角形常应变元 b. 等参元 2.3 一维单元 a. 杆单元 b. 梁单元	3.1 本构关系 a. 弹塑性 b. 刚塑性 c. 弹黏塑性 d. 刚黏塑性 3.2 屈服条件 a. Von Mises 类 Hill Barlat－Lian 等 b. 等向强化，随动强化 c. 其他	4.1 摩擦定律 a. 库仑定律 b. 常摩擦 c. 其他 4.2 接触算法 a. 罚函数法 b. Lagrange 乘子法 c. 其他

2. 塑性加工智能化技术

由于控制科学和计算机科学的发展，智能化技术已在金属塑性加工领域中得到应用并迅速发展，如板材成形的智能化控制技术，旋压成形的智能化控制技术，冷轧铝箔、带钢以及棒材的智能化控制技术，冷锻工艺设计的智能化计算机辅助设计系统，冲压级进模交互设计系统，弯曲工艺设计的专家系统，锻造工艺设计的专家系统，模锻设计的专家系统等。

板材成形的自动化，包括自动化冲压生产线、自动成形机、柔性加工系统(FMS)等，虽然已经大大提高了生产率，但由于不具备在线监测、识别和预测能力，只能按照预先设定好的加工程序和工艺参数完成成形过程。当被加工对象的材质以及工况条件有变化或波动时，不能对工艺参数自动地进行相应的调整。

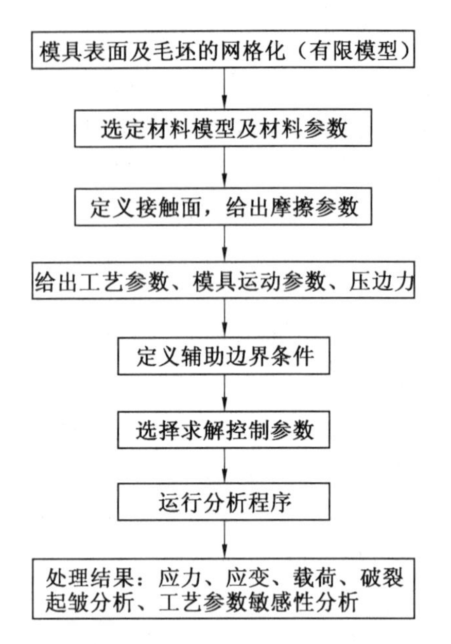

图 1.17　用有限元模拟冲压成形过程的流程图

板材成形的智能化是控制科学、计算机科学与板材成形理论有机结合的综合性技术。其突出特点是根据被加工对象的特征，利用易于监测的物理量，在线识别材料的性能参数，预测最优的工艺参数，并自动以最优的工艺参数完成板材成形过程。因此，板材成形的智能化是冲压成形过程自动化及柔性化加工系统等新技术的更高级阶段，不但可以改变冲压生产工艺的面貌，而且还将促进冲压设备的变革，同时也会引起板材成形理论的进步与分析精度的提高，在降低板材级别、消除模具与设备调整的技术难度、缩短调模和试模时间、以最佳的成形参数完成加工过程、提高成品率和生产率等方面都具有重要意义。

典型的板材成形智能化控制系统示意图如图 1.18 所示，其由以下四个基本要素构成。

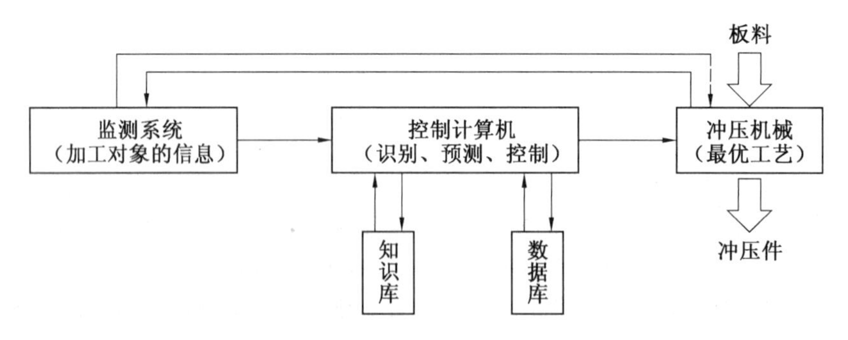

图 1.18　板材成形智能化控制系统示意图

(1)实时监测。

采用有效的测试手段，在线实时监测能够反映被加工对象特征的宏观力学参数和几何参数。

(2)在线识别。

控制系统的识别软件对在线监测所获得的被加工对象的特征信息进行分析处理，结合知识库和数据库的已有信息，在线识别被加工对象的材料性能参数和工况参数（如摩擦系数等）。

（3）在线预测。

根据在线识别所获得的材料性能参数和工况参数，以板材成形理论和经验为依据，通过计算机或者通过与知识库和数据库中已知的信息比较来预测当前的被加工对象能否顺利成形，并给出最佳的可变工艺参数。

（4）实时控制。

根据在线识别和在线预测所得的结果，系统给出的最佳工艺参数自动完成板材成形过程。

塑性加工智能化控制技术在生产中的应用还有很多课题需要进行更深入的并结合生产实际的研究工作。图 1.19 是实现冲压成形智能化技术所需要研究的课题示意图。

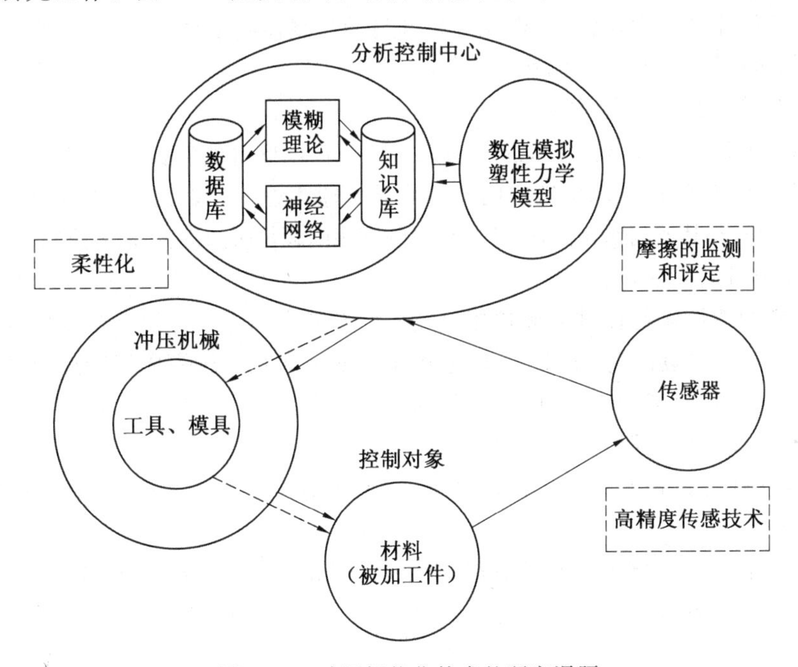

图 1.19 冲压智能化技术的研究课题

3. 冲压技术发展趋势

（1）成形过程的定量描述。

在冲压智能化的研究中，为了实现材料参数和工艺参数的识别以及最佳工艺参数的预测并保证识别和预测的精度，必须能够对成形过程给出更为精确的定量描述。

（2）材料参数和工况参数的识别方法。

为了实现在线识别乃至实时识别，识别方法至关重要。对简单的成形过程，可采用塑性力学模型导出的公式进行反求；但对于复杂的成形过程，必须寻求新的方法。

（3）成形临界条件的定量描述。

各种冲压成形工艺均受其成形临界条件的限制，这些成形临界条件是预测最佳工艺参数的依据，但成形临界条件的定量描述目前还很不完善。

(4)数据库的应用。

在冲压智能化的研究方面,究竟在数据库中采用哪些数据,怎样以最佳的方式采集并应用这些数据,存在大量的问题,这些问题亟待探讨。

(5)数值模拟技术的应用。

由于计算机技术的发展,数值模拟可以实现高精度和快速控制。如果计算机的运算速度能够进一步提高,从而使数值模拟数学模型可以取代简单的塑性力学模型,将对冲压智能化起到重大的推动作用。

(6)神经网络技术的应用。

神经网络技术可能是解决冲压智能化在线识别问题的另一重要途径,需要进行专门的研究,应用神经网络技术,也需要建立庞大的数据库。

(7)专用传感装置的开发研究。

在冲压智能化系统中,为了获得充分且准确的在线监测信息,需要开发研制某些专用的传感器,如表面压力、摩擦力传感装置等。

(8)摩擦的评估及其定量描述。

弯曲加工不仅限于V形弯曲,还包括U形弯曲、L形弯曲等其他方式。有些弯曲工艺中的摩擦不容忽略,在拉深工艺中的摩擦更是必须考虑的。因此,必须对摩擦问题进行研究。迄今为止,与其他问题相比,塑性成形中的摩擦问题仍所知甚少,需要进行重点研究。

(9)冲压设备的柔性化。

冲压设备的柔性化是板材成形智能化技术的发展方向之一。为了减少模具数量和简化模具形状,应发展"逐次"成形工艺,即采用单一简单形状冲压完成复杂形状零件的成形过程,这样就更能适应当今小批量、多品种的社会需求。

(10)工具、模具的智能化。

目前,关于成形设备的智能化正在研究之中,伴随其发展,工具和模具的智能化研究将被列入日程。

(11)FMS和CIM(计算机一体化制造,Computer Integrated Manufacture)之间的协调。

智能化加工设备是生产系统中的必要组成部分,因此,要实现生产系统的智能化,必须要有能协调机械与生产系统的中间环节。

实际上,冲压生产智能化要解决的问题也是其他各种塑性加工实现智能化所需要解决的问题。因此,为实现塑性加工的智能化,还需要进行大量的开发研究工作。

思考题与习题

1. 衡量板材成形性能的参数有哪些?各自的含义是什么?
2. 何谓加工硬化和加工硬化指数?加工硬化对冲压成形工艺有什么影响?
3. 什么是板材各向异性系数?这种材料特征值对冲压加工有哪些方面的影响?
4. 冲压塑性变形时应遵循哪些基本规律?
5. 查阅近三年的科技文献,简述冲压加工的新进展。

第 2 章　板材冲裁

冲裁是利用冲模使板材分离的一种冲压工序。从广义上说，冲裁是分离工序的总称，它包括切断、落料、冲孔、修边、切口等多种工序。但一般来说，冲裁工艺主要是指落料和冲孔工序。冲裁的用途极广，它既可直接冲出成品零件，又可为其他成形工序制备毛坯。

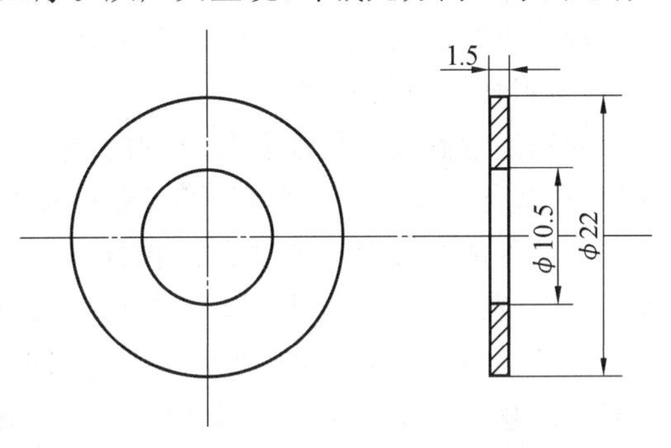

图 2.1　落料与冲孔

冲裁以后，板材分成冲落部分和带孔部分。若冲裁的目的是为了制取一定外形的冲落部分，则这种冲裁工序称为落料；若为了制取内孔，则称为冲孔。例如图 2.1 所示的垫圈，制取外形 $\phi22$ 的冲裁工序称为落料，而制取内孔 $\phi10.5$ 的工序称为冲孔。

2.1　冲裁过程

当模具间隙正常时，冲裁过程大致可以分成三个阶段，如图 2.2 所示。

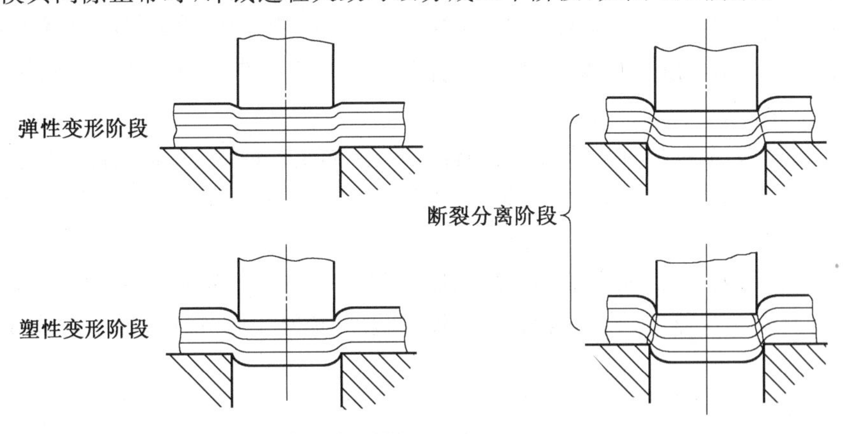

图 2.2　冲裁过程

1. 弹性变形阶段

冲头接触板料后，开始压缩材料，并使材料产生弹性压缩、拉伸与弯曲等变形。这时冲头略挤入材料，材料的另一侧也略挤入凹模洞口。随着冲头继续压入，材料内的应力达到弹性极限，此时，凸模下的材料略有弯曲，凹模上的材料则向上翘。间隙越大，弯曲和上翘越严重。

2. 塑性变形阶段

当冲头继续压入，压力增加，材料内的应力达到屈服极限时便开始进入第二阶段，即塑性变形程度逐渐增大，材料内部的拉应力和弯矩都增大，变形区材料硬化加剧，冲裁变形力不断增大，直到刃口附近的材料由于拉应力的作用出现微裂纹时，冲裁变形力达到最大值。材料出现裂纹，开始破坏，塑性变形阶段告终。由于存在冲模间隙，这个阶段中除了剪切变形外，冲裁区还产生弯曲和拉伸。间隙越大，弯曲和拉伸也越大。

3. 断裂分离阶段

冲头继续压入，已成形的上、下裂纹逐渐扩大并向材料内延伸，当上、下两裂纹相遇重合时，材料便被剪断分离。

冲裁过程的变形是很复杂的，除了剪切变形外，还存在拉深、弯曲、横向挤压等变形。所以，冲裁件及废料的平面不平整，常有翘曲现象。

冲裁件的断面具有明显的区域性特征。断面上分为光亮带、剪裂带、塌角和毛刺四个部分。图 2.3 中 a 为塌角，是冲头压入材料时，刃口附近的材料被牵连拉入变形的结果；b 为光亮带，是塑性变形的结果，其表面光滑，断面质量最佳；c 为剪裂带，是剪断分离时产生的，其表面粗糙并略带斜度，不与板平面垂直；d 为毛刺，是在出现微裂纹时形成的。冲头断续下行使已形成的毛刺拉长，并残留在冲裁件上。

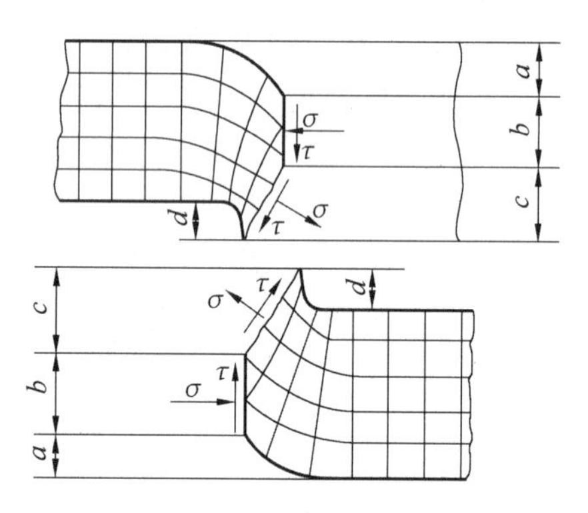

图 2.3 冲裁区应力与应变情况
a—塌角；b—光亮带；c—剪裂带；
d—毛刺；σ—正应力；τ—切应力

光亮带、剪裂带、塌角和毛刺四个部分在整个断面上所占的比例不是一成不变的，它随材料的性能、厚度、间隙、模具结构等各种冲裁条件的不同而变化。

塑性差的材料，断裂倾向严重，经由塑性变形形成的光亮带及塌角两部分所占的比例较小，毛刺也较小，而断面大部分是剪裂带。对于塑性较好的材料，与此相反，其光亮带所占比例较大，塌角和毛刺也较大，而剪裂带则小一些。

对于同一种材料来说，光亮带、剪裂带、塌角和毛刺四个部分所占的比例也不是固定不变的，它与材料本身厚度、冲裁间隙、刃口锋利程度、模具结构和冲裁速度等冲裁条件有关。

2.2 冲裁模间隙

由冲裁过程可知，冲裁凸模和凹模间的间隙（称为冲裁间隙）是一个极重要的工艺参数，对冲裁件断面质量、模具寿命、卸料力、推件力、冲裁力和冲裁件的尺寸精度都有重要影响。

1. 冲裁间隙对冲裁件断面质量和尺寸精度的影响

间隙较大时，材料中的拉应力将增大，容易产生剪裂纹，塑性变形阶段较早结束，光亮带要小一些，而剪裂带、塌角和毛刺都比较大，冲裁件的翘曲也较显著。反之，间隙较小时，材料中拉应力成分较小，静水压效果增强，裂纹的产生受到抑制，光亮带变大，而塌角、斜度、翘曲等均减小。

间隙过大或过小均将导致上、下两方的剪裂纹不能重合于一线(图 2.4)。间隙太小时，凸模刃口附近的剪裂纹较正常间隙时向外错开一段距离，上、下两裂纹中间的材料随着冲裁过程的进行将被第二次剪切，并在断面上形成第二个光亮带(图 2.5(a))，这时毛刺也增大。间隙过大时，凸模刃口附近的剪裂纹较正常间隙时向里错开一段距离，材料受到很大的拉伸，光亮带小，毛刺、塌角、斜度也都增大(图 2.5(c))。此外，间隙过大或过小时均使冲裁件尺寸与冲模刃口尺寸的偏差增大。

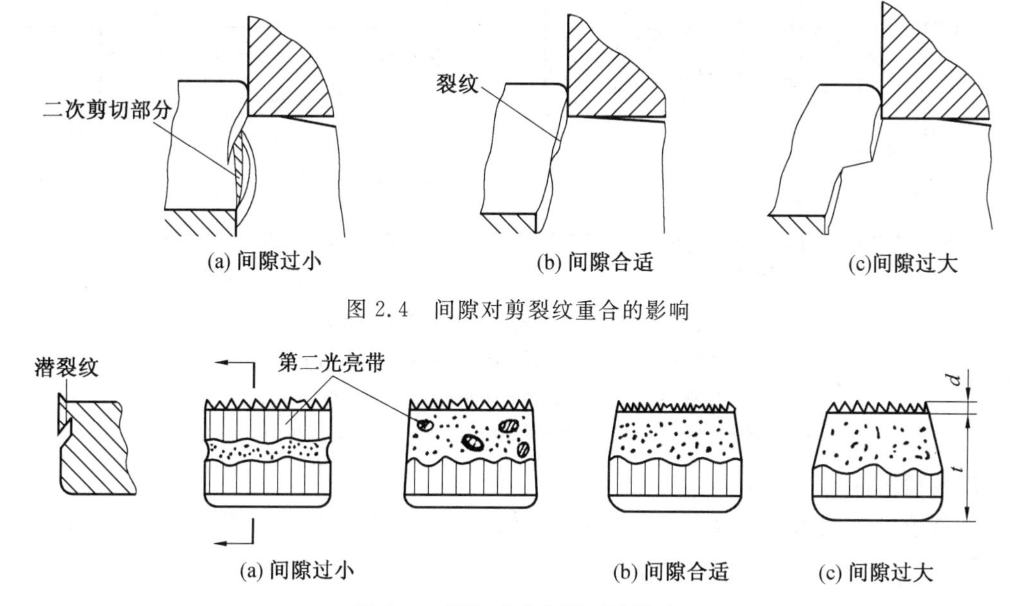

图 2.4 间隙对剪裂纹重合的影响

图 2.5 间隙对冲裁断面的影响

间隙合适，即在合理间隙范围内，上、下剪裂纹基本重合于一线，这时光亮带约占板厚的 1/3，塌角、毛刺和斜度也均不大，可以满足一般冲裁的要求(图 2.5(b))。

冲裁件的质量好坏主要是通过断面光亮带大小、塌角、毛刺以及冲裁件的翘曲等来判断的。增大光亮带的关键在于推迟剪裂纹的产生，所以要尽量减小材料内的拉应力和弯曲力矩，其主要途径是减小间隙，压紧凹模上的材料，对凸模下的材料施加反压力，并注意润滑等。减小塌角、毛刺和翘曲的措施，除了尽可能采用合理间隙的下限值外，还要注意保持刃口的锋利，采用压板和在凸模下面加反压力等。

冲裁件断面的表面粗糙度和冲裁毛刺的允许高度见表 2.1 和表 2.2，其精度不高于 GB6 级。若冲裁件要求更高的质量，则应采用精密冲裁工艺。

表 2.1 冲裁件断面的表面粗糙度

料厚/mm	1	1～4	4～5
表面粗糙度/μm	3.2	6.3～25	50

表 2.2 冲裁毛刺的允许高度 mm

料厚/mm	生产时	试模时
约 0.3	≤0.05	≤0.015
0.5～0.1	≤0.10	≤0.03
1.5～2.0	≤0.15	≤0.05

间隙对冲裁件尺寸精度的影响如图 2.6 所示。间隙对于冲孔和落料精度的影响规律是不同的，且与材料的纤维方向有关。

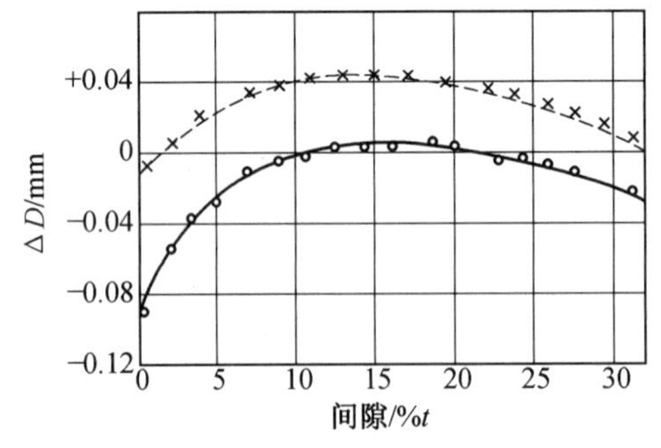

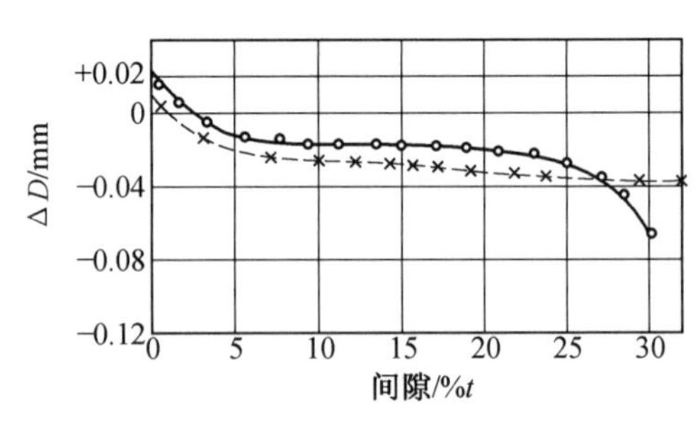

图 2.6 间隙对冲裁件尺寸精度的影响

（材料：带钢；冲裁直径：$\phi 18$；料厚：1.6 mm；

ΔD＝冲裁件孔径－凸模外径(冲孔)；——纤维方向；

ΔD＝落料件孔径－凹模外径(落料)；------垂直于纤维方向）

2. 合理间隙

冲裁模的合理间隙数值应使冲裁时材料的上、下两剪裂纹重合，正好相交于一条连线上(图 2.7)。根据图 2.7 上的几何关系可得

$$c=(t-b)\tan\beta=t\left(1-\frac{b}{t}\right)\tan\beta \qquad (2.1)$$

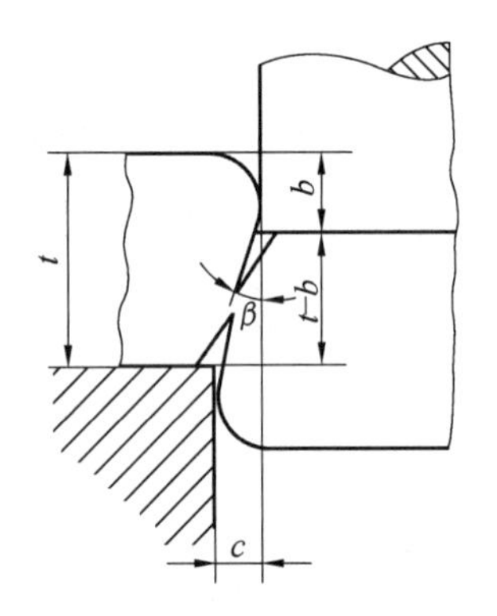

图 2.7 冲裁模间隙

式中 c—— 单边间隙，mm；

t—— 材料厚度，mm；

b—— 产生剪裂纹时凸模挤入的深度，mm；

$\frac{b}{t}$—— 产生剪裂纹时凸模挤入材料的相对深度；

β—— 剪裂纹与垂直线间的夹角，(°)。

由式(2.1) 可以看出，合理间隙值取决于 t、$1-\frac{b}{t}$、$\tan\beta$ 这三个因素。由于角度β值的变化不大(表 2.3)，所以间隙数值主要取决于前两个因素。

材料厚度增大，间隙数值应成正比地增大，反之亦然。

b/t 是产生剪裂纹时凸模挤入材料的相对深度，它与材料有关。材料塑性好，光亮带大，间隙数值就小。对于塑性低的硬脆材料，间隙数值就大一些。另外，b/t 还与材料的厚

度有关，薄料冲裁时，光亮带 b 的宽度增大，b/t 的值也大。因此，薄料冲裁的合理间隙要小一些，而厚料的 b/t 数值小，合理间隙则应取得大一些。

表 2.3 b/t 与 β 值

材料	$b/t\times100$				β
	$t<1$ mm	$t=1\sim2$ mm	$t=2\sim4$ mm	$t>4$ mm	
软钢	75 ～ 70	70 ～ 65	65 ～ 55	50 ～ 40	6° ～ 5°
中硬钢	65 ～ 60	60 ～ 55	55 ～ 48	45 ～ 35	5° ～ 4°
硬钢	50 ～ 47	47 ～ 45	44 ～ 38	35 ～ 25	4°

实际生产中，采用下述经验公式计算合理间隙 c 的数值：

$$c=mt \tag{2.2}$$

式中 t—— 材料厚度，mm；

m—— 系数，与材料性能及厚度有关。在实用上，当材料较薄时，可以选用下列数值：对于软钢、纯铁，$m=6\%\sim9\%$；对于铜、铝合金，$m=6\%\sim10\%$；对于硬钢，$m=8\%\sim12\%$。

当材料厚度 $t>3$ mm时，由于冲裁力较大，可以适当放大系数 m，当断面质量没有特殊要求时，一般可以放大到 1.5 倍。

生产中也可通过查表 2.4 确定合理的间隙数值。

表 2.4 冲裁模合理的间隙数值(双边)

材料种类	材料厚度 t/mm				
	0.1 ～ 0.4	0.4 ～ 1.2	1.2 ～ 2.5	2.5 ～ 4	4 ～ 6
软钢、黄铜	0.01 ～ 0.02 mm	$(7\%\sim10\%)t$	$(9\%\sim12\%)t$	$(12\%\sim14\%)t$	$(15\%\sim18\%)t$
硬钢	0.01 ～ 0.05 mm	$(10\%\sim17\%)t$	$(18\%\sim25\%)t$	$(25\%\sim27\%)t$	$(27\%\sim29\%)t$
磷青铜	0.01 ～ 0.04 mm	$(8\%\sim12\%)t$	$(11\%\sim14\%)t$	$(14\%\sim17\%)t$	$(18\%\sim20\%)t$
铝及铝合金(软)	0.01 ～ 0.03 mm	$(8\%\sim12\%)t$	$(11\%\sim12\%)t$	$(11\%\sim12\%)t$	$(11\%\sim12\%)t$
铝及铝合金(硬)	0.01 ～ 0.03 mm	$(10\%\sim14\%)t$	$(13\%\sim14\%)t$	$(13\%\sim14\%)t$	$(13\%\sim14\%)t$

在使用表 2.4 时，若冲裁件断面质量要求高，可将表中的间隙数值减小 1/3；当凹模孔口形式为圆柱形时，取表中偏大的数值，而凹模孔口形式为锥形(包括电火花加工锥度)时，则取表中偏小的数值。

冲较小的孔时，为防止废料反跳到凹模表面，间隙数值可按下述关系选取：$t<1$ 时，$c=5\%t$；$t=1\sim2$ 时，$c=7\%t$；$t=2\sim4$ 时，$c=10\%t$。冲裁绝缘纤维板和树脂板时，间隙数值可取 $2\%t$(一般需加热)。

此外，要获得同样的冲裁件质量，冲孔的间隙应比落料的间隙略大一些，尤其当冲小孔或窄槽时更要注意这一点。

3. 间隙对冲裁工艺和模具的影响

间隙对模具寿命有极大的影响，间隙是影响模具寿命诸多因素中最主要的一个因素。冲裁过程中，凸模与被冲孔之间，以及凹模与落料件之间均有摩擦，而且间隙越小，摩擦越严重。此外，在实际现场生产中模具受到制造误差和装配精度的限制，凸模不可能绝对垂直于凹模平面，而且间隙也不会是均匀分布的，所以过小的间隙对模具寿命极为不利，而较大的间隙可使凸模与凹模侧面及材料间的摩擦减小，并减缓间隙不均匀的不利影响，从而提高模具的寿命。

冲裁力随间隙的增大有一定程度的降低，但是，当单边间隙介于材料厚度的5% ～ 20%时，冲裁力的降低并不显著(5% ～ 10%)。因此，在正常情况下，间隙对冲裁力的影响不甚严重。

间隙对卸料力、推件力的影响比较显著。间隙增大后，从凸模上卸料或从凹模孔口中推出零件都会比较省力。一般当单边间隙增大到材料厚度的15% ～ 25%时，卸料力几乎减小到零。

2.3 冲裁工艺力的计算

1. 冲裁力

冲裁力是选择冲压设备吨位和检验模具强度的一个重要依据。

平刃冲模的冲裁力可按下式计算：

$$F = kLt\tau \tag{2.3}$$

式中 F—— 冲裁力，N；

L—— 冲裁周边长度，mm；

t—— 材料厚度，mm；

τ—— 材料抗剪强度，MPa；

k—— 系数。

k 是考虑到实际生产中的各种因素而给出的一个修正系数。生产中的各种实际因素很多，如模具间隙的波动和不均匀、刃口的钝化、板料机械性能和厚度的波动等。根据经验，一般可取 $k = 1.3$。

抗剪强度 τ 的数值取决于材料的种类和状态，可在手册或资料中查取。为了便于估算，可取抗剪强度 τ 等于该材料强度极限 σ_b 的80%，即取 $\tau = 0.8\sigma_b$。

为了简便，也可按下式估算冲裁力：

$$F \approx Lt\sigma_b \tag{2.4}$$

机械压力机的工作能力除了受压力曲线的限制外，还规定了每次行程功不要超过额定的数值，以保证电机不过载，飞轮转速不至于下降过多。如J－11－100型压力机规定每次行程功：连续行程为3 kN · m，单次行程为4 kN · m。

平刃口冲裁时，其冲裁功可按下式计算：

$$A = mFt/1\ 000 \tag{2.5}$$

式中 A—— 冲裁功，kN · m；

t—— 材料厚度，mm；

F—— 冲裁力，kN；

m—— 系数，与材料有关，一般取 $m=0.63$。

薄料冲裁时，冲裁功不大，可以不进行冲裁功的验算，但在厚料冲裁时，验算冲裁功往往是必要的。

用平刃模具冲裁时所需的冲裁力大，在大型零件冲裁时，往往会超出现有设备的吨位。为了减小冲裁力及减小冲击、振动和噪声的影响，可以采用斜刃冲模。在多冲头的冲模中也可采用阶梯布置法，俗称阶梯凸模，如图 2.8 所示。

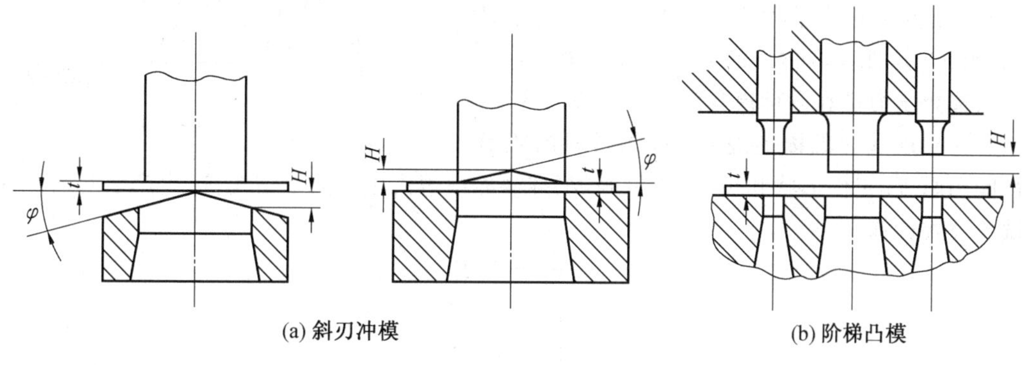

图 2.8 斜刃冲模与阶梯凸模

斜刃冲模冲裁时其情况如斜刃剪板机一样，材料是沿长度逐渐分离的。为了制取平整的零件，落料时凸模应做成平刃，凹模做成斜刃。冲孔时正好相反，即凹模做成平刃，而凸模做成斜刃。斜刃一般做成波浪形，应力求对称从而避免水平方向的侧向力。

斜刃冲模多用于大型零件，一般把斜刃布置成多个波峰的形式。斜刃冲模的减力程度由斜刃波峰高度 H 和角度 φ 而定(图 2.8)。φ 角可以参考下列数值选取：$t<3$ mm，$H=2t$ 时，$\varphi<5°$；$t=3\sim10$ mm，$H=t$，$\varphi<8°$。一般情况下，$\varphi\leqslant12°$。斜刃冲裁力 F_s 可按下式计算：

$$F_s=kF \tag{2.6}$$

式中 F—— 用平刃冲模冲裁时所需的力，N；

k—— 斜刃冲裁的减力系数(见表 2.5)。

表 2.5 斜刃冲裁的减力系数 k 值

H/mm	$H=t$	$H=2t$	$H=3t$
k	$0.4\sim0.6$	$0.2\sim0.4$	$0.1\sim0.25$

采用阶梯凸模方法减力时应使阶梯高度差 H(图 2.8) 稍大于断面光亮带宽度。此外，采用阶梯凸模时，应考虑以下几点：

(1) 各阶梯凸模的分布要注意对称，以减小压力中心的偏离。

(2) 首先开始工作的凸模应该是端部带有导正销的凸模。一般先冲大孔，后冲小孔，这样可使小直径凸模或阶梯凸模尽量短些，以提高其寿命。

采用斜刃冲模或阶梯凸模时，所需的冲裁功并不减小，只是因为延长了冲裁行程而使冲裁力降低(图 2.9)。

除了以上的减力措施外，将材料加热后冲裁也是减小冲裁力的有效方法，但加热后零件表面质量和冲裁的尺寸精度都有所降低。

2. 卸料力、推件力和顶件力

当冲裁工作完成后，工件或废料沿径向发生弹性回复变形而卡在凹模内或箍紧在凸模上。从凸模上将工件(或废料)卸下来的力称为卸料力。从凹模内顺着冲裁方向将工件(或废料)推出的力称为推件力。逆冲裁方向将工件(或废料)从凹模内顶出的力称为顶件力。这些力在选择压力机和设计模具时都要加以考虑。

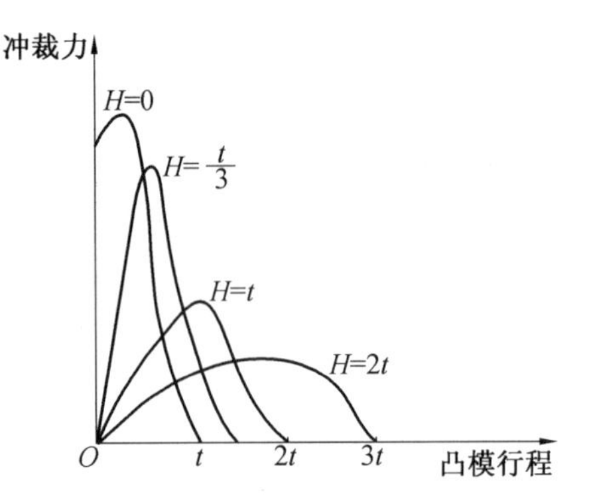

图 2.9　斜刃冲模的冲裁功

影响这些力的因素有很多，如材料的机械性能和厚度、工件形状和尺寸、模具间隙、排样的搭边大小及润滑情况等，生产中常用下列试验公式计算：

$$\begin{cases} F_x = K_x F \\ F_t = nK_t F \\ F_d = K_d F \end{cases} \tag{2.7}$$

式中　F_x、F_t、F_d—— 卸料力、推件力和顶件力，kN；

K_x、K_t、K_d—— 卸料力、推件力和顶件力的系数，其值可查表 2.6；

F—— 冲裁力，kN；

n—— 同时卡在凹模内的工件数。$n=\dfrac{h}{t}$，其中 h 为凹模直壁洞口的高度，mm；t 为板材厚度，mm。

表 2.6　K_x、K_t、K_d 的数值

材料厚度 /mm		K_x	K_t	K_d
钢	≤0.1	0.065 ～ 0.075	0.1	0.14
	0.1 ～ 0.5	0.05 ～ 0.065	0.065	0.08
	0.5 ～ 2.5	0.04 ～ 0.05	0.055	0.06
	2.5 ～ 6.5	0.03 ～ 0.04	0.045	0.05
	≥6.5	0.02 ～ 0.03	0.025	0.03
铝、铝合金		0.025 ～ 0.08	0.03 ～ 0.07	
紫铜、黄铜		0.02 ～ 0.06	0.03 ～ 0.09	

注：K_x 在冲多孔、大搭边和轮廓复杂等情况时取上限值。

3. 压料力

压料力是对板材的强制约束力，是提高工件断面质量、减小工件穹弯的有效方法。凹模面上的压料靠弹性压料板提供，凸模端面上的压料力靠可动背压板提供。压料力的计算式为

$$F_y = (0.10 \sim 0.20)F \tag{2.8}$$

式中 F_y—— 压料力，kN；

F—— 冲裁力，kN。

系数取值视材料性能而定，硬料或加工硬化系数大的材料取大值，软材料取小值。

4. 侧向力

侧向力 F_c 一方面引起凸、凹模侧面磨损，另一方面，当冲裁不封闭（如单面冲裁或侧刃冲裁）时，使凸模受横向力作用易发生不需要的弯曲变形，甚至断裂。侧向力的计算公式为

$$F_c = (0.30 \sim 0.38)F \tag{2.9}$$

式中 F_c—— 侧向力，kN；

F—— 冲裁力，kN。

2.4 冲裁模

2.4.1 凸模、凹模刃口尺寸的确定

冲裁件的尺寸和冲模间隙都取决于凸模和凹模刃口的尺寸，因此，正确地确定冲裁模刃口尺寸及其公差是冲模设计中很重要的一项工作。

冲裁时，冲孔直径和落料件外形尺寸均取决于光亮带的尺寸，即落料件的尺寸接近于凹模刃口的尺寸，冲孔的尺寸接近于凸模刃口的尺寸。所以，落料时取凹模作为设计的基准件，冲孔时则取凸模为基准件。设计冲模时，首先确定基准件刃口的尺寸，然后再根据间隙确定另一件刃口的尺寸。例如，落料时先按落料件确定凹模刃口尺寸，然后按照选定的间隙确定凸模刃口尺寸；而冲孔时正好相反，先确定凸模刃口的尺寸，然后按间隙确定凹模刃口尺寸。

冲模在使用过程中有磨损，落料件的尺寸会随凹模刃口的磨损而增大，而冲孔的尺寸则随凸模的磨损而减小。为了保证零件的尺寸要求，并提高模具的使用寿命，因此落料时所取凹模刃口的尺寸应靠近落料件公差范围内的最小尺寸，而冲孔时，所取凸模刃口的尺寸应靠近孔的公差范围内的最大尺寸。无论是落料还是冲孔，冲模间隙均应采用合理间隙范围内的最小值。落料与冲孔时，冲模刃口与零件尺寸及其公差的关系如图 2.10 所示。图中符号的意义为：

D_d—— 落料凹模刃口的名义尺寸，mm；

D_p—— 落料凸模刃口的名义尺寸，mm；

d_p—— 冲孔凸模刃口的名义尺寸，mm；

d_d—— 冲孔凹模刃口的名义尺寸，mm；

D_{max}—— 落料件的最大极限尺寸，mm；

d_{min}—— 冲孔的最小极限尺寸，mm；

Δ—— 冲裁件公差，mm；

Z_{min}—— 最小双边合理间隙，mm；

x—— 系数，为了避免多数冲裁件尺寸都偏向极限尺寸（落料时偏向最小尺寸，冲孔

时偏向最大尺寸)，可取 $x=0.75\sim0.5$；

δ_d、δ_p—— 凹模与凸模的制造公差，一般取冲裁件公差 Δ 的 $1/3\sim1/4$；对于圆形件，由于其制造过程简单，精度容易保证，制造公差可按 $2\sim3$ 级精度选取。

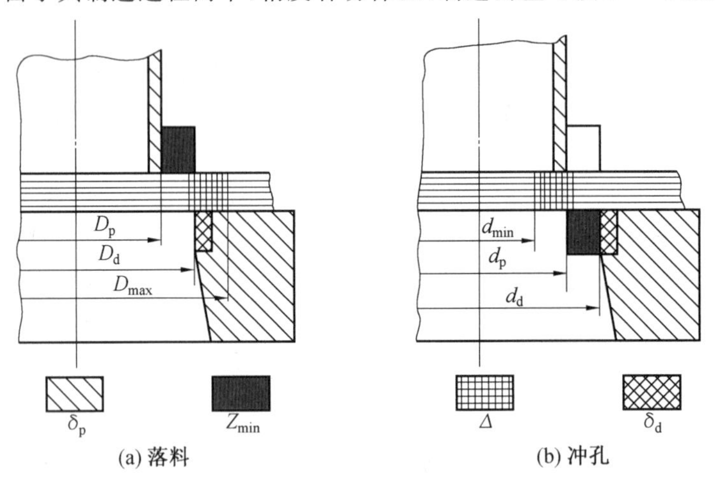

图 2.10 冲模刃口尺寸的确定

冲模刃口各尺寸的关系为：

落料：
$$D_d=(D_{max}-x\Delta)^{+\delta_d}_{0} \tag{2.10}$$
$$D_p=(D_d-Z_{min})^{0}_{-\delta_p} \tag{2.11}$$

冲孔：
$$d_p=(d_{min}+x\Delta)^{0}_{-\delta_d} \tag{2.12}$$
$$d_d=(d_p+Z_{min})^{+\delta_p}_{0} \tag{2.13}$$

对于圆形及矩形等规则形状刃口的凸模和凹模，可以采用按图纸分别加工的方法。此时应保证下述关系：

$$\delta_d+\delta_p\leqslant Z_{max}-Z_{min} \tag{2.14}$$

实际上，目前工厂中广泛采用"配作法"来加工冲模，尤其是对于 Z_{max} 与 Z_{min} 差值很小的冲模，曲线形状刃口的冲模更是倾向于采用配作法。配作法就是先按设计尺寸制出一个基准件，然后根据基准件的实际尺寸再按间隙配制另一件。落料时应先按计算尺寸制出凹模，然后根据凹模的实际尺寸，按最小合理间隙配制凸模。冲孔时则先按计算尺寸制出凸模，然后配制凹模。这种加工方法的特点是模具的间隙由配制保证，工艺比较简单，不必校核式(2.14)的条件，并且加工基准件时可以适当放宽公差，使加工较易进行。此时，冲模尺寸的标注也可简化，只需给出基准件的尺寸与公差以及必须保证的配制间隙。

2.4.2 冲裁模结构

冲裁模可按不同的特征进行分类：

(1)按工序的种类，冲裁模可分为落料模、冲孔模、切断模、切口模、切边模及剖切模等。

(2)按工序的复合程度，冲裁模可分为单一工序的简单模、多工序的连续模和复合模。

(3)按有无导向装置和导向方法，冲裁模可分为无导向的开式模、有导向的导板模、导柱模和导筒模。

(4)按节制进料的方法，冲裁模可分为定位销式冲裁模、挡料销式冲裁模、侧刀式冲裁模、挡板式冲裁模等。

(5)按卸料方法，冲裁模可分为刚性卸料模、弹性卸料模等。

(6)按送料、出件及排除废料的方法，冲裁模可分为手动模、半自动模和自动模。

本节主要介绍简单模、连续模和复合模。

1. 简单模

压机一次冲程中只能完成一个冲裁工序的模具，称为单工序模或简单模。

(1)无导向简单冲裁模。

图 2.11 所示为无导向简单冲裁模。模具的上部分由模柄 1、凸模 2 组成，通过模柄安装在压机滑块上，称为活动部分。模具的下部分由卸料板 3、导尺 4、凹模 5、下模板 6 和定位板 7 组成，通过下模板安装在压机工作台上，称为固定部分。模具的上、下两部分之间没有直接导向关系。

无导向简单冲裁模的特点是结构简单，质量较轻，尺寸较小，模具制造简单，成本低廉；模具依靠压机滑块导向，使用时安装调整麻烦，模具寿命低，冲裁件精度差，操作也不安全。无导向简单冲裁模适用于精度要求不高、形状简单、批量小或试制的冲裁件。

(2)导板式简单冲裁模。

图 2.12 所示为导板式简单冲裁模，结构与无导向简单冲裁模基本相似。其上部分由模柄 1、上模板 2、垫板 3、凸模固定板 4、凸模 5 组成。其下部分由下模板 9、凹模 8、导板 7、活动挡料销 6、托料板 13 组成。这种模具的特点是模具上、下两部分依靠凸模与导板的动配合导向，导板兼作卸料板。工作时凸模始终不脱离导板，以保证模具导向精度，一般凸模刃磨时也不应该脱离导板。所以，为便于拆卸安装，固定导板的螺钉 12 与销钉 11 之间的位置(见俯视图)应该大于上模板轮廓尺寸；凸模无须销钉定位固定；要求使用的设备行程不大于导板厚度(可用行程较小而可以调整的偏心式冲床)。

模具动作是条料沿托料板、导尺从右向左送进，搭边越过活动挡料销后，再反向向后拉拽条料，使挡料销后端面抵住条料搭边定位。凸模下行实现冲裁。由于挡料销对第一次冲裁起不到定位作用，故采用临时挡料销 10 在冲裁第一件前用手将其压入限定条料的位置，在以后的各次冲裁工作中，临时挡料销被弹簧弹出，不再起挡料作用。

导板式简单冲裁模具有精度高、寿命长、使用安装容易、操作安全，但制造比较复杂的特点，一般适用于形状较简单、尺寸不大的冲裁件。

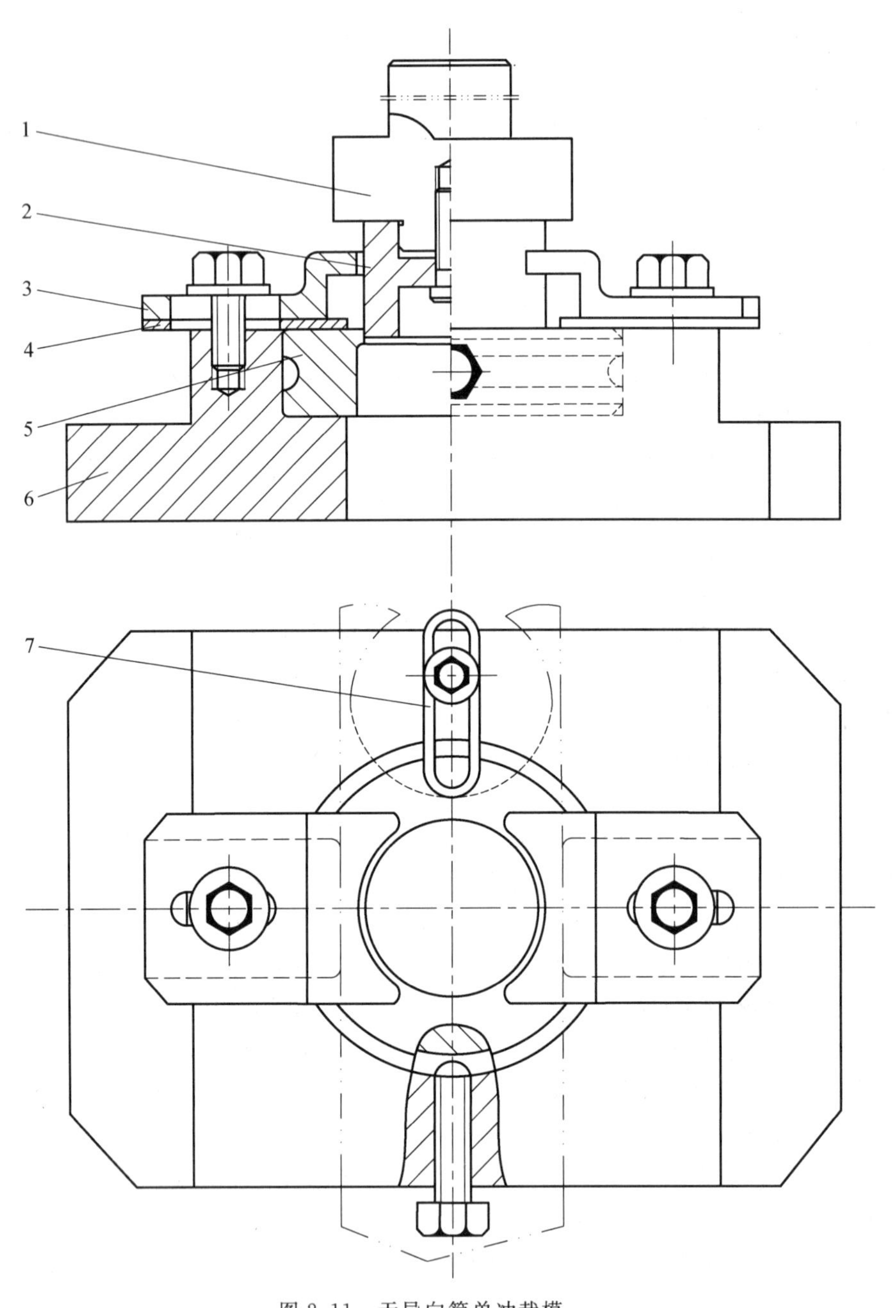

图 2.11　无导向简单冲裁模

1—模柄;2—凸模;3—卸料板;4—导尺;5—凹模;6—下模板;7—定位板

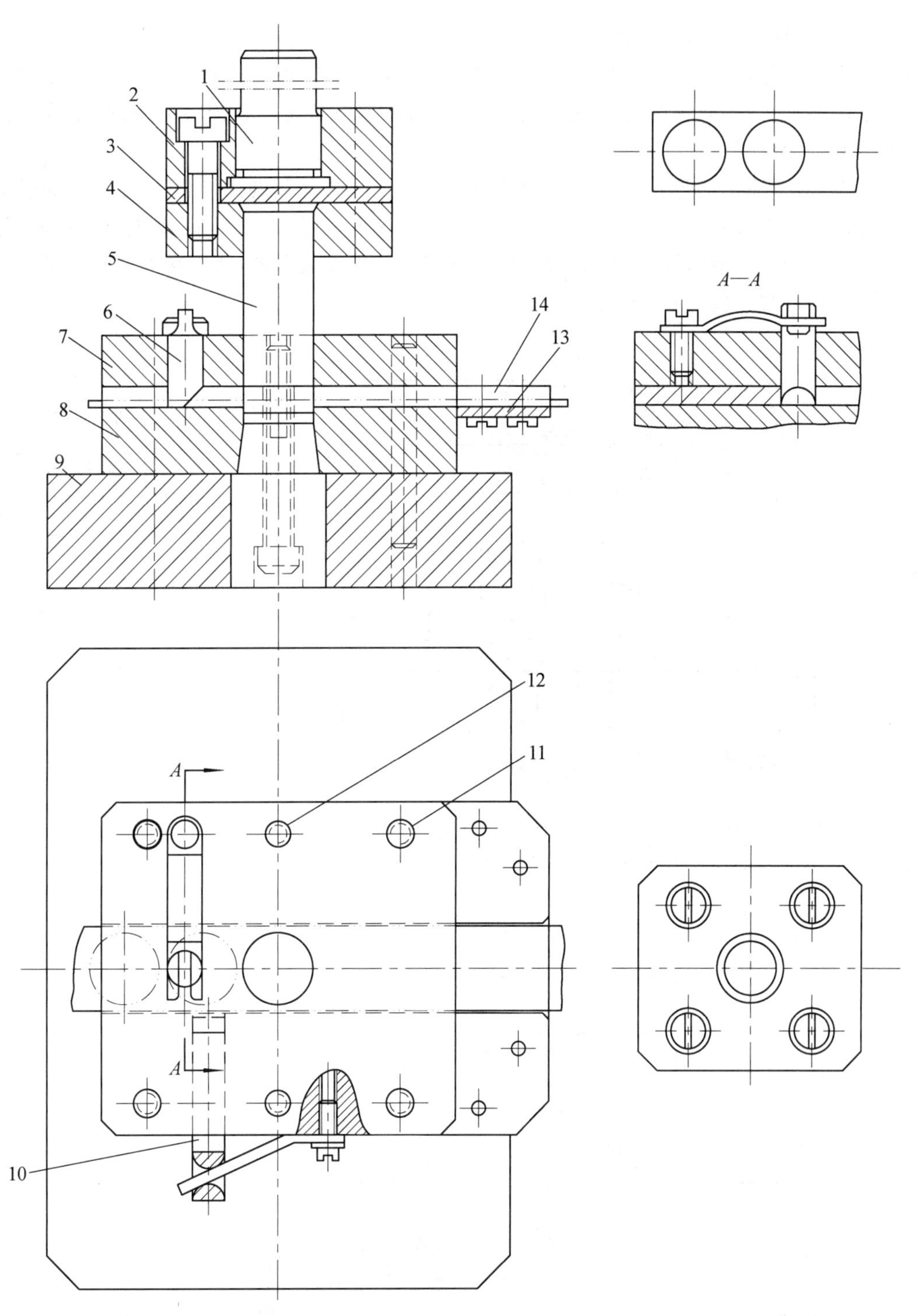

图 2.12 导板式简单冲裁模

1—模柄;2—上模板;3—垫板;4—凸模固定板;5—凸模;6—活动挡料销;7—导板;8—凹模;9—下模板;
10—临时挡料销;11—销钉;12—螺钉;13—托料板;14—导尺

(3)导柱式简单冲裁模。

用导板导向并不十分可靠,尤其是对于形状复杂的零件,按凸模配作形状复杂的导板孔形困难很大,而且由于受到热处理变形的限制,导板常是不经淬火处理的,影响其使用寿命和导向效果。

图 2.13 所示为导柱式简单冲裁模,模具的上、下两部分利用导柱 1、导套 2 的滑动配合导向。虽然导柱会加大模具轮廓尺寸、使模具笨重、制造工艺复杂、增加模具成本,但是用导柱导向比用导板更加可靠、精度高、寿命长,使用安装方便,所以在大量和成批生产中广泛采用导柱式简单冲裁模。

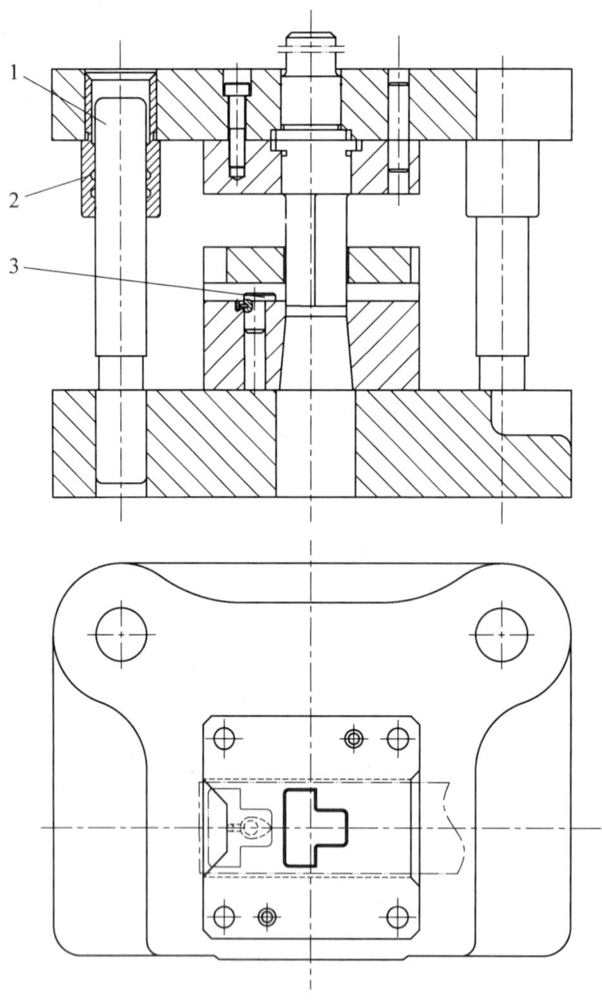

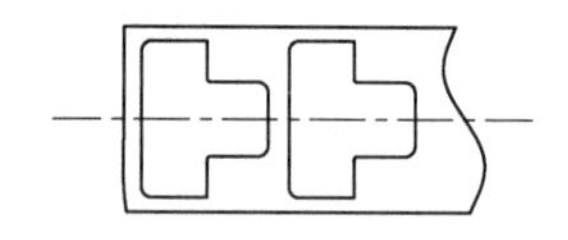

图 2.13 导柱式简单冲裁模

1—导柱;2—导套;3—定位销

2. 连续模

压机一次冲程中,在模具的不同部位上同时完成数道工序的模具,称为连续模。连续模所完成的冲压工序均布在坯料的送进方向上。

用简单模冲制环形垫圈,需要落料、冲孔两套模具。如果改用连续模就可以把两道工序合并，用一套模具完成，所以使用连续模可以减少模具和设备数量，提高生产效率，而且容易实现生产自动化，但比简单模制造更麻烦，成本也高。

用连续模冲制零件，必须解决条料的准确定位问题，才有可能保证制件的质量。根据定位零件的特征，常见的典型连续模结构有以下几种形式。

(1)有固定挡料销及导正销的连续模。

图 2.14 所示为冲制垫圈的连续模。其工作零件包括冲孔凸模 1、落料凸模 2、凹模 4、导正销 5、临时挡料销 6、固定挡料销 7，模具上、下两部分靠凸模与导板 3 配合导向。工作时用手将临时挡料销按入限定条料的初始位置，进行冲孔。临时挡料销在弹簧的作用下可自动复位。然后将条料再送进一个步距(c)，先用固定挡料销初步定位，在落料时用装在落料凸模端面上的导正销保证条料的正确定位。模具的导板兼作卸料板用。

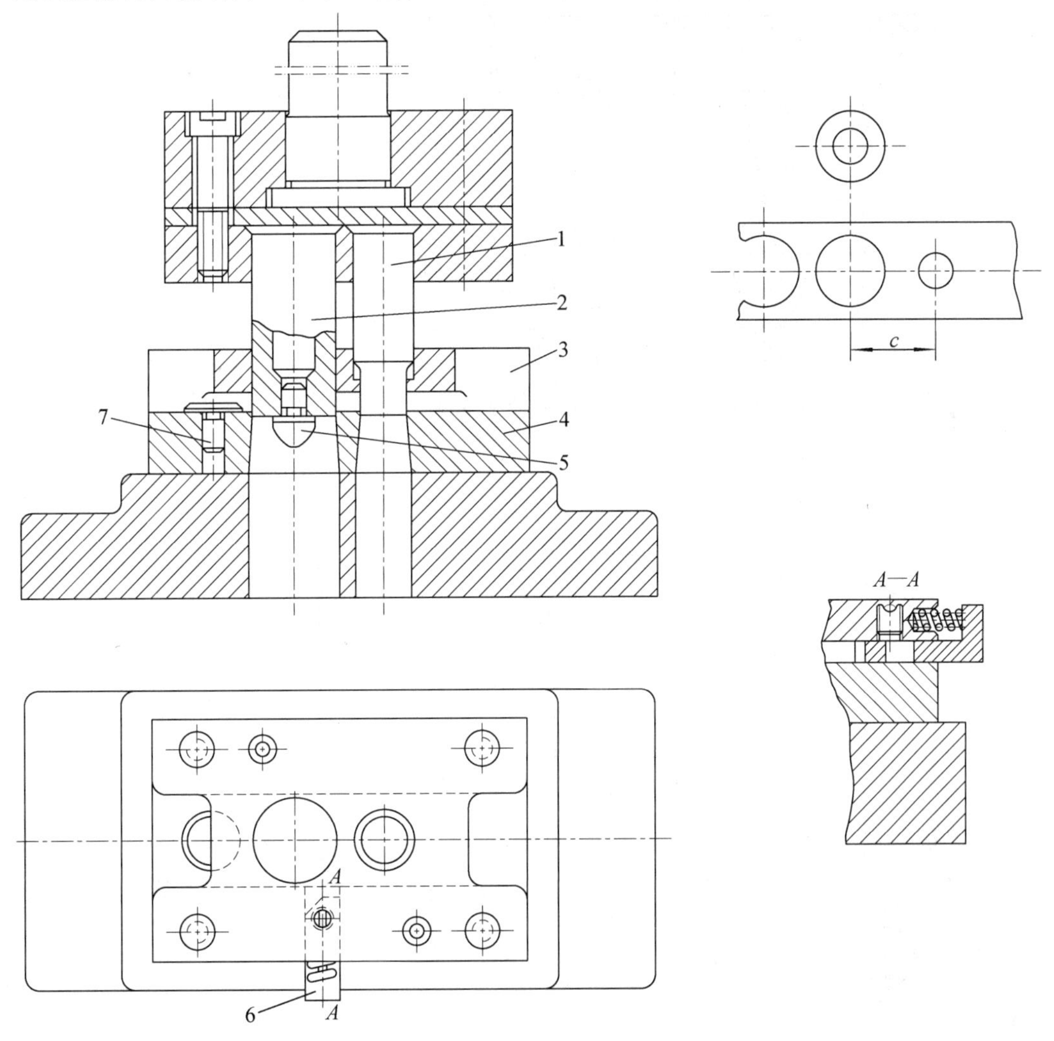

图 2.14 冲制垫圈的连续模

1—冲孔凸模；2—落料凸模；3—导板；4—凹模；5—导正销；6—临时挡料销；7—固定挡料销

当零件形状不适合用导正销导正定位时，可在条料上的废料部分冲出工艺孔，利用装在凸模固定板上的导正销进行导正。为使导正销可靠地工作，避免折损，导正销直径应为2～5 mm。如果条料厚度小于0.3 mm，孔的边缘可能被导正销压弯，因而起不到正确导正和定位的作用。另外，对于窄长形零件（步距为6～8 mm），或落料凸模尺寸不大时，为避免凸模强度过度减弱，一般都不用导正销。在上述两种情况下可采用侧刀的定位方法。

(2)有侧刀的连续模。

图2.15所示为有侧刀的连续模。

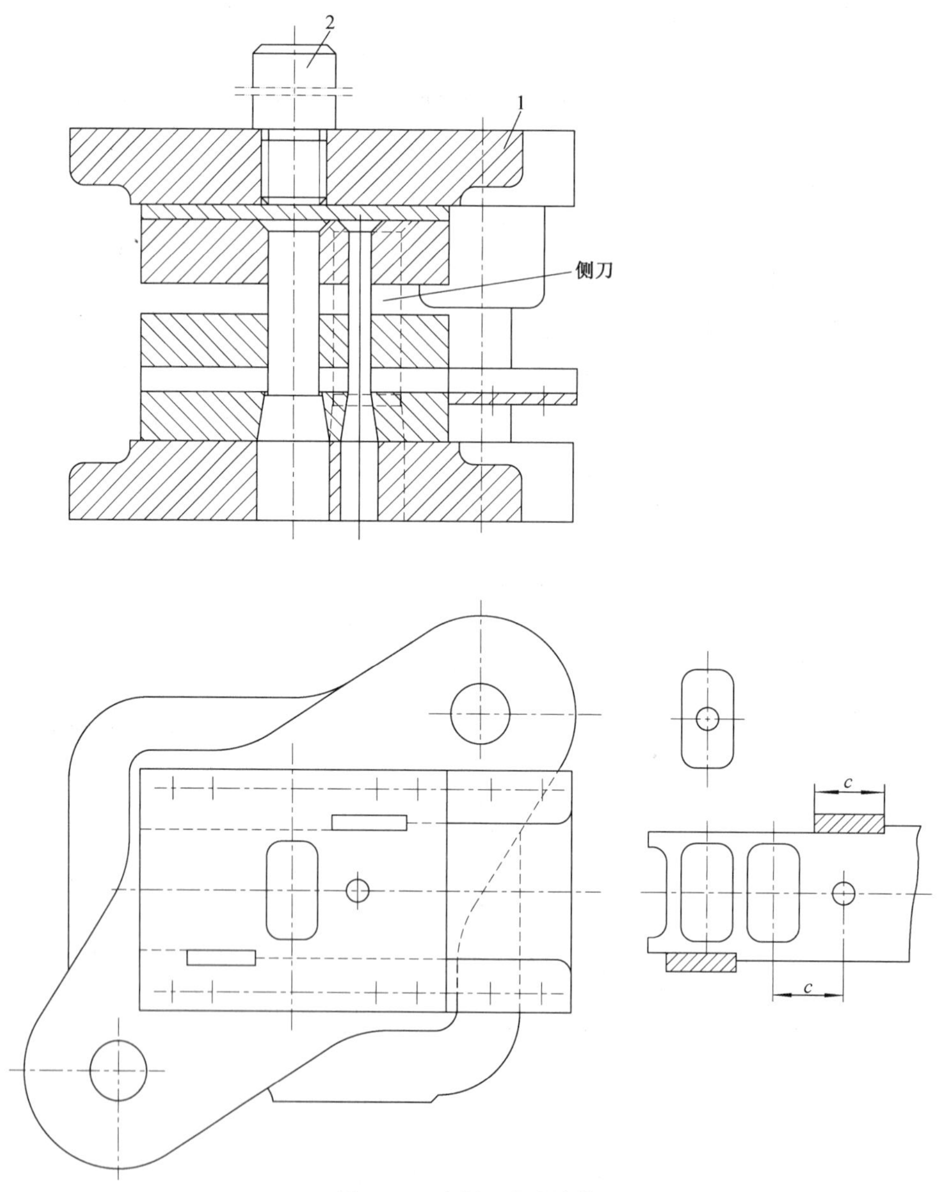

图2.15 有侧刀的连续模

1—上模座；2—模柄

有侧刀的连续模的特点是装有节制条料送进距离的侧刀(侧刀断面的长度等于步距)。侧刀前后导尺宽度不等,所以只有用侧刀切去长度等于步距的料边后,条料才可能向前送进一个步距。

有侧刀的连续模定位准确、生产效率高、操作方便,但材料的消耗增加,冲裁力增大。

(3)有自动挡料销的连续模。

图 2.16 所示为有自动挡料销的连续模。自动挡料装置由挡料杆 3 及冲搭边的凸模 1 和凹模 2 构成。工作时挡料杆始终不离开凹模的刃口平面,所以条料从右方送进时即被挡料杆挡住搭边。在冲裁的同时,凸模 1 将搭边冲出一缺口,使条料又可以继续送进一个步距(c),从而起到自动挡料的作用。开始的两次冲程分别由临时挡料销定位,从第三次冲程开始用自动挡料装置定位。

3. 复合模

压机一次冲程中,在模具的同一部位上同时完成数道冲压工序的模具称为复合模。连续模和复合模都是多工序模。

图 2.17 所示为冲制垫圈的复合模。其上部分主要由凸模 1、凹模 2、上模固定板 3、垫板 4、上模板 5、模柄 6 组成,下部分主要由凸凹模 14、下模固定板 15、垫板 16、下模板 17、卸料板 13 组成,上、下两部分通过导柱、导套滑动配合导向。

上模采用刚性推件装置,通过推杆 7、推块 8 和推销 9 推动顶件块 10,顶出制件。

这套模具利用两个固定导料销 12 和一个活动导料销 18 进行导向,控制条料的送进方向;利用活动挡料销 11 进行挡料定位,控制条料的送进距离。

复合模结构的特点是具有既是落料凸模又是冲孔凹模的凸凹模。利用复合模能够在模具的同一部位上同时完成制件的落料和冲孔工序,从而保证冲裁件的内孔与外缘的相对位置精度和平整性、生产效率较高;而且条料的定位精度的要求比连续模低,模具轮廓尺寸也比连续模小。但是,模具结构复杂,不易制造,成本高,适合于大批量生产。

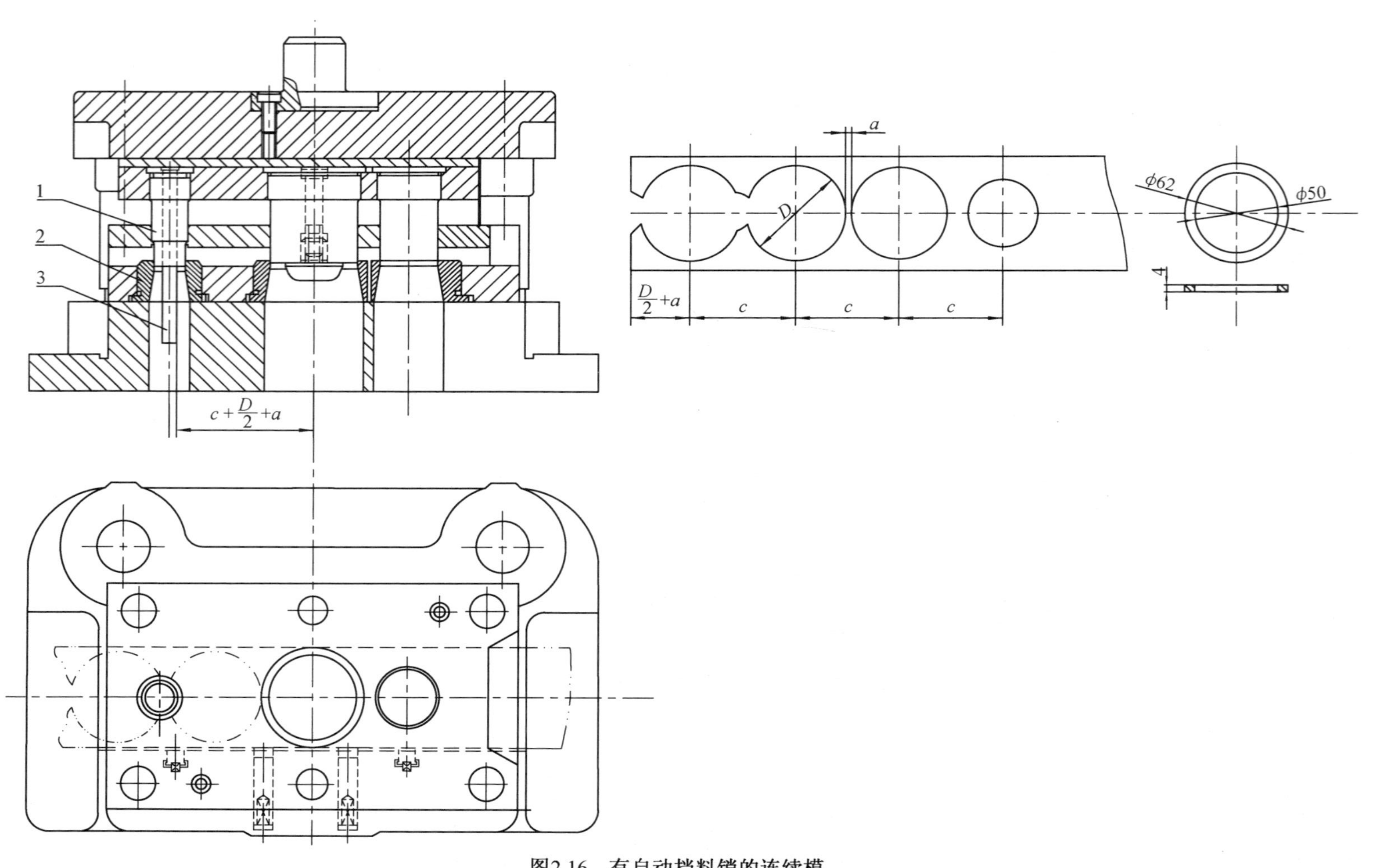

图2.16 有自动挡料销的连续模

1—挡料杆；2—凹模；3—凸模

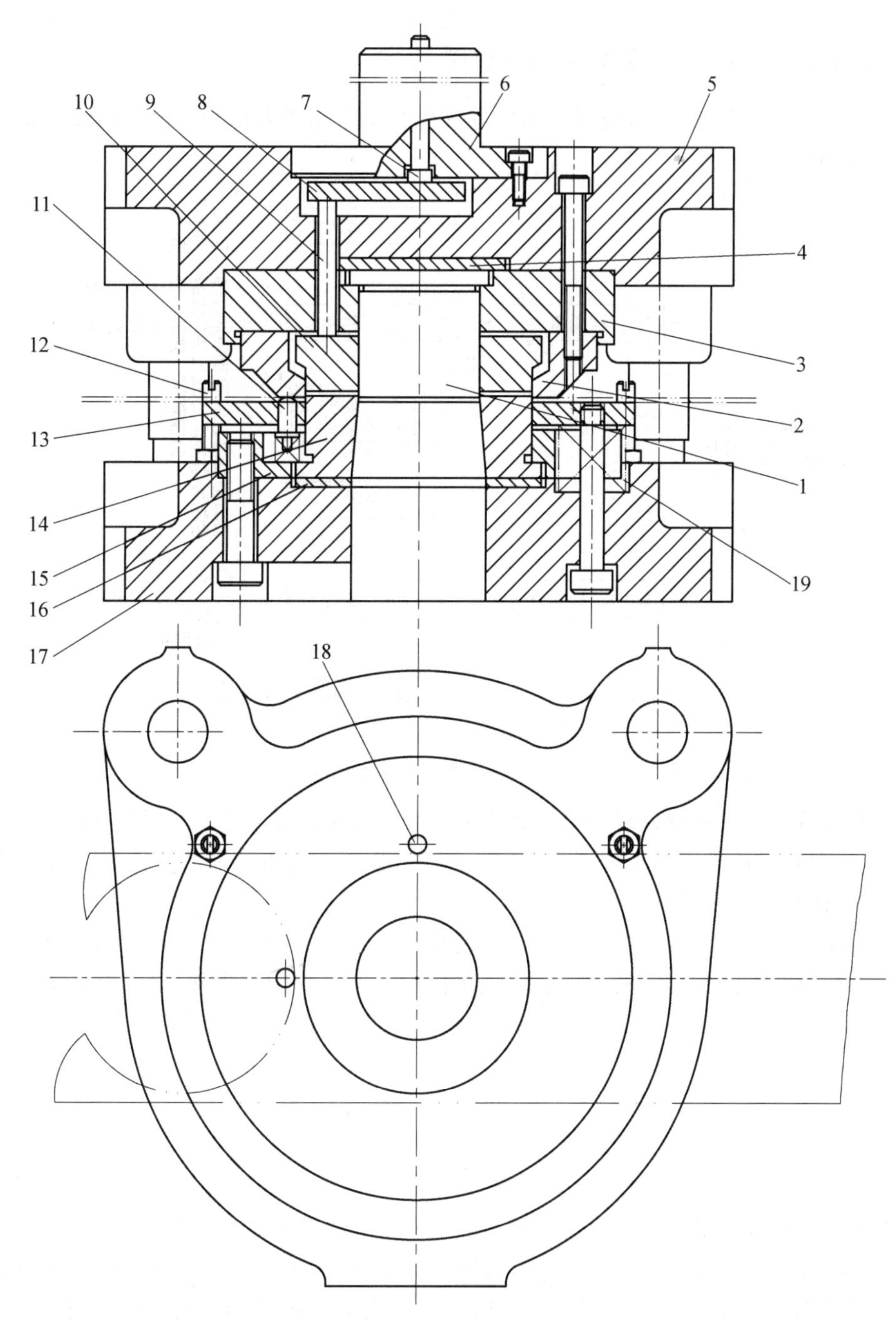

图 2.17 冲制垫圈的复合模

1—凸模；2—凹模；3—上模固定板；4—垫板；5—上模板；6—模柄；7—推杆；8—推块；9—推销；10—顶件块；11—活动挡料销；12—固定导料销；13—卸料板；14—凸凹模；15—下模固定板；16—垫板；17—下模板；18—活动导料销；19—弹簧

2.4.3 冲裁模主要部件与零件的构造

组成模具的全部零件，根据其功用可以分为工艺结构零件和辅助结构零件两大类，如图 2.18 所示。

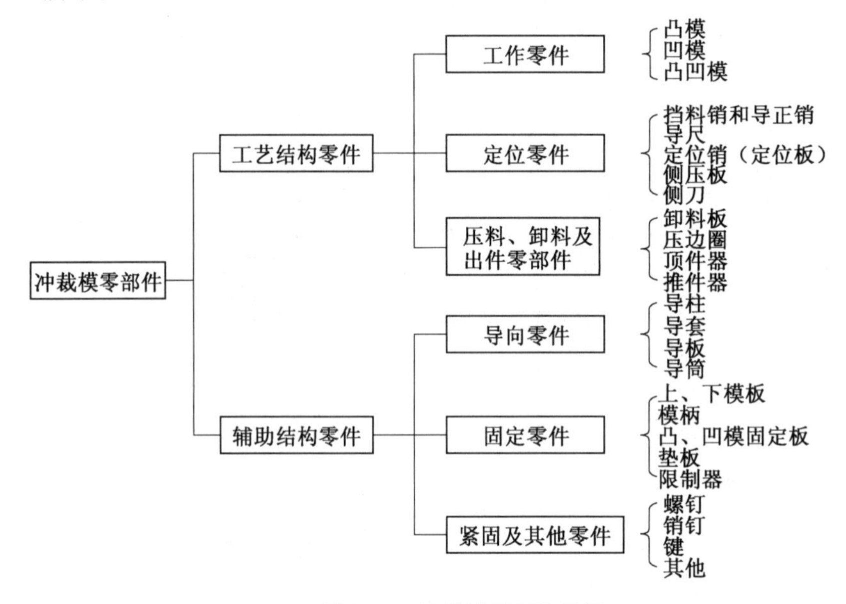

图 2.18 冲裁模零部件分类

工艺结构零件是指直接参与完成工艺过程并和坯料直接发生作用的零件，包括工作零件（直接对毛坯进行加工的零件）、定位零件（用以确定加工中毛坯正确位置的零件）与压料、卸料及出件零件。

辅助结构零件不直接参与完成工艺过程，也不和坯料直接发生作用，只对模具完成工艺过程起保证作用或对模具的功能起完善作用。它包括导向零件（保证模具上、下部分正确的相对位置）、固定零件（用以承装模具零件或将模具安装固定到压机上）、紧固及其他零件（连接紧固工艺零件与辅助零件）。

1. 工作零件

(1)凸模。

常见凸模的结构形式如图 2.19 所示。图 2.19(a)是圆形断面标准凸模，为避免应力集中和保证强度与刚度方面的要求，将其做成圆滑过渡的阶梯形，适用直径为 $\phi1\sim\phi28$ mm。图 2.19(b)是冲制直径 $\phi8\sim\phi30$ mm 的凸模结构形式。为了改善凸模强度，可在中部增加过渡阶段（图 2.19(c)）。图 2.19(d)是冲制孔径与料厚相近的小孔所用凸模的一种形式，采用护套结构既可以提高抗纵向弯曲的能力，又能节省模具钢而达到经济效果。图 2.19(e)是冲裁大件常用的结构形式。

凸模长度(L)应根据模具的结构确定。采用固定卸料板和导尺时（图 2.20），凸模长度应为

$$L = H_1 + H_2 + H_3 + H \tag{2.15}$$

式中 H_1—— 固定板厚度，mm；

H_2—— 卸料板厚度，mm；

H_3—— 导尺厚度，mm；

H—— 附加长度，mm。

其中附加长度主要考虑凸模进入凹模的深度(0.5 ~ 1 mm)、总修磨量(10 ~ 15 mm)及模具闭合状态下卸料板到凸模固定板间的安全距离(15 ~ 20 mm) 等因素确定。

在一般情况下，凸模的强度是足够的，所以没有必要进行强度校验。但是，在凸模特别细长或凸模的断面尺寸很小而坯料厚度较大的情况下，必须进行承压能力和抗失稳弯曲能力两方面的校验。

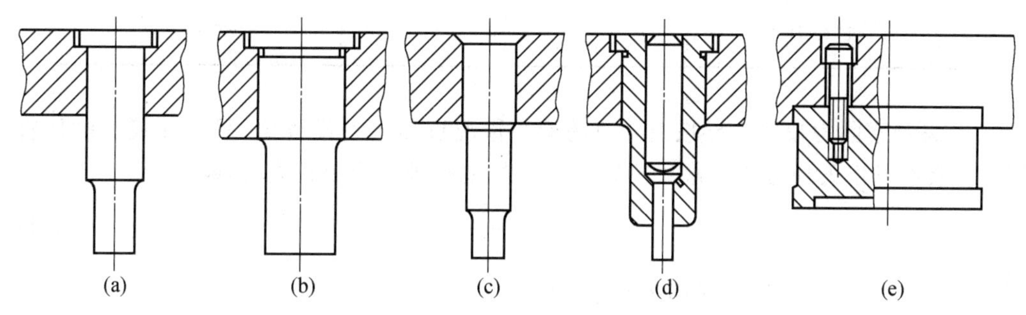

图 2.19　凸模的结构形式

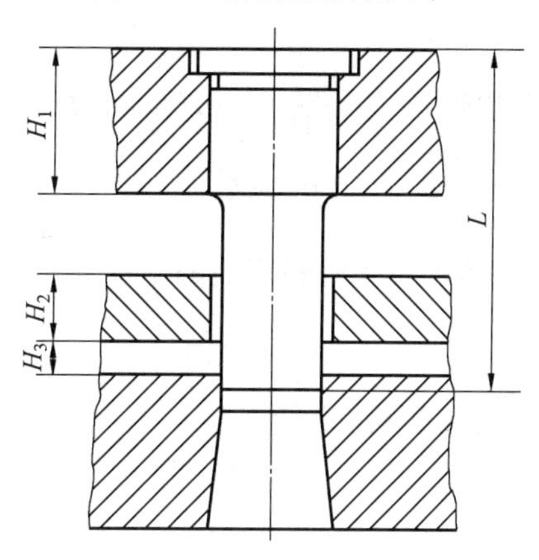

图 2.20　凸模长度的确定

① 承压能力校验。圆断面凸模承压能力的计算如下：

冲裁力 $F = \pi dt\tau$ 必须小于或等于凸模强度所允许的最大压力 $F' = \frac{\pi d^2}{4}[\sigma_c]$，即

$$\pi dt\tau \leqslant \frac{\pi d^2}{4}[\sigma_c]$$

由此可得

$$\frac{d}{t} \geqslant \frac{4\tau}{[\sigma_c]} \tag{2.16}$$

式中　d—— 凸模直径，mm；

t—— 毛坯厚度，mm；

τ—— 毛坯材料的抗剪强度，MPa；

$[\sigma_c]$—— 凸模材料许用压应力,MPa。

凸模材料的许用应力($[\sigma_c]$)取决于材料、热处理和冲模的结构,当$[\sigma_c]=1\ 055\sim 2\ 100$ MPa时,可能达到的最小相对直径$(d/t)_{\min}$见表2.7。

表2.7 凸模材料的最小相对直径值

材料	抗剪强度/MPa	$(d/t)_{\min}$
低碳钢	260	0.5 ~ 0.7
黄铜H62(硬态)	320	0.61 ~ 0.85
不锈钢	520	0.99 ~ 1.38
硅钢片	450	0.86 ~ 1.2

② 失稳弯曲力校验。导板模凸模的受力情况近似于一端固定、另一端铰支的压杆,因此凸模不发生失稳弯曲的最大冲裁力F可用欧拉极限力公式确定,即

$$F=\frac{2\pi^2 EJ}{l^2} \tag{2.17}$$

式中 E—— 凸模材料的弹性模数,MPa;

J—— 凸模最小横断面的轴惯性矩,mm^4;

l—— 凸模长度,mm。

圆形断面凸模的断面轴惯性矩$J=\frac{\pi d^4}{64}\approx 0.05d^4$,故有

$$F=\frac{Ed^4}{l^2}$$

如取安全系数为n时,凸模不发生失稳弯曲的条件为

$$nF\leqslant\frac{Ed^4}{l^2}$$

故圆形断面凸模不失稳弯曲的极限长度l为

$$l\leqslant\sqrt{\frac{Ed^4}{nF}} \tag{2.18}$$

将冲裁力之值$F=\pi dt\tau$代入式(2.18),可得

$$l\leqslant 0.55\sqrt{\frac{Ed^3}{nt\tau}} \tag{2.19}$$

式中 F—— 冲裁力,N;

d—— 凸模直径,mm;

E—— 凸模材料的弹性模数,对于一般模具钢,$E=2.2\times 10^5$ MPa;

n—— 安全系数,对于淬火钢,$n=2\sim 3$;

t—— 毛坯厚度,mm;

τ—— 毛坯材料的抗剪强度,MPa。

将E、n代入式(2.18),可得直径为d、有导板导向的圆断面凸模的极限长度为

$$l\leqslant 270\frac{d^2}{\sqrt{F}} \tag{2.20}$$

对于无导板导向的凸模，其受力情况近似于一端固定、另一端自由的压杆，可得

$$l \leqslant 95\,\frac{d^2}{\sqrt{F}} \tag{2.21}$$

同理，可得一般形状凸模不发生失稳弯曲的极限长度为

有导板导向的凸模：

$$l \leqslant 1\,200\sqrt{\frac{J}{F}} \tag{2.22}$$

无导板导向的凸模：

$$l \leqslant 425\sqrt{\frac{J}{F}} \tag{2.23}$$

(2) 凹模。

图 2.21 所示为几种常见的凹模孔口形式。

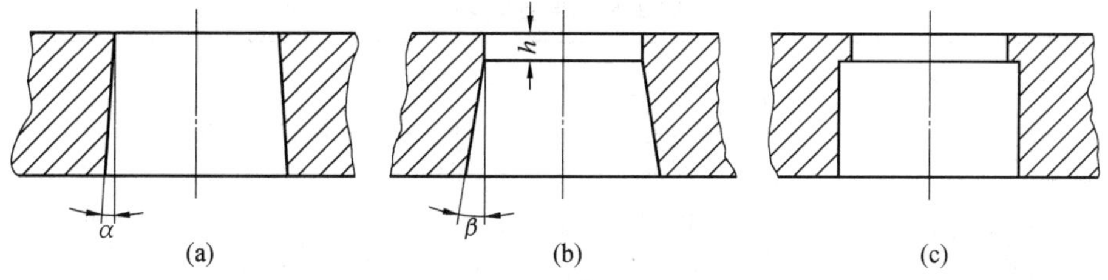

图 2.21　凹模孔口形式

图 2.21(a) 为锥形凹模，冲裁件容易通过，凹模磨损后的修磨量较小，但刃口强度较低，孔口尺寸在修磨后略有增大。对于凹模刃口角度，一般在电加工时，取 $\alpha = 4' \sim 20'$（落料模，$\alpha < 10'$；复合模，α 为 $5'$ 左右）；在机械加工经钳工精修时，取 $\alpha = 15' \sim 30'$。锥形凹模一般用于形状简单，精度要求不高的零件的冲裁。

图 2.21(b) 为柱孔口锥形凹模，刃口强度较高，修磨后孔口尺寸不变，但是在孔口内可能积存冲裁件，增加冲裁力和孔壁的磨损，磨损后每次的修磨量较大，所以模具的总寿命较低。另外，磨损后可能形成孔口的倒锥形状，使冲成的零件从孔口反跳到凹模表面上造成操作上的困难。柱形部分的高度 h 与板料厚度有关。为便于冲裁件通过，斜角常取为 $\beta = 2° \sim 3°$（电火花加工时，$\beta = 30' \sim 50'$；使用带斜度装置的线切割机时，$\beta = 1° \sim 1.5°$）。柱孔口锥形凹模适用于形状复杂或精度要求较高的冲裁。

图 2.21(c) 为柱形或锥形孔口的筒形凹模，可以在凹模背面预先铣削出一定的形状的槽，然后再电加工出柱形或锥形孔口，以提高加工效率。

在生产中，一般根据冲裁件的轮廓尺寸和板料的厚度，按下列经验公式粗略地计算凹模的尺寸，如图 2.22 所示。

凹模高度（凹模高度 $\geqslant 15$ mm）：

$$H = Kb \tag{2.24}$$

式中　b—— 冲裁件最大外形尺寸，mm；

　　　K—— 系数，考虑毛坯厚度的影响，其值可查表 2.8。

凹模壁厚（或刃口到外边缘的距离，凹模壁厚为 30 ～ 40 mm）：

$$C = (1.5 \sim 2)H \tag{2.25}$$

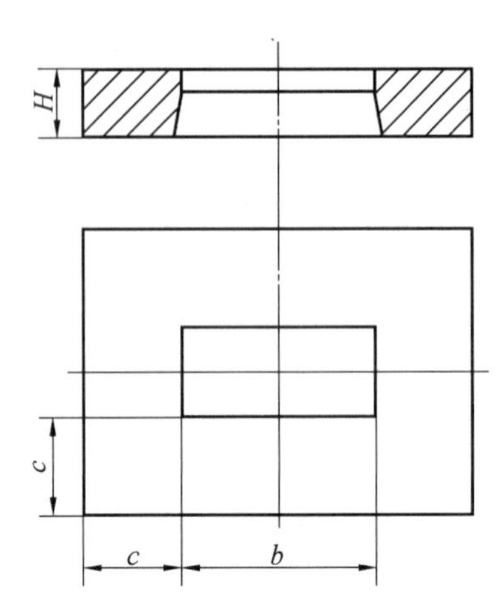

图 2.22 凹模尺寸的确定

表 2.8 系数 K 值

b	$t=0.5$	$t=1$	$t=2$	$t=3$	$t>3$
$\leqslant 50$	0.3	0.35	0.42	0.5	0.6
50 ～ 100	0.2	0.22	0.28	0.35	0.42
100 ～ 200	0.15	0.18	0.2	0.24	0.3
$\geqslant 200$	0.1	0.12	0.15	0.18	0.22

上述方法适用于确定普通工具钢经过正常热处理，并在平面支撑条件下工作的凹模尺寸。冲裁件形状简单时，壁厚系数取偏小值，形状复杂时取偏大值。对于大批量生产条件下的凹模，其高度应该在计算结果中增加总的修磨量。

2. 固定零件

(1)模板。

在上、下模板上安装全部模具零件，构成模具的总体和传递压力。模板不仅应该具有足够的强度，而且还要有足够的刚度。刚度问题往往容易被忽视，如果刚度不足，工作时会产生严重的弹性变形而导致模具零件迅速磨损或破坏。

上、下模板中间连接导向装置的总体称为模架，而无导向装置的一套上、下模板称为模座。模具设计时，通常都是按标准选用模架或模座，只有在不能使用标准的特殊情况下才进行模板设计。设计时，圆形模板的外径应比圆形凹模直径大 30～70 mm，以便安装和固定。同样，矩形模板的长度比凹模长度大 40～70 mm，而宽度取与凹模宽度相同或稍大的尺寸。模板轮廓尺寸应比冲床工作台漏料孔至少大 40～50 mm，模板厚度可参照凹模厚度估算，通常为凹模厚度的 1～1.5 倍。

模板大多是铸铁或铸钢件，因此其结构应能满足铸造工艺要求。为起吊运输方便和安全，矩形模板应有起吊装置。

(2)模柄。

模具的上部分通过模柄固定在冲床滑块上。模柄结构形式很多，常见的结构形式有：

①带凸缘模柄(图 2.17),用 4～6 个螺钉与模板固定连接,适用于尺寸较大的冲模。

②压入式模柄(图 2.12),通过压配合和附加的销钉与模板固定连接,适用于模板较厚的各种冲模。

③旋入式模柄(图 2.15),通过螺纹与模板 1 固定连接,适用于有导柱的冲模。

④浮动式模柄(图 2.23),模柄 1 的压力通过球形垫 2 传递给上模板,可以避免压力机导滑误差对模具导向精度的影响,适用于有硬质合金凸、凹模的多工序冲裁模。

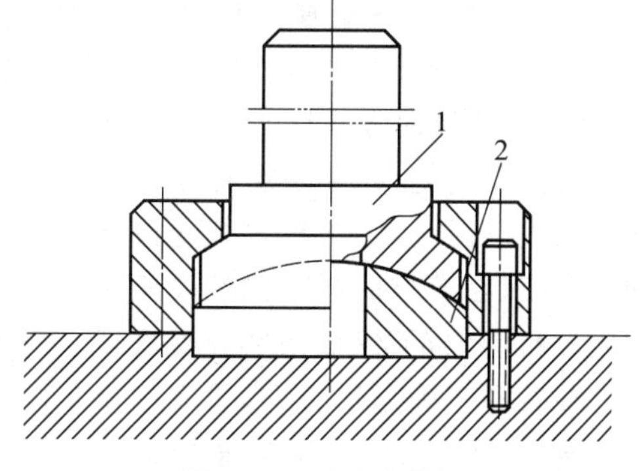

图 2.23 浮动式模柄

1—模柄;2—球形垫

(3)凸模固定与垫板。

用凸模固定板将凸模连接固定在模板的正确位置上。凸模固定板有圆形与矩形两种,其平面尺寸除保证能安装凸模外,还应该能够正确地安装定位销钉和紧固螺钉。其厚度一般取凹模厚度的 60%～80%。

固定板与凸模采用过渡配合,压装后将凸模尾部与固定板一起磨平。

垫板的主要作用是分散凸模传过来的压力,防止模板被压挤损伤。凸模端面对模板的单位压力为

$$\sigma=\frac{F}{A} \tag{2.26}$$

式中 F—— 冲裁力,N;

A—— 凸模支承端面积,mm^2。

如果凸模端面上的单位压力大于模板材料的许用挤压应力时,就需要在凸模支承面上加一个淬硬磨平的垫板(图 2.12、图 2.14);如果凸模端面上的单位压力不大于模板材料的许用挤压应力时,可以不加垫板(图 2.13)。垫板厚度一般取 3～8 mm。

3. 导向零件

导向装置主要是保证上模和下模的相对位置,进而保证凸、凹模的间隙,常用的导向装置有导板式(图 2.12)和导柱式(图 2.13)。

导板的导向孔按凸模断面形状加工,采用二级精度动配合。模具工作时凸模始终不脱离导板,从而起到导向作用。为了得到可靠的导向作用,导板必须具有足够的厚度,一般取等于或稍小于凹模厚度。导板的平面尺寸取与凹模相同。

冲压加工零件的形状复杂时,导板加工困难,为了避免热处理时的变形,时常不进行热处理,所以其耐磨性能差,实际上很难达到和保持可靠与稳定的导向精度。生产中经常采用导柱、导套的方式导向。大型模具多用阶梯形导柱,其大端直径取等于导套的外径,从而使上、下模板安装导柱、导套的孔径相等,可以在一般的设备上同时加工保证同心度。中、小型模具多用圆形导柱,使导柱加工容易。为了导向的可靠性,增加导向部分长度,取导套长度比模板的厚度大。在加工导柱和导套时,要求导柱和导套具有耐磨性与足够的韧性,一般用低碳钢制造,经表面渗碳、淬火,导套的硬度应低于导柱。当冲模工作速度较

高或对冲模精度要求较高时，可以采用滚动式导柱、导套装置导向。

4. 定位零件

为了保证模具正常工作并冲出合格的制件，要求在送进平面内，坯料(块料、条料)相对于模具的工作零件处于正确的位置。坯料在模具中的定位有两方面内容：一是在送料方向上的定位，用来控制送料的进距，通常称为挡料(图 2.24 中的销 a)；二是在与送料方向的垂直方向上的定位，通常称为送进导向(图 2.24 中的销 b、c)。

(1)送进导向方式与零件。

常见的送进导向方式有导销式与导尺式。图 2.17 为导销式送进导向复合模，在条料的同一侧装设两个固定导料销，为了保证条料在首次或末次冲裁的正确送进方向，设有一个活动导料销。只要在保持条料沿导料销一侧送进，即可保证条料正确的送进方向。导销也可以压装在凹模上。导销送进导向结构简单，制造容易，多用于简单模或复合模。

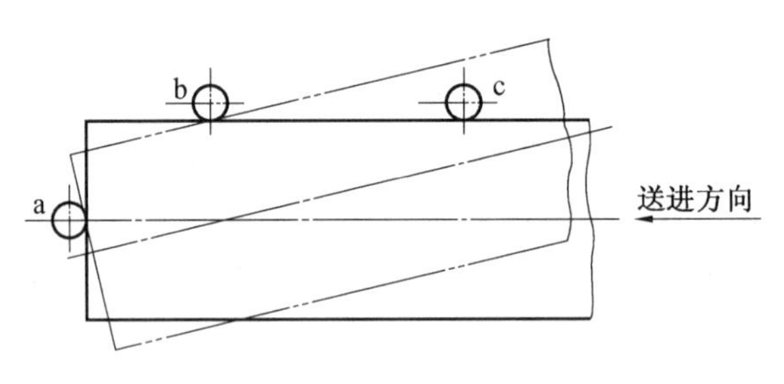

图 2.24 坯料的定位

图 2.12 为导尺送进导向简单模，条料沿导尺送进保证送进方向。为使条料顺利通过，导尺间距离应该等于条料的最大宽度加上一个间隙值。如果条料宽度尺寸公差较大，为节省板材和保证冲压件的质量，应该在进料方向的一侧装侧压装置，迫使条料始终紧靠另一侧导尺送进。导尺与导板(卸料板)可以分开制造(图 2.11、图 2.12)，也可以制成整体的(图 2.13 和图 2.14)。有导板(卸料板)的简单模或连续模，经常采用导尺进行送进导向。

(2)挡料方式与零件。

常见的限定条料送进距离的方式有：用销钉抵挡搭边或制件轮廓，限定条料送进距离的挡料销定距；用侧刀在条料侧边冲切各种形状缺口，限定条料送进距离的侧刀定距。

①挡料销定距。根据结构特征，挡料销可分为固定式和活动式两种。

图 2.13、图 2.14 为采用固定式挡料销控制条料送进距离的模具。图 2.14 中零件 7 为圆形挡料销，用于中、小型冲件定距；零件 6 为钩式挡料销。钩式挡料销尾柄远离凹模刃口有利于凹模强度，适用于较大型的冲裁件定距，为防止钩头转动需有定向销，从而增加制造加工量。固定式挡料销适用于手工送料的简单模或连续模。

图 2.12、图 2.17 为采用活动挡料销控制条料送进距离的模具。图 2.12 中零件 6 为活动挡料销，该销钉在送进方向带有斜面，送料时搭边前端碰撞挡料斜面并越过挡料销，然后将条料后拉，挡料销后端便抵住搭边定位，每次送料都要先送后拉，做方向相反的两个动作。

临时挡料销(图 2.12 中零件 10)用于第一次冲裁送料时，预先用手将其按入，使其端部突出导尺，挡住条料而限定送进距离。第一次冲裁后，弹簧将临时挡料销退出，在以后的各次冲裁中不再使用。

②侧刀定距。图 2.15 为侧刀定距的连续模。根据断面形状常用的侧刀可分为三种，如图 2.25 所示。

长方形侧刀(图 2.25(a))制造和使用都很简单,但当刃口尖角磨损后,在条料侧边形成的毛刺(图 2.25(d))会影响定位和送进。为了解决这个问题,在生产中常采用图 2.25(c)所示的侧刀形状。这时由于侧刀尖角磨损而形成的毛刺不会影响条料的送进,但必须增大切边的宽度,因而造成原料过多的消耗。尖角形侧刀(图 2.25(b))需与弹簧挡销配合使用,先在条料边缘冲切角缺口,条料送进缺口滑过弹簧挡板后,反向后拉条料至挡销卡住缺口而定距。尖角形侧刀废料少,但操作麻烦,生产效率低。

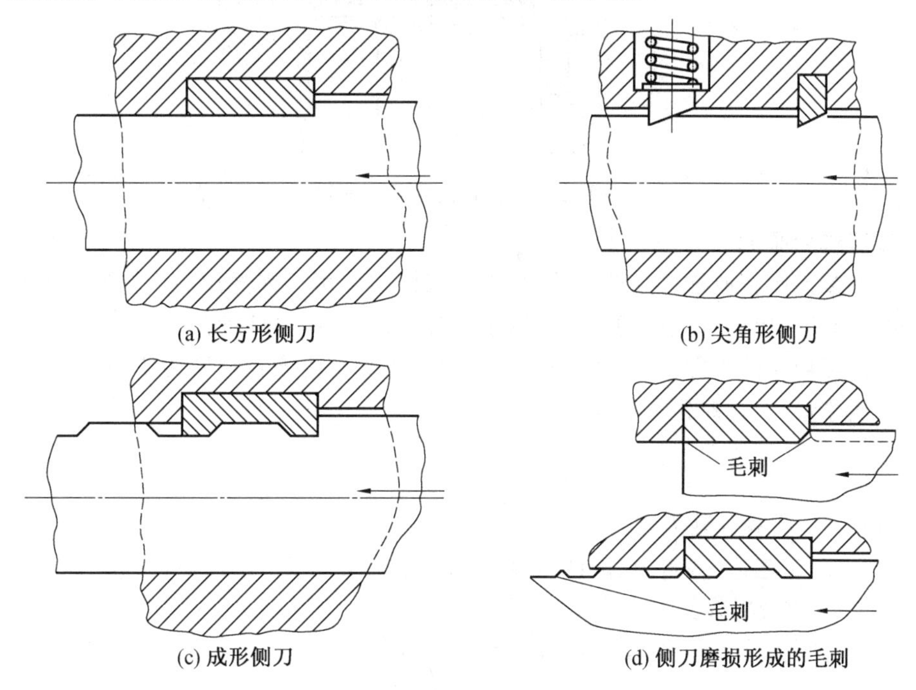

(a) 长方形侧刀　(b) 尖角形侧刀　(c) 成形侧刀　(d) 侧刀磨损形成的毛刺

图 2.25　侧刀的形式

侧刀定距准确可靠,生产效率高,但会增大总冲裁力和增加材料消耗。一般用于连续冲制窄长形零件(步距为 6～8 mm)或薄料(厚度 0.5 mm 以下)冲裁。

侧刀的数量可以是一个或者两个。两个侧刀可以并列布置,也可按对角布置,对角布置能够保证料尾的充分利用。

(3)导正销。

为了保证连续模冲裁件内孔与外缘的相对位置精度,可采用图 2.14 所示的导正销。导正销安装在落料凸模工作端面上,落料前导正销先插入已冲好的孔中,确定内孔与外形的相对位置,消除送料和导向造成的误差。

设计有导正销的连续模时,挡料销的位置应该保证导正销导正条料过程中条料活动的可能。挡料销位置(e)的确定如图 2.26 所示,计算公式为

$$e=c-\frac{D}{2}+\frac{d}{2}+0.1(\mathrm{mm}) \tag{2.27}$$

式中　c—— 步距,mm;

D—— 落料凸模直径,mm;

d—— 挡料销头部直径,mm。

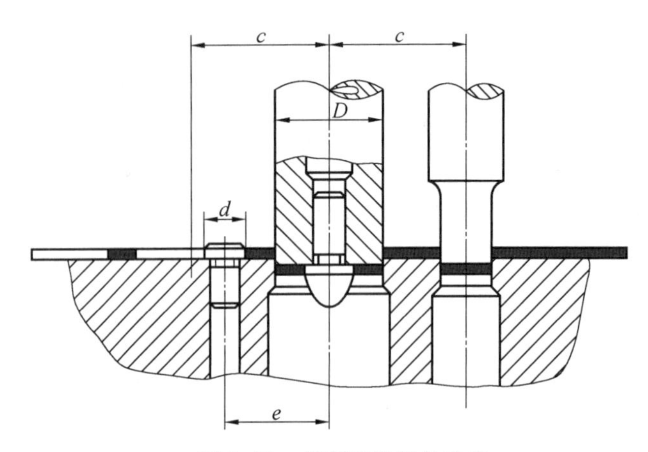

图 2.26　挡料销位置的确定

5. 弹簧选用原则

作为冲裁模卸料或推件用的弹簧，应按国家标准选用。其选用原则是在满足模具结构要求的前提下，保证所选用的弹簧能够给出要求的作用力和行程。

为了保证冲模的正常工作，在冲模不工作时，弹簧也应该在预紧力 F_0 的作用下产生一定的预压紧量 s_0，这时预紧力应为

$$F_0 > \frac{F}{n} \tag{2.28}$$

式中　F_0—— 弹簧预紧力，N；

F—— 工艺力(卸料力、推件力等)，N；

n—— 弹簧根数。

为保证冲模正常工作，所必需的弹簧最大压紧量$[s]$为

$$[s] \geqslant s_0 + s + s' \tag{2.29}$$

式中　$[s]$—— 弹簧最大许用压缩量，mm；

s_0—— 弹簧预紧量，mm；

s—— 工艺行程(卸料板、顶件块行程)，mm，一般取 $s = t + 1$(mm)；

s'—— 余量，mm，主要考虑模具的刃磨量及调整量，一般取 5 ～ 10 mm。

圆柱形螺旋弹簧的选用应该以弹簧的特性线(图 2.27)为根据，按下述步骤进行：

(1) 根据模具的结构和工艺力(卸料力、推件力)初定弹簧根数 n，并求出分配在每根弹簧上的工艺力 F/n。

(2) 根据所需的预紧力 F_0 和必需的弹簧压紧量 $s + s'$，预选弹簧的直径 D、弹簧丝的直径 d 及弹簧的圈数(即自由高度)，然后利用图 2.27 所示的弹簧特性线，校验所选弹簧的性能，使之满足式(2.28)及式(2.29)的要求。

冲裁模具中广泛应用圆柱形螺旋弹簧。当所需工作行程较小而作用力很大时，可以考虑选用碟形弹簧。

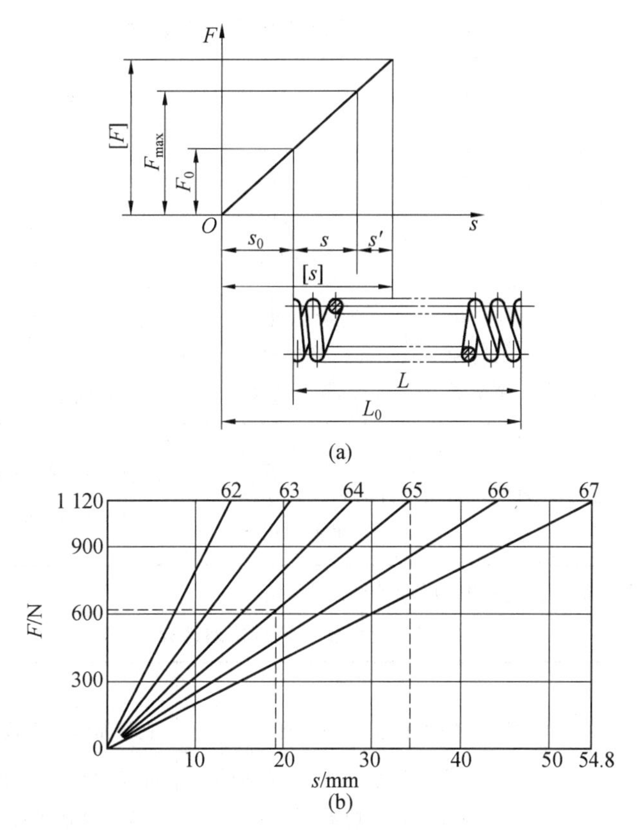

图 2.27 弹簧的特性线

2.4.4 冲裁模设计要点

1. 模具总体结构形式的确定

模具总体结构形式的确定是设计时必须首先解决的问题，也是冲模设计的关键，它直接影响冲压件的质量、成本和冲压生产的水平。模具形式的选定应以合理的冲压工艺过程为基础，根据冲压件的形状、尺寸、精度要求、材料性能、生产批量、冲压设备等多方面的因素，做综合的分析研究和比较其综合的经济效果，最大限度地降低冲压成本。

确定模具的结构形式时，必须解决以下问题：

(1)模具类型的确定：简单模、连续模、复合模等。

(2)操作方式的确定：手工操作、自动化操作、半自动化操作等。

(3)进出料方式的确定：根据原料形式确定进料方法、取出和整理零件的方法、原料的定位方法。

(4)压料与卸料方式的确定：压料或不压料、弹性或刚性卸料等。

(5)模具精度的确定：根据冲压件的特点确定合理的模具加工精度，选取合理的导向方式或模具固定方法等。

表 2.9 给出了模具的形式与生产批量之间的关系；表 2.10 是复合模与连续模在各方面的比较，其中内容可供选定模具类型时参考。

表 2.9 冲压生产批量与合理的模具形式

项目	单件	小批	中批	大批	大量
大件 中件 小件	＜1 ＜1 ＜1	1～2 1～5 1～10	2～20 5～50 10～100	20～300 50～1 000 1 000～5 000	＞300 ＞1 000 ＞5 000
模具形式	简易模 组合模 简单模	简易模 组合模 简单模	连续模、复合模 简单模 半自动模	连续模、复合模 简单模 自动模	连续模、复合模
设备	通用压力机	通用压力机	高速压力机 自动和半自动压力机 通用力压机	机械化高速压力机 自动压力机	专用压力机 自动压力机

注：表内数字为每年班产量的概略数值（千件），供参考。

表 2.10 复合模与连续模的比较

比较项目	复合模	连续模
冲压精度	高级和中级精度（3～5 级）	中级和低级精度（5～8 级）
制件形状特点	零件的几何形状与尺寸受到模具结构与强度方面的限制	可以加工形状复杂或特殊形状的零件，如宽度很小的异形件等
制件质量	由于压料、冲裁同时得到校平，制件平整（不弯曲）且有较好的剪切断面	中、小件不平整（弯曲），高质量件需校平
生产效率	制件被顶到模具工作面上必须用手工或机械排除，生产效率稍低	工序间自动送料，可以自动排除制件，生产效率高
使用高速自动压力机	操作时出件困难，可能损坏弹簧缓冲机构，不推荐	可能在行程次数为每分钟 400 次或更多的高速压力机上工作
工作安全性	手需伸入模具工作区，不安全，需采用技术安全措施	手不需伸入模具工作区，比较安全
多排冲压的应用	很少采用	广泛用于尺寸较小的制件
模具制造工作量和成本	冲裁复杂形状零件，成本比连续模低	冲裁简单形状零件，成本比复合模低

此外，在设计冲模时还必须对其维修性能、操作方便、安全性等方面予以充分的注意。模具结构应保证磨损后修磨方便，尽量做到不拆卸即可修磨工作零件，影响修磨而必须拆卸的零件（如模柄等）可做成易拆卸的结构等；易损坏及易磨损的工作零件做成快换结构的形式，而且应尽量做到分别调整和补偿易磨损件的高度尺寸；需要经常修磨和调整的部分尽量放在模具的下部；质量较大的模具应有方便的起运孔或钩环等；模具的结构应保证

操作者的手不必进入危险区，而且各活动零件（如卸料板等）的结构尺寸在其运动范围内不会压伤操作者的手指等。

2. 冲裁模的压力中心

冲裁力合力的作用点称为冲裁模的压力中心。如果压力中心不在模柄轴线上，滑块就会承受偏心载荷，导致滑块和模具不正常的磨损，降低模具寿命甚至损坏模具。通常利用求平行力系合力作用点的方法（解析法或图解法），确定模具的压力中心。

如图 2.28 所示，连续模压力中心为 O 点，其坐标为 X、Y，连续模上作用的冲裁力 F_1、F_2、F_3、F_4、F_5 是垂直于图面方向的平行力系，根据力学定理，诸分力对某轴力矩之和等于其合力对同轴之距，则有

$$X=\frac{F_1X_1+F_2X_2+\cdots+F_nX_n}{F_1+F_2+\cdots+F_n}=\frac{\sum_{i=1}^{n}F_iX_i}{\sum_{i=1}^{n}F_i} \tag{2.30}$$

$$Y=\frac{F_1Y_1+F_2Y_2+\cdots+F_nY_n}{F_1+F_2+\cdots+F_n}=\frac{\sum_{i=1}^{n}F_iY_i}{\sum_{i=1}^{n}F_i} \tag{2.31}$$

式中 $F_1,F_2,\cdots,F_n$—— 各图形的冲裁力；

$X_1,X_2,\cdots,X_n$—— 各图形冲裁力的 X 轴坐标；

$Y_1,Y_2,\cdots,Y_n$—— 各图形冲裁力的 Y 轴坐标。

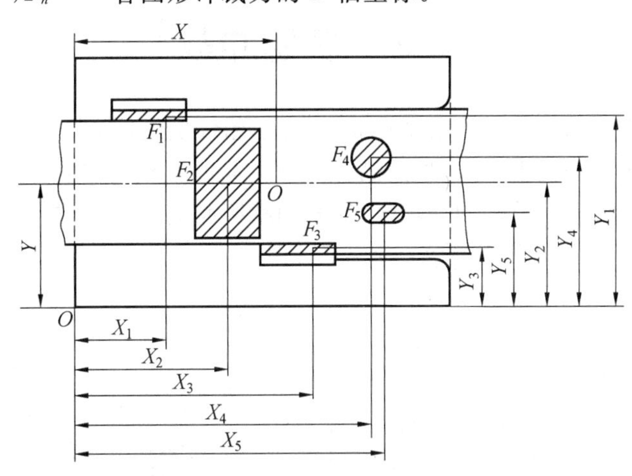

图 2.28 冲裁模压力中心的确定

除解析法外，生产中也常用作图法求压力中心。作图法的精度稍差，但计算简单。在实际生产中，可能出现冲裁模压力中心在加工过程中发生变化的情况，或者由于零件的形状特殊，从模具结构考虑不宜使压力中心与模柄中心线重合的情况，这时应该使压力中心的偏离不致超出所选用压力机所允许的范围。

3. 冲裁模的封闭高度

冲裁模总体结构尺寸必须与所用设备相适应，即模具总体结构平面尺寸应该适应于

设备工作台面尺寸，而模具总体封闭高度必须与设备的封闭高度相适应，否则就不能保证正常的安装与工作。冲裁模的封闭高度是指模具在最低工作位置时，上、下模板底面的距离。

模具的封闭高度 H 应该介于压力机的最大封闭高度 H_{max} 及最小封闭高度 H_{min} 之间（图 2.29），一般取

$$(H_{max}-5)\text{mm} \geqslant H \geqslant (H_{min}+10)\text{mm}$$

如果模具封闭高度小于设备的最小封闭高度，则可以采用附加垫板。

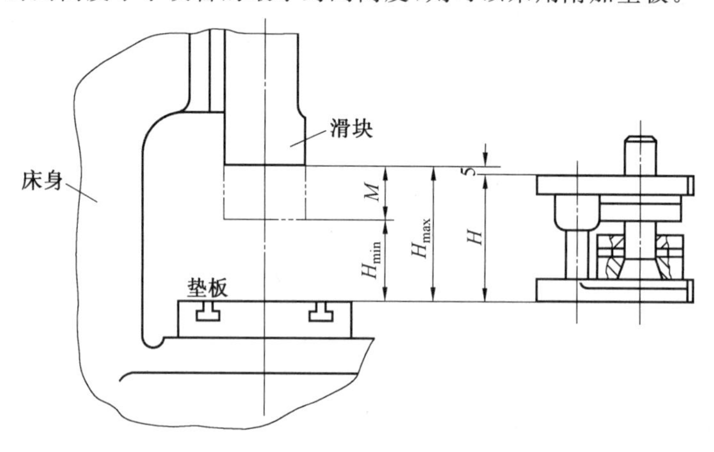

图 2.29 模具的封闭高度

2.5 精密冲裁

普通冲裁所得到的冲裁尺寸精度在 5 ～ 6 级，粗糙度最低为 6.3 μm，断面微带斜度，而且光亮带在断面上的宽度不大，虽然满足一般产品的要求，但当对冲压件的尺寸精度、断面粗糙度和垂直度等有较高的要求时，应采用精密冲裁、半精冲或整修等工艺方法。

采用带 V 形环强力压边的精冲工艺（图 2.30）可以获得低粗糙度和高精度的冲裁件，这是提高冲裁件质量的一个有效方法。

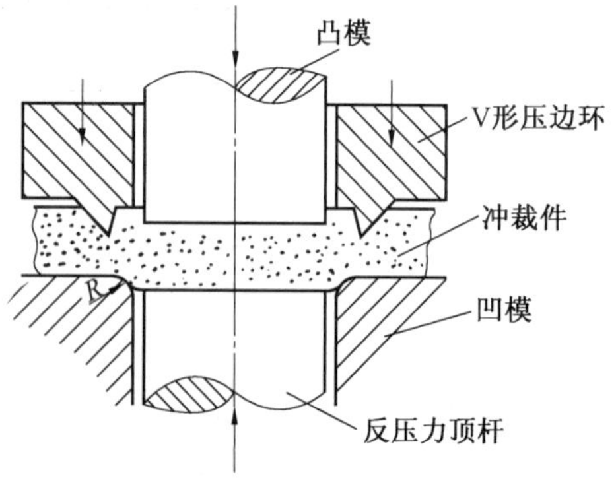

图 2.30 强力压边的精密冲裁

精冲过程中，材料处于三向压应力状态，变形区有较大的静水压，抑制材料的断裂，使其在不出现剪裂纹的冲裁条件下以塑性变形的方式实现材料的分离。

精冲条件的形成主要是依靠 V 形压边环、极小的冲裁间隙、凹模（凸模）刃口略带小圆角和反压力顶件等。

精冲件的断面垂直，表面平整，零件精度可达 IT8 ～ IT7 级，粗糙度达到 0.8 ～ 0.4 μm。

V 形压边环的作用力在于限制冲裁区外的材料随凸模下降而产生的向外扩展，以形

成三向压应力状态，从而避免剪裂纹的产生。精冲小孔时，由于冲头刃口外围的材料对冲裁区有较大的约束作用，因而可以不用V形压边环。当冲孔直径达30～40 mm时，在顶杆上也应考虑加制V形压边环。当材料厚度$t>4$ mm时，应在压边圈和凹模两方均制作V形压边环。

V形压边环的压边效果好，但加工困难，如果压边力足够大，则也可采用锥形或凸台形压料板进行压边(图2.31)。

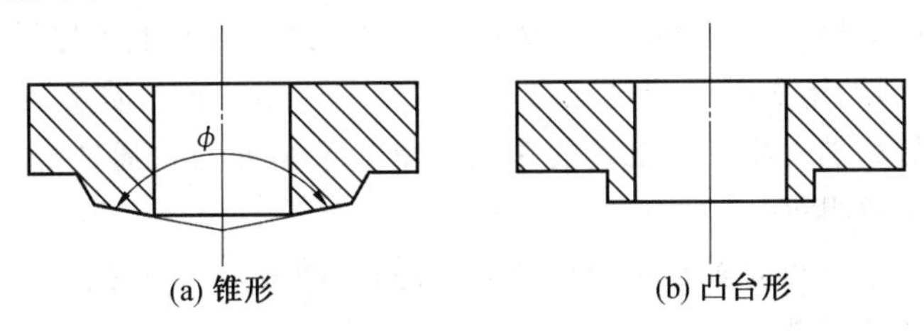

图2.31 精冲时锥形与凸台形压料板

为了减小冲裁区的拉应力，增强静水压效果，一般单边间隙可取材料厚度的0.5%。

精冲凹模的刃口一般均需稍微倒圆，以加强静水压作用。圆角的大小取决于材料的性能和厚度，一般为0.01～0.03 mm。试冲时最好先采用较小的圆角，当断面上出现剪裂纹而增大压边力又不能解决时，才逐步增大刃口的圆角半径。

反压力可构成三向压应力，其增强材料塑性的作用极为明显。

精冲工艺目前在国内外均有较大的发展，已经有相当多的专用精冲压力机投入生产。当采用专用模具时，也可在普通压力机上实现精冲。

精冲时各种工艺力的计算如下：

冲裁力为

$$F_1=0.9\sigma_b Lt \tag{2.32}$$

式中 F_1—— 冲裁力，N；

σ_b—— 材料的抗拉强度，MPa；

L—— 内外冲裁周边长度的总和，mm；

t—— 材料厚度，mm。

压边力为

$$F_2=(0.3\sim0.6)F_1 \tag{2.33}$$

顶件反压力为

$$F_3=Ap \tag{2.34}$$

式中 A—— 精冲件面积，mm^2；

p—— 单位反压力，一般取$p=20\sim70$ MPa。

卸料力为

$$F_4=(0.1\sim0.15)F_1 \tag{2.35}$$

推料力为

$$F_5=(0.1\sim0.15)F_1 \tag{2.36}$$

压边力和顶件反压力均需经过试冲确定，在满足精冲要求的条件下应选用最小值。

精冲工艺对材料的塑性有一定的要求，材料的塑性好则效果显著，如铝、黄铜、低碳钢和某些不锈钢等。含锌量大于37%的黄铜、铅黄铜等塑性较差的材料精冲效果差。

金属的组织对材料的塑性影响很大，如钢中渗碳体的形状与分布很重要，精冲材料以球化后的细粒均布为佳，因此精冲前必须根据零件形状的复杂程度和材料的性质进行软化处理。

为了提高冲裁件的断面质量，除了精冲工艺外，在生产中还经常采用半精冲工艺。半精冲工艺虽然仍然采用产生剪裂纹而分离的普通冲裁机理，但由于加强了冲裁区的静水压效果，因此所获得的断面质量明显地高于普通冲裁所能达到的质量，光亮带在整个断面上的比例有较大的增加。半精冲工艺的冲裁质量介于精冲与普通冲裁之间，但工艺装备或设备却比精冲简单得多。

常见半精冲工艺有小间隙圆角刃口冲裁，负间隙冲裁，上、下冲裁及对向凹模冲裁等。

1. 小间隙圆角刃口冲裁

小间隙圆角刃口冲裁(图2.32)也称光洁冲裁。它与普通冲裁相比，采用了小圆角刃口和很小的冲模间隙，加强了冲裁区的静水压，起到了抑制裂纹的作用。

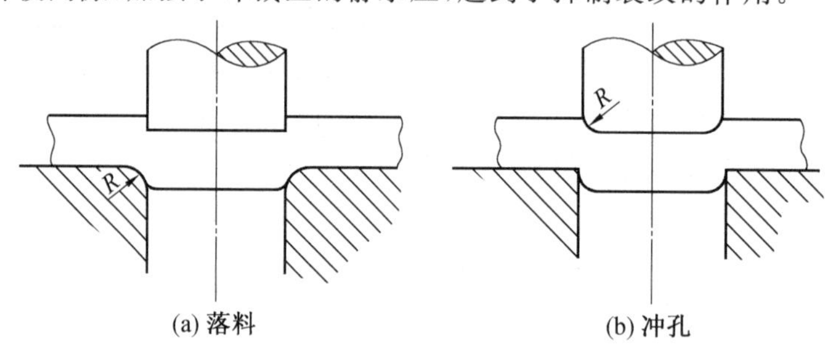

图2.32　小间隙圆角刃口冲裁

落料时，凹模带有小圆角刃口，而冲孔时凸模带有小圆角刃口。小圆角的数值一般可采用材料厚度的10%或见表2.11。冲模间隙可取0.01～0.02 mm。

该方法适用于塑性较好的材料，如软铝、紫铜、黄铜、05F和08F等，加工精度为6～4级，粗糙度可达1.6～0.4 μm。零件从凹模孔口出来后，其尺寸会回弹增大0.02～0.05 mm，在模具设计时要预先加以考虑。

表2.11　凹模圆角半径

mm

材料	$t=1$	$t=2$	$t=3$	$t=5$
铝	0.25	—	0.25	0.50
铜(T2)	0.25	—	0.50	(1.00)
软钢	0.25	0.5	(1.00)	—
黄铜(H70)	(0.25)	—	(1.00)	—
不锈钢(0Cr18Ni19)	(0.25)	(0.25)	(1.00)	—

注：括号内为参考值。

小圆角刃口冲裁力约比普通冲裁力大50%。本方法比精冲简单，不需要特殊的设备。有时采用带倒角的锥形刃口，同样也能收到满意的效果。

2. 负间隙冲裁

负间隙冲裁(图2.33)的机理实质上与小间隙圆角刃口冲裁相同。负间隙冲裁时，凹模刃口圆角半径一般可取材料厚度的5%～10%，而凸模刃口越锋利越好。

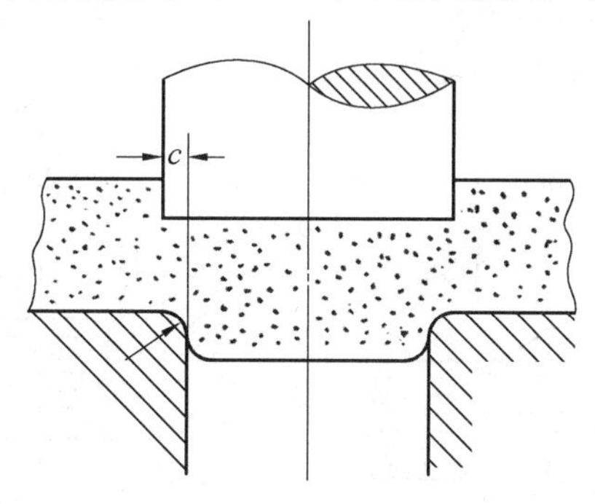

图2.33 负间隙冲裁

负间隙是指凸模直径大于凹模直径，一般大(0.05～0.3)t。负间隙冲裁时，开始是在凸模和凹模刃口附近产生剪裂，然后落料件从带小圆角的凹模洞口中挤出。因此，负间隙冲裁力要比普通冲裁力大得多，凹模承受的压力较大，容易引起开裂。采用良好的润滑，可以防止材料黏模，延长模具的寿命。

对于复杂形状的零件，负间隙值沿周边的分布是不均匀的，在凸出的夹角处，其数值可比平直部分加倍，而在凹入的尖角部分，其值比平直部分减半。

由于负间隙冲裁所得到的落料件带有挤压的特征，因此冲裁断面的光洁度高。但本方法适用于塑性好的软材料，如软铝、铜、软钢等。负间隙的精度为6～4级，粗糙度为0.8～0.4 μm。负间隙冲裁力 F_f 可用下式估算：

$$F_f = cF \tag{2.37}$$

式中 F—— 普通冲裁力；

c—— 系数，对于铝，$c=1.3\sim1.6$；对于黄铜及软钢，$c=2.25\sim2.8$。

负间隙冲裁也不需要特殊的设备。

3. 上、下冲裁

上、下冲裁(图2.34)的原理是：首先向某一方向冲裁，当凸模挤入深度达(0.15～0.3)t时中止，然后再向另一个相反的方向冲裁而获得零件。这种冲裁方法的机理与普通冲裁相似，仍然是产生剪裂纹，存在断裂带。但由于经过上、下两次冲裁，可以获得上、下两个光亮带，从而增大光亮带在整个断面上的比例，并可消除毛刺，从而使冲裁件的断面质量有较大的提高。

上、下冲裁时，零件上有上、下两个塌角，其断面情况如图2.35所示。

4. 对向凹模冲裁

对向凹模冲裁(图2.36)采用一个平凹模和一个带小凸台的凹模进行冲裁。带小凸台的凹模除凸台外刃与下面平凹模刃口之间起剪切作用外，还起到了向下挤压落料件的作用。因此，当顶杆最后推出零件时残留在断面上的剪裂带已很小，整个断面比较光亮。

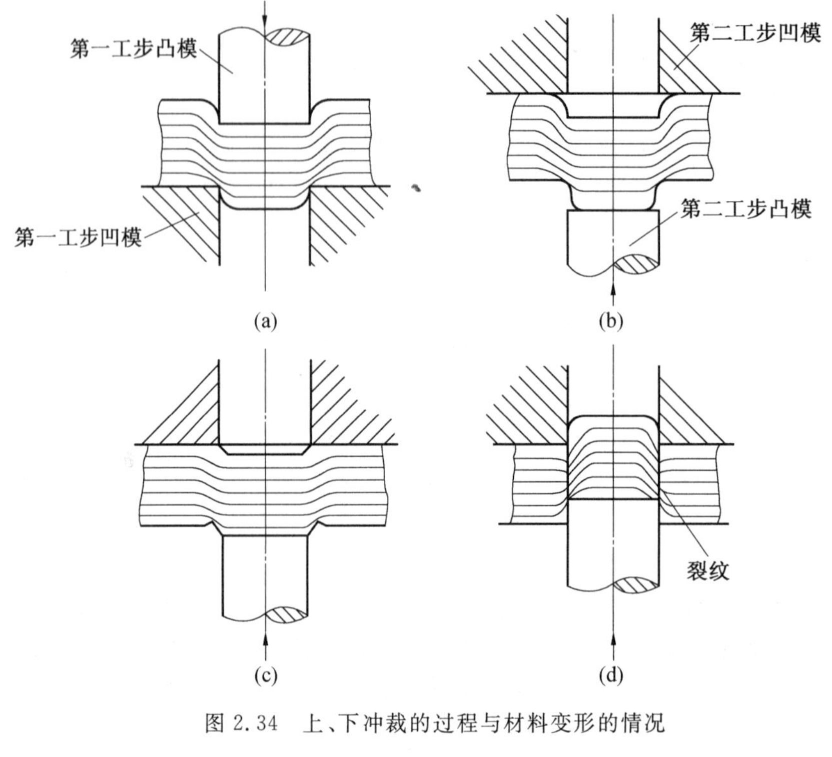

图 2.34 上、下冲裁的过程与材料变形的情况

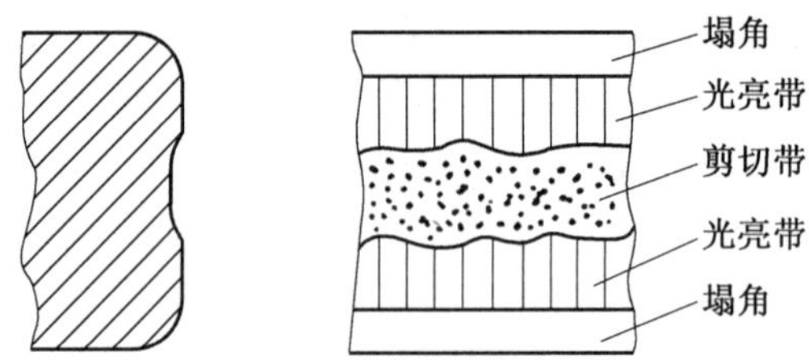

图 2.35 上、下冲裁时的断面情况

凹模上小凸台的宽度可取材料厚度的30%～40%。

精密冲裁虽然是一种将板材进行分离的冲压工序，但其冲裁过程主要是通过强力压边使毛坯产生塑性变形的过程。精密冲裁所得到的冲裁件尺寸精度高、断面粗糙度低，近些年来得到很大发展，在生产中也得到广泛应用。但精密冲裁要求高精度、高强度、耐疲劳的模具，模具费用较高，而且所使用的专用精冲设备比较昂贵。

精密冲裁与其他工艺复合，可以生产一些形状特殊、采用普通冲裁工艺成形比较困难的零件。精冲可以作为精锻、冷挤、拉深的后续工序生产精密零件，还可以与弯曲、半冲孔、压扁、压印、压沉头等其他冲压工艺相复合生产一些特殊形状的零件以及组合、铆装等。图 2.37 所示是带凸台的精冲件，图 2.38 所示是精冲半冲孔组合件。

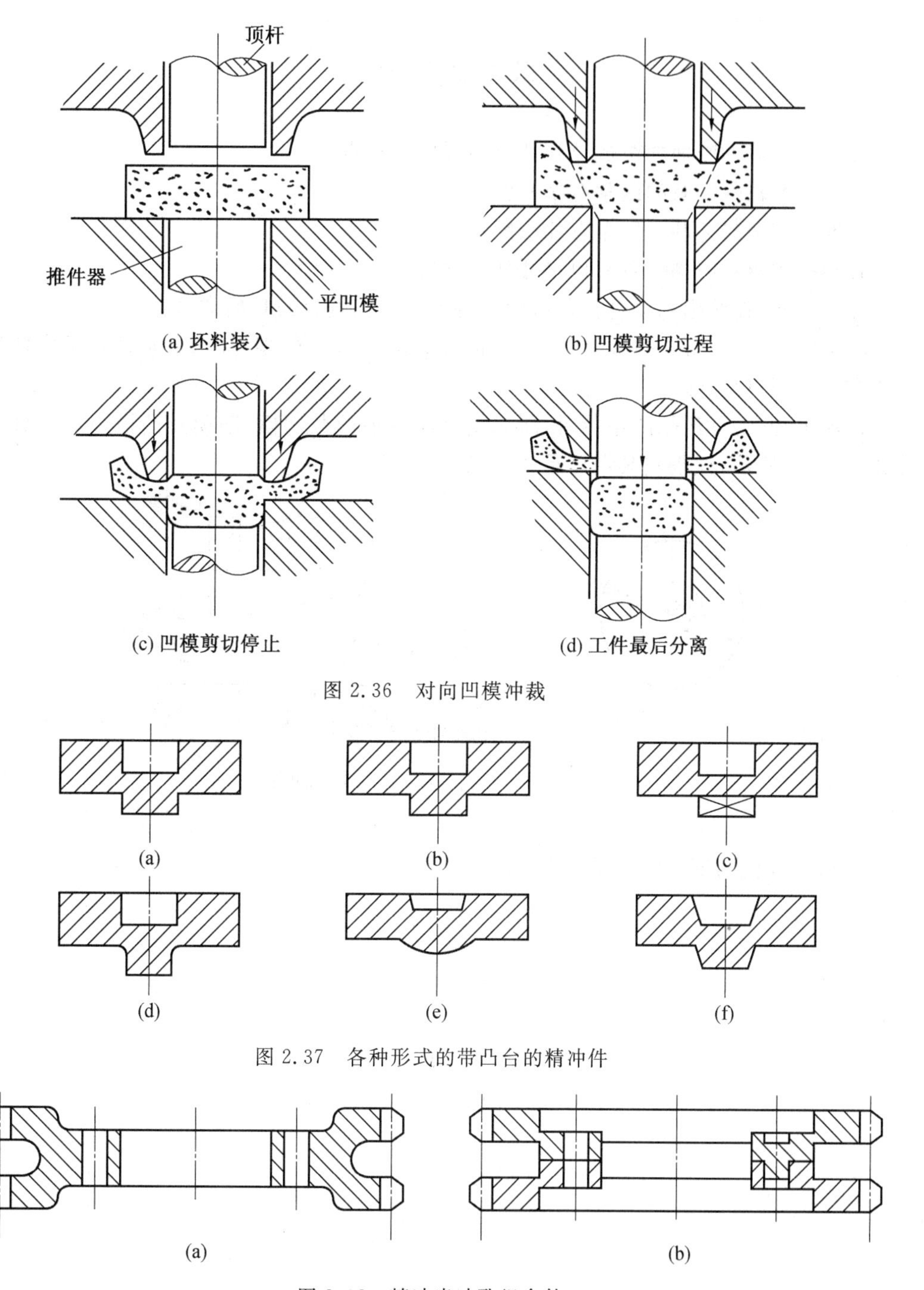

图 2.36 对向凹模冲裁

图 2.37 各种形式的带凸台的精冲件

图 2.38 精冲半冲孔组合件

思考题与习题

1. 简述冲裁件断面的组成及各部分的形成和特点。

2. 影响冲裁件质量的因素有哪些?

3. 冲裁间隙对冲裁件质量有什么影响?

4. 冲孔和落料时的模具刃口尺寸如何确定?

5. 简单模、连续模和复合模各有什么特点? 如何选择模具的类型?

6. 用厚度 $t=3$ mm 的板材,冲 $\phi50$ 的孔和落料 $\phi50$ 的零件时,分别计算所应使用的凸模和凹模刃口尺寸。

7. 加工图 2.39 所示的垫圈时,所用复合冲裁模的凸凹模、凹模及凸模刃口部分的尺寸如图 2.39 所示,试校核其设计是否正确。

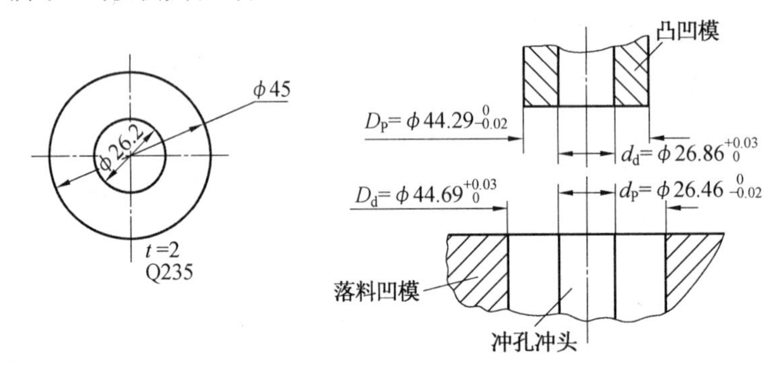

图 2.39　题 7 图

8. 精密冲裁的基本原理是什么?

第3章　弯　　曲

把平板毛坯、型材或管材等弯成一定的曲率、一定的角度形成一定形状零件的冲压工序称为弯曲。

图3.1所示是常见的典型弯曲件。在生产中弯曲成形的工具及设备不同，因而形成不同的弯曲方法。但各种方法的变形过程及特点有一些共同的规律。

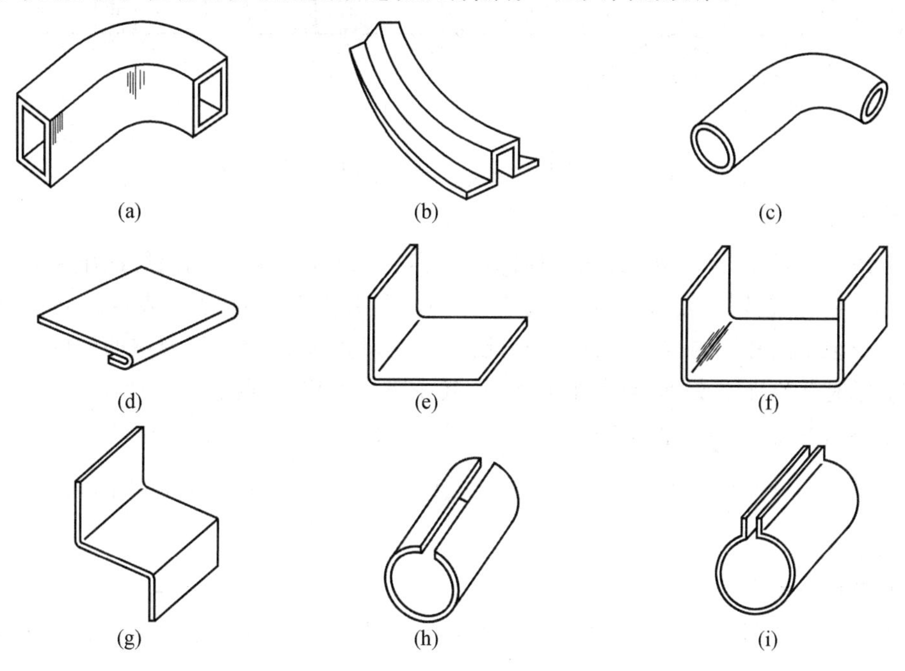

图3.1　常见的典型弯曲件

3.1　弯曲变形特点

弯曲时毛坯上曲率发生变化的部分是变形区(图3.2中 $ABDC$ 部分)。弯曲变形的主要工艺参数都和变形的应力与应变的性质和数值有关。

毛坯上作用有外弯曲力矩 M 时，毛坯的曲率发生变化。毛坯变形区内靠近曲率中心的一侧(以下称内层)的金属在切向压应力的作用下产生切向压缩变形；远离曲率中心一侧(以下称外层)的金属在切向拉应力的作用力下产生切向伸长变形。弯曲时毛坯变形区内的切向应力分布如图3.2所示。

1. 弯曲变形过程

在毛坯弯曲过程的初始阶段里，外弯曲力矩的数值不大，在毛坯变形区的内、外两表面上引起的应力数值小于材料的屈服极限 σ_s，仅在毛坯内部引起弹性变形。这一阶段称为弹性弯曲阶段，变形区内的切向应力分布如图 3.2(a) 所示。当外弯曲力矩的数值继续增大时，毛坯的曲率半径随之变小，毛坯变形区的内、外表面首先由弹性变形状态过渡到塑性变形状态，以后塑性变形由内、外表面向中心逐步地扩展。变形由弹性弯曲过渡为弹一塑性弯曲和纯塑性弯曲，切向应力的变化如图 3.2 所示。

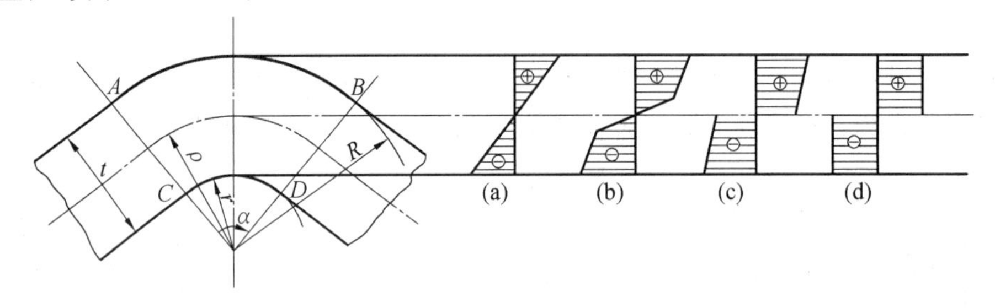

图 3.2　弯曲时毛坯变形区内的切向应力分布

2. 中性层

由图 3.2 可见，毛坯断面上的切向应力由外层的拉应力过渡到内层的压应力，中间必定有一层金属，其切向应力为零，称为应力中性层，其曲率半径用 ρ_σ 表示。同样，切向应变的分布也是由外层的拉应变过渡到内层压应变，其间必定有一层金属的切向应变为零，弯曲变形时其长度不变，称为应变中性层，其曲率半径用 ρ_ε 表示。中性层位置在弯曲过程中是不断变化的，在弹性弯曲或弯曲变形程度较小时与板厚几何中心层重合，$\rho_\sigma=\rho_\varepsilon=\rho=r+\dfrac{t}{2}$；当弯曲变形程度较大时，应力中性层和应变中性层都从板厚的几何中心层向内层移动。

3. 变形类型

板材在塑性弯曲时，变形区内的应力状态和应变状态取决于弯曲毛坯的相对宽度 $\dfrac{b}{t}$(b 是毛坯的宽度，t 是毛坯的厚度）和弯曲变形程度。相对宽度 $\dfrac{b}{t}>3$，称为宽板；相对宽度 $\dfrac{b}{t}<3$，称为窄板。窄板弯曲时，横向变形（宽度方向上的变形）不受约束，可将横向应力视为零，变形区内的切向应力为绝对值最大的主应力。所以，内层为压缩类变形，外层为伸长类变形。其结果引起弯曲毛坯断面的畸变，如图 3.3(a) 所示，一般认为窄板弯曲时是平面应力状态和立体应变状态。宽板弯曲时，切向和径向的应力与应变的性质和窄板弯曲时相同。但由于毛坯的宽度尺寸大，该方向的变形受到阻碍，变形很小，可视为零。于是产生了外层为拉、内层为压的横向应力。因此，宽板弯曲时是立体应力状态和平面应变状态（图 3.3(b)）。

4. 变形程度

弯曲变形区内切向应变的分布如图 3.4(b) 所示，在板厚方向不同位置上的切向应变值 ε_θ 按线性规律变化，其值为

$$\varepsilon_\theta = \frac{r_i\alpha - \rho\alpha}{\rho\alpha} = \frac{r_i - \rho}{\rho} = \frac{y}{\rho} \tag{3.1}$$

式中 r_i—— 计算切向应变值位置上的曲率半径，mm；

ρ—— 应变中性层的曲率半径，mm；

α—— 弯曲角，(°)。

y—— 计算切向应变的位置与应变中性层之间的距离，mm。

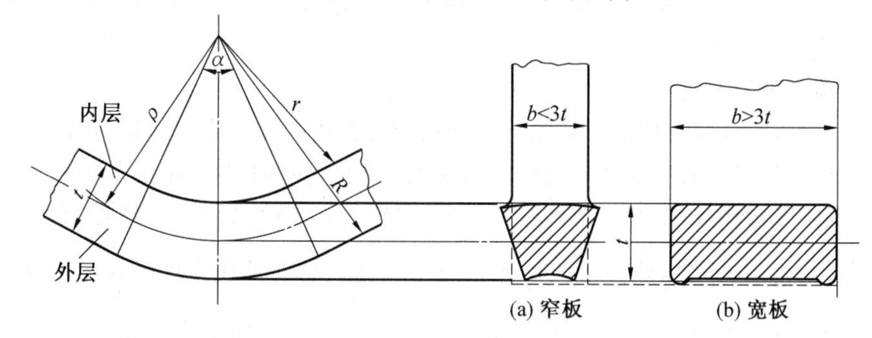

图 3.3 弯曲时毛坯断面形状的变化

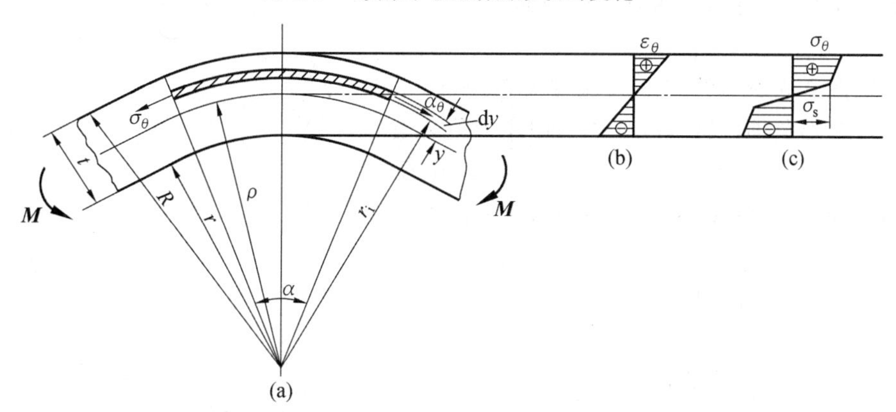

图 3.4 线性弹－塑性弯曲时的应力与应变

在弯曲毛坯内表面和外表面上切向应变的数值相等，其值最大：

$$\varepsilon_{\theta\max} = \frac{\frac{t}{2}}{\rho} = \frac{t}{2\rho} \tag{3.2}$$

将 $\rho = r + \frac{t}{2}$ 代入式(3.2) 得

$$\varepsilon_{\theta\max} = \frac{1}{\frac{2r}{t} + 1} \tag{3.3}$$

式中 r—— 弯曲毛坯内表面的圆角半径，mm；

t—— 毛坯的厚度，mm。

由式(3.3) 可知，弯曲毛坯外表面上的变形程度和相对弯曲半径 $\frac{r}{t}$ 大致成反比关系。因此，在生产中常用相对半径来表示弯曲变形的大小。

由于弯曲变形程度大小不同(相对弯曲半径$\frac{r}{t}$不同),毛坯变形区内的应力状态和应力的分布都有性质上的差别。当相对弯曲半径$\frac{r}{t} < 200$时,毛坯断面内切向应力的分布如图3.2(c)所示。当相对弯曲半径较大($\frac{r}{t} > 200$)时,变形区内弹性变形部分的厚度较大,切向应力的分布如图3.2(b)所示。这时弹性变形部分的影响已经不能忽视,应按弹－塑性弯曲进行计算。

5. 弯曲应力与弯矩

为了便于计算,假设弯曲变形是只有切向应力作用的线性应力状态;弯曲过程中毛坯变形区内任意位置上的横截面始终保持为平面;变形区内的横断面形状和尺寸不发生变化;变形区内受拉部分和受压部分金属的硬化规律相同,即应力与应变的关系相同。

当$\frac{r}{t} > 200$时,可以认为是线性弹－塑性弯曲。弯曲毛坯变形区内切向应变在厚度方向上的分布,用式(3.1)表示,变形区内各点的切向应变和切向应力都与该点到中性层的距离成正比。因此,弯曲时塑性变形区内切向应力与应变之间的函数关系为

$$\sigma_\theta = f_2 y$$

采用图3.5所示的应力－应变关系:

弹性变形范围(OA部分)内切向应力值为

$$\sigma_\theta = \varepsilon_\theta E \tag{3.4}$$

塑性变形范围(AB部分)内切向应力值为

$$\sigma_\theta = \sigma_s + F(\varepsilon_\theta - \varepsilon_s) \tag{3.5}$$

式中　E—— 弹性模数,MPa;

σ_s—— 屈服极限,MPa;

F—— 硬化模数,MPa;

ε_s—— 与屈服极限相对应的切向应变。

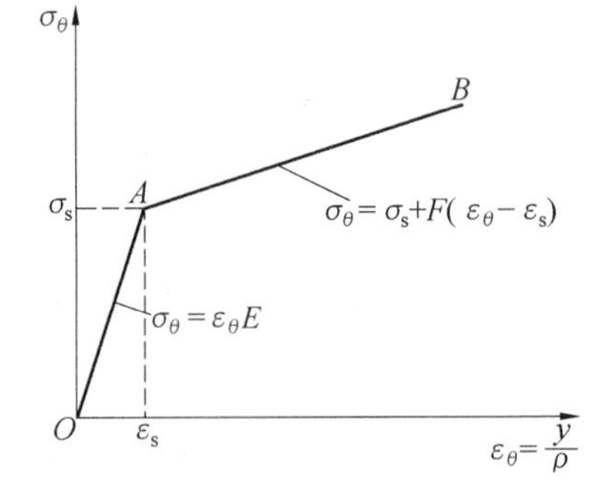

图3.5　应力－应变关系曲线

切向应力形成的力矩为

$$M = 2\int_0^{\frac{t}{2}} \sigma_\theta y \, dA \tag{3.6}$$

式中　dA—— 微元面积,$dA = b dy$。

整理得

$$M = 2b\rho^2 \left\{ \int_0^{\varepsilon_s} E\varepsilon_\theta^2 d\varepsilon_\theta + \int_{\varepsilon_s}^{\varepsilon_0} \sigma_s \varepsilon_\theta d\varepsilon_\theta + \int_{\varepsilon_s}^{\varepsilon_0} F(\varepsilon_0 - \varepsilon_s) \varepsilon_\theta d\varepsilon_\theta \right\} \tag{3.7}$$

式中　b—— 毛坯的宽度,mm;

ρ—— 中性层的曲率半径,mm;

ε_s—— 弹性变形区与塑性变形区分界点上的切向应变;

ε_0—— 毛坯内表面和外表面的切向应变。

式(3.7)中,第一项表示弹性变形部分切向应力形成的弯矩;第二项表示不计硬化时

塑性变形部分切向应力形成的弯矩；第三项表示硬化现象使塑性变形部分弯矩增大的数值。

对式(3.7)进行积分可得

$$M = b\rho^2 \left\{ (E - F)\varepsilon_s \left(\varepsilon_0^2 - \frac{\varepsilon_s^2}{3}\right) + \frac{2}{3}F\varepsilon_0^3 \right\} \tag{3.8}$$

毛坯内表面和外表面的切向应变值为

$$\varepsilon_0 = \frac{t}{2\rho}$$

与屈服极限对应的切向应变 ε_s 值为

$$\varepsilon_s = \frac{t}{2\rho_s}$$

式中 ρ_s—— 弯曲过程中毛坯的内表面和外表面开始屈服时中性层的曲率半径。

因为

$$\sigma_s = \varepsilon_s E = \frac{tE}{2\rho_s}$$

所以有

$$\rho_s = \frac{tE}{2\sigma_s} \tag{3.9}$$

将 ε_0 及 ε_s 代入式(3.8)，并整理后可得

$$M = \left[\frac{3}{2} - \frac{3F}{2E} - \frac{2\rho^2\sigma_s^2}{E^2 t^2} + \frac{2\rho^2 F\sigma_s^2}{E^3 t^2} + \frac{tF}{2\rho\sigma_s}\right] W\sigma_s = mW\sigma_s \tag{3.10}$$

式中 W—— 弯曲毛坯的断面系数，$W = \frac{bt^2}{6}$；

m—— 相对弯矩，表示塑性弯矩和弹性弯矩的比值。

在弹－塑性弯曲时，相对弯矩 m 为

$$m = \frac{3}{2} - \frac{3F}{2E} - \frac{2\rho^2\sigma_s^2}{E^2 t^2} + \frac{2\rho^2 F\sigma_s^2}{E^3 t^2} + \frac{tF}{2\rho\sigma_s}$$

当相对弯曲半径 $\frac{r}{t} < 200$ 时，弹性变形部分切向应力形成的力矩在全部弯矩中所占的比例很小，甚至可以忽略不计，并把毛坯的断面看作已经进入塑性状态。这种弯曲过程称为纯塑性弯曲。由于这种情况下毛坯的变形程度较大，材料硬化引起的弯矩增大值在全部弯矩中所占的比例也相应地增大。

线性纯塑性弯曲时，式(3.7)中第一项的数值为零，而且第二项与第三项积分式的下限也应为零，即 $\varepsilon_s = 0$，于是弯矩为

$$M = 2b\rho^2 \int_0^{\varepsilon_0} (\sigma_s + F\varepsilon_\theta)\varepsilon_\theta \mathrm{d}\varepsilon_\theta = \frac{\sigma_s bt^2}{4} + \frac{Fbt^3}{12\rho} = \left[\frac{S}{W} + \frac{tF}{2\rho\sigma_s}\right] W\sigma_s = mW\sigma_s \tag{3.11}$$

式中 S—— 弯曲毛坯的断面静矩，mm^3，对于矩形断面毛坯或板料，$S = \frac{bt^2}{4}$；

W—— 弯曲毛坯的断面系数，mm^3，对于矩形断面毛坯或板料，$W = \frac{bt^2}{6}$；

m—— 相对弯矩，其值为

$$m=\frac{S}{W}+\frac{tF}{2\rho\sigma_s}=k_1+k_0\frac{t}{2\rho}$$

上式中 $k_1=\frac{S}{W}$ 是反映弯曲毛坯断面形状特点的系数，而 $k_0=\frac{F}{\sigma_s}$ 是反映弯曲毛坯材料性能特点的系数。

相对弯矩 m、系数 k_1 与 k_0 的数值可由表 3.1 ～ 3.3 查到。

表 3.1　系数 m 值(矩形断面或板料)

材料	r/t				
	100	50	25	10	5
10、15 钢	1.6	1.75	1.7	2	2.45
20、25 钢	1.6	1.75	1.75	2.1	2.6
30、35 钢	1.6	1.75	1.8	2.2	2.8
40、45 钢 15Cr、20 Cr	1.6	1.8	1.85	2.35	3.5

表 3.2　系数 k_0 值

材料	σ_s/MPa	k_0
10、15 钢	210	10
20、25 钢	260	11.6
30、35 钢	300	14
40、45 钢，15Cr、20Cr	340	17.6
50、55 钢，20CrNi、30Cr	420	17.6
40Cr、50Cr、5CrNi	570	17.6

表 3.3　系数 k_1 值

弯曲断面种类和弯曲方式	断面形式	计算公式	k_1
矩形断面	b h	无	$k_1=1.5$
正方形断面，沿对角线弯曲	a h $h=\sqrt{2}a$	无	$k_1=2.0$

续表 3.3

弯曲断面种类和弯曲方式	断面形式	计算公式	k_1
圆形断面	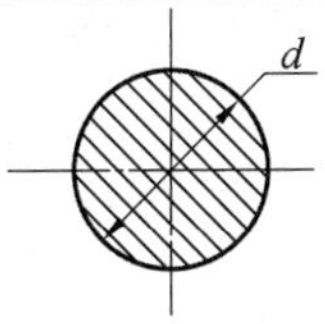	无	$k_1=1.7$
工字形和槽形断面立弯	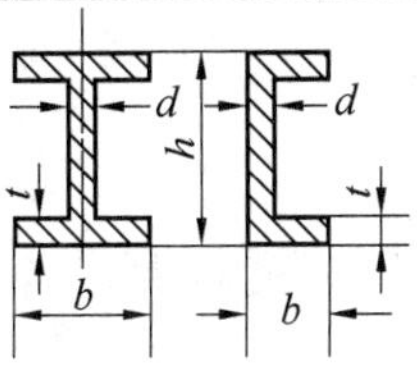	$k_1=\dfrac{1.5h[bh^2-(b-d)(h-2t)^2]}{bh^3-(b-d)(h-2t)^3}$	标准断面时 $k_1=1.2$
工字形断面平弯	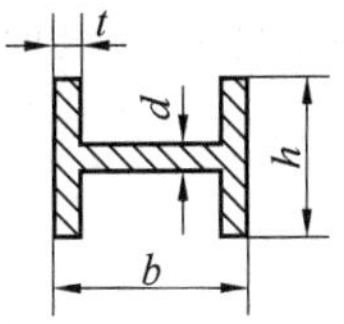	$k_1=1.5h\dfrac{2th^2+(b-2t)d^2}{2th^3+(b-2t)d^3}$	标准断面时 $k_1=1.8$
管材	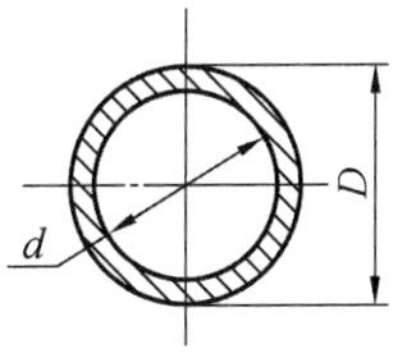	$k_1=1.7\dfrac{1-\left(\frac{d}{D}\right)^3}{1-\left(\frac{d}{D}\right)^4}$	当 $\frac{d}{D}=0.4\sim0.59$ 时，$k_1=1.6$；当 $\frac{d}{D}=0.6\sim0.74$ 时，$k_1=1.5$；当 $\frac{d}{D}=0.75\sim0.89$ 时，$k_1=1.4$；当 $\frac{d}{D}=0.9\sim1.0$ 时，$k_1=1.3$

无硬化线性纯塑性弯曲相当于相对弯曲半径$\frac{r}{t}$较小时的热弯曲，这时没有硬化现象，所以毛坯断面内切向应力是不变的定值，如图 3.2(d) 所示。这种情况下的弯矩仍可利用式(3.11) 计算，但应令 $F=0$，于是得

$$M=\frac{bt^2}{4}\sigma_s=S\sigma_s \tag{3.12}$$

3.2 最小弯曲半径

弯曲时毛坯变形区外表面的金属在切向拉应力的作用下，切向伸长变形 ε_θ 取决于弯曲半径和材料的厚度，并用下式表示：

$$\varepsilon_\theta=\frac{t}{2\rho}=\frac{1}{2\frac{r}{t}+1} \tag{3.13}$$

式中 r—— 弯曲零件内表面的圆角半径，mm；

t—— 板材的厚度，mm。

由式(3.13)可知，相对弯曲半径 $\frac{r}{t}$ 越小，切向变形程度越大。当相对弯曲半径减小到一定程度之后，可能使毛坯外层纤维的伸长变形超过材料性能所允许的界限而发生破坏。在保证毛坯外层纤维不发生破坏的条件下，所能弯成零件内表面的最小圆角半径，称为最小弯曲半径 $r_{\min}$，也用最小相对弯曲半径 $r_{\min}/t$ 表示。生产中用它来表示弯曲时的成形极限。

由式(3.13)可得最小弯曲半径为

$$r_{\min}=\left(\frac{1}{\varepsilon_k}-1\right)\frac{t}{2} \tag{3.14}$$

式中 ε_k—— 材料的极限变形量，%。

最小相对弯曲半径为

$$\frac{r_{\min}}{t}=\frac{1}{2}\left(\frac{1}{\varepsilon_k}-1\right) \tag{3.15}$$

影响最小弯曲半径的因素主要有如下几点：

(1) 材料的机械性能。

最小弯曲半径和弯曲毛坯变形区外表面的伸长变形有近似的反比关系，所以材料的塑性越好，塑性变形的稳定性越强(即均匀延伸率越大)，可成形的最小弯曲半径越小。

(2) 板材的方向性。

对于冷轧板材，由于经过多次轧制而成，其平面内不同方向上的机械性能有较大的差别。板材纵向(轧制方向)上的塑性指标大于横向(垂直于轧制方向)上的塑性指标，所以当切向变形方向与板材纵向相重合(弯曲线与板材的纵向垂直)时，可以得到较小的弯曲半径。当弯曲件有两个互相垂直的弯曲线，而且弯曲半径又比较小时，为避免弯曲线与轧制方向重合，应在排样时设法使两个弯曲线都处于与板材轧制方向成45°角的位置。

(3) 弯曲件的宽度。

弯曲件的宽度 b 与厚度 t 不同，变形区的应力状态也不同，而且在相对弯曲半径相同的条件下，相对宽度 $\frac{b}{t}$ 较大时，其应变强度也大于 $\frac{b}{t}$ 较小的情况。坯料侧的质量和相对宽度对最小弯曲半径的影响如图3.6所示。当弯曲件的相对宽度 $\frac{b}{t}$ 较小时，它的影响比较明显，但当$\frac{b}{t}>10$时，其影响变小。

(4) 板材的表面质量和剪切断面质量。

板材的表面质量和毛坯的侧面(剪切断面)的质量差时，容易造成应力集中和降低塑性变形稳定性，使材料过早地破坏，所以在这种情况下应采用较大的弯曲半径(图3.6)。在冲压生产中，常采用清除冲裁毛刺、把有毛刺的表面朝向弯曲凸模、切掉剪切表面的硬化层等方法以提高弯曲变形的成形极限。

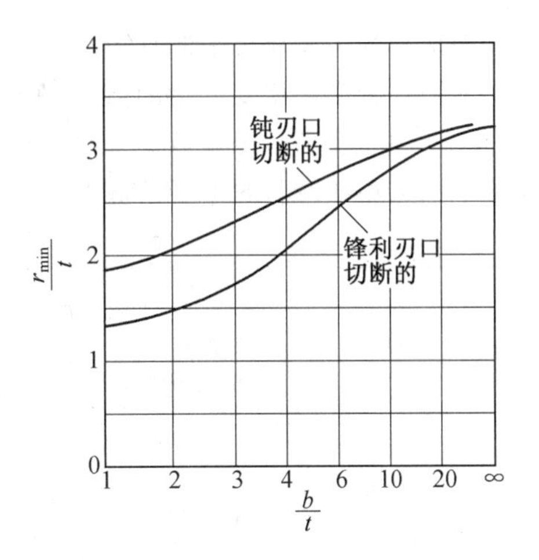

图 3.6 坯料侧面质量和相对宽度对最小弯曲半径的影响

(5) 弯曲角。

弯曲角α较小时，由于不变形区(直边部分)也可能产生一定的切向伸长变形而使弯曲变形区的变形得到一定程度的减轻(图3.7)，所以最小弯曲半径可以小些。弯曲角对最小弯曲半径的影响如图3.8所示。当$\alpha<70°$时，弯曲角的影响比较显著；当$\alpha>70°$时，其影响减弱。

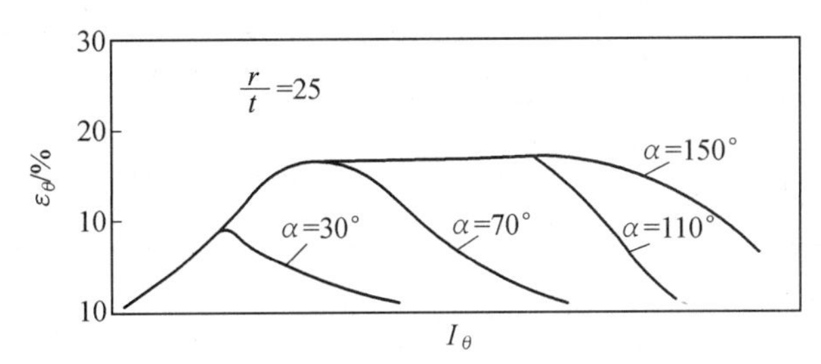

图 3.7 弯曲角对切向变形分布的影响

(6)板材的厚度。

变形区内切向应变在厚度方向上按线性规律变化，在外表面上最大，在应变中性层上为零。当板材厚度较小时，切向应变变化的梯度大，很快地由最大值衰减到零。与切向变形最大的外表面相邻近的金属，可以起到阻止外表面金属产生局部的不稳定塑性变形的作用。所以薄板弯曲时可能得到较大的变形和较小的最小弯曲半径。板料厚度对最小弯曲半径的影响如图3.9所示。

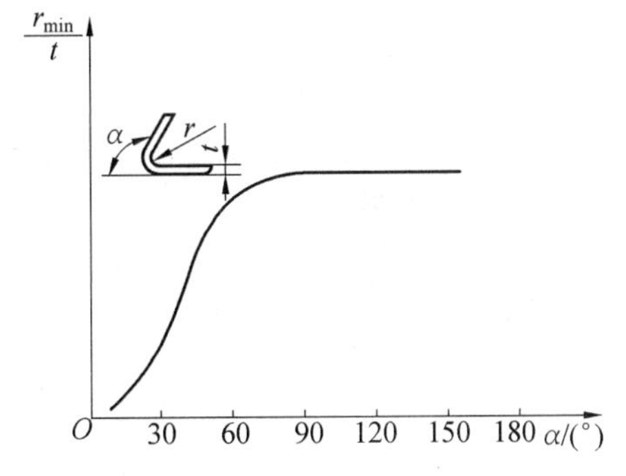

图 3.8 弯曲角对最小弯曲半径的影响

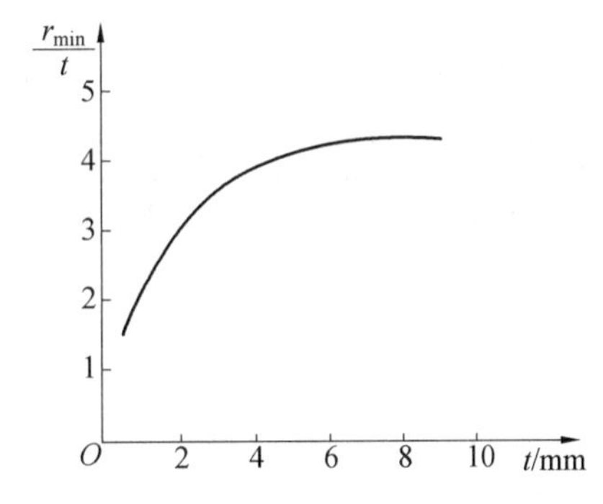

图 3.9 材料厚度对最小弯曲半径的影响

弯曲成形的主要成形限制是板材外表层的破裂，因此，凡是有利于增加弯曲变形区外侧变形能力和减小外层变形量的措施都可以减小最小弯曲半径。

在生产中主要参考经验数据来确定最小弯曲半径。表 3.4 给出了各种金属材料在不同状态下的最小相对弯曲半径的数值。

表 3.4　最小相对弯曲半径 r_{min}/t

材料	正火或退火的		硬化的	
	弯曲线方向与轧纹垂直	弯曲线方向与轧纹平行	弯曲线方向与轧纹垂直	弯曲线方向与轧纹平行
铝 退火紫铜 黄铜 H68 05、08F	0	0.3	0.3 1.0 0.4 0.2	0.8 2.0 0.8 0.5
08～10，A1，A2	0	0.4	0.4	0.8
15、20，A3	0.1	0.5	0.5	1.0
25、30，A4	0.2	0.6	0.6	1.2
35、40，A5	0.3	0.8	0.8	1.5
45、50，A6	0.5	1.0	1.0	1.7
55、60，A7	0.7	1.3	1.3	2.0
硬铝(软)	1.0	1.5	1.5	2.5
硬铝(硬)	2.0	3.0	3.0	4.0
镁合金	300 ℃热弯		冷弯	
MA1－M	2.0	3.0	6.0	8.0
MA8－M	1.5	2.0	5.0	6.0
钛合金	300～400 ℃热弯		冷弯	
BT1	1.5	2.0	3.0	4.0
BT5	3.0	4.0	5.0	6.0
钼合金	400～500 ℃热弯		冷弯	
BM1、BM2(t≤2 mm)	2.0	3.0	4.0	5.0

注：本表用于板厚小于 10 mm、弯曲角大于 90°、剪切断面良好的情况。

3.3 弯曲工艺设计

3.3.1 弯曲毛坯长度的确定

可以根据应变中性层在弯曲前后长度不变的特点，确定毛坯的长度。

中性层的曲率半径和弯曲变形程度有关。当变形程度较小$\left(\frac{r}{t}\text{较大}\right)$时，应变中性层与毛坯断面内外几何对称层相重合，即$\rho_\varepsilon=r+\frac{t}{2}$。当变形程度比较大$\left(\frac{r}{t}\text{较小}\right)$时，应变中性层与毛坯断面内外几何对称层不重合，而是向内侧移动。另外，弯曲时板厚的变薄，也致使应变中性层的曲率半径小于$r+0.5t$。应变中性层的位置可以根据体积不变的条件确定，如图 3.10 所示。

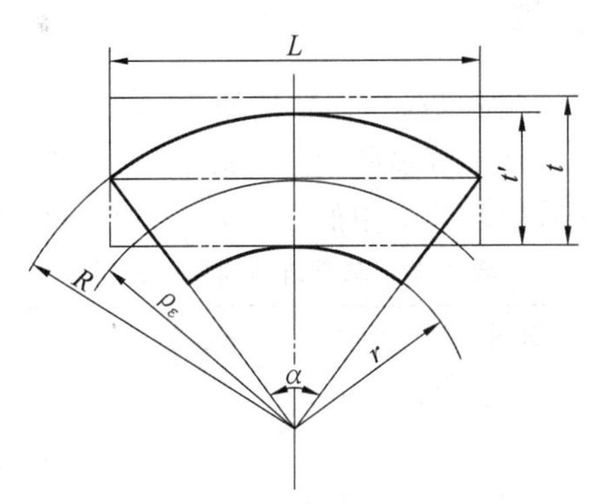

图 3.10　中性层位置的确定

因弯曲前后变形区的体积相等，即

$$Lbt=\rho_\varepsilon \alpha bt=\pi(R^2-r^2)\frac{\alpha}{2\pi}b'$$

所以

$$\rho_\varepsilon=\frac{(R^2-r^2)b'}{2tb}$$

将$R=r+t'$代入上式并整理后得

$$\rho_\varepsilon=\left(\frac{r}{t}+\frac{\eta}{2}\right)\eta\beta t \tag{3.16}$$

式中　η—— 变薄系数，$\eta=\frac{t'}{t}<1$，其值可由表 3.5 查得；

β—— 展宽系数，$\beta=\frac{b'}{b}$，当$\frac{b}{t}>3$时，$\beta=1$；

b、b'—— 弯曲前和弯曲后毛坯平均宽度，mm；

t、t'—— 弯曲前和弯曲后毛坯厚度，mm。

在冲压生产中也常采用下面的经验公式确定中性层的曲率半径，即

$$\rho_\varepsilon=r+Kt \tag{3.17}$$

式中　K—— 与变形程度有关的系数，其值可参照表 3.6 选取。

因此，弯曲件毛坯的总长度可以由弯曲变形区的计算长度加上直边部分的长度来确定。

表 3.5　变薄系数 η 值

r/t	0.1	0.5	1	2	5	>10
η	0.8	0.93	0.97	0.99	0.998	1

表 3.6　系数 K 值

r/t	$0\sim0.5$	$0.5\sim0.8$	$0.8\sim2$	$2\sim3$	$3\sim4$	$4\sim5$
K	$0.16\sim0.25$	$0.25\sim0.30$	$0.30\sim0.35$	$0.35\sim0.40$	$0.40\sim0.45$	$0.45\sim0.50$

3.3.2　弯曲力的计算

弯曲力是设计冲压工艺过程和选择设备的重要依据之一。但由于弯曲力受材料性能、零件形状、弯曲方法、模具结构等多种因素的影响，很难用理论分析的方法进行准确的计算。所以，在生产中经常采用表 3.7 中的经验公式进行弯曲力的粗略计算。

表 3.7　求弯曲力的经验公式

弯曲方式	简图	经验公式	备注
V 形自由弯曲		$F=\dfrac{cbt^2\sigma_b}{2L}=Kbt\sigma_b$	F— 弯曲力；c— 系数； b— 弯曲件宽度； t— 料厚；σ_b— 抗拉强度； K — 系数， $K\approx\left(1+\dfrac{2t}{L}\right)\dfrac{2t}{L}$； $2L$— 支点间距离
V 形接触弯曲		$F=0.6\dfrac{cbt^2\sigma_b}{r_p+t}$	c— 系数，取 $c=1\sim1.3$； r_p— 凸模圆角半径（弯曲半径）； （其余同上）
U 形自由弯曲		$F=Kbt\sigma_b$	K— 系数，取 $K=0.3\sim0.6$； （其余同上）

续表 3.7

弯曲方式	简　图	经验公式	备注
U形接触弯曲		$F = 0.7\dfrac{cbt^2\sigma_b}{r_p + t}$	c— 系数，取 $c = 1 \sim 1.3$；（其余同上）
校形弯曲的校形力		$F_c = Aq$	A— 校形部分投影面积； q— 校形所需单位压力，见表 3.8

表 3.8　校形弯曲时单位压力 q 值 MPa

材料		料厚 t/mm	
		约为 3	3 ~ 10
铝		30 ~ 40	50 ~ 60
黄铜		60 ~ 80	80 ~ 100
10 ~ 20 钢		80 ~ 100	100 ~ 120
25 ~ 35 钢		100 ~ 120	120 ~ 150
钛合金	(BT1)	160 ~ 180	180 ~ 210
	(BT3)	160 ~ 200	200 ~ 260

3.3.3　弯曲件的工艺性

弯曲件的工艺性是指弯曲件的结构形状、尺寸精度要求、材料选用及技术要求是否适合于弯曲加工的工艺要求。

1. 弯曲件精度

弯曲件的精度要求应合理，一般弯曲件能达到的精度见表 3.9 和表 3.10。

表 3.9　弯曲件角度偏差

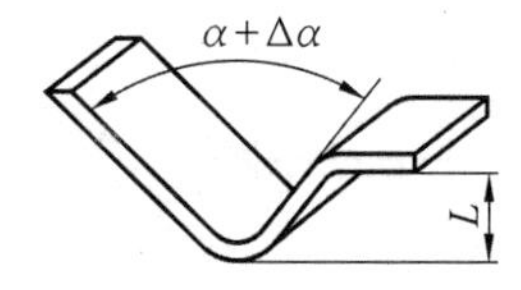

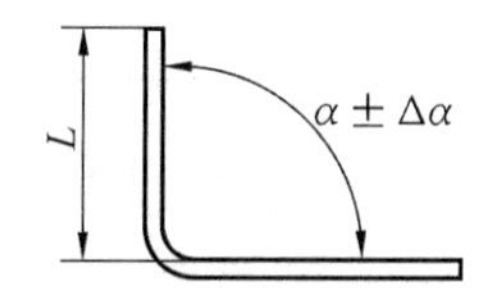

角短边的长度 L/mm	非配合的角度偏差 $\Delta\alpha$	最小的角度偏差 $\Delta\alpha'$	角短边的长度 L/mm	非配合的角度偏差 $\Delta\alpha$	最小的角度偏差 $\Delta\alpha'$
< 1	$\dfrac{\pm 7^\circ}{0.25}$	$\dfrac{\pm 4^\circ}{0.14}$	80 ~ 120	$\dfrac{\pm 1^\circ}{2.79 \sim 4.18}$	$\dfrac{\pm 25'}{1.16 \sim 1.74}$

续表 3.9

角短边的长度 L/mm	非配合的角度偏差 $\Delta\alpha$	最小的角度偏差 $\Delta\alpha'$	角短边的长度 L/mm	非配合的角度偏差 $\Delta\alpha$	最小的角度偏差 $\Delta\alpha'$
1 ～ 3	$\frac{\pm 6^\circ}{0.21 \sim 0.63}$	$\frac{\pm 3^\circ}{0.11 \sim 0.32}$	120 ～ 180	$\frac{\pm 50'}{3.49 \sim 5.42}$	$\frac{\pm 20'}{1.40 \sim 2.10}$
3 ～ 6	$\frac{\pm 5^\circ}{0.53 \sim 1.05}$	$\frac{\pm 2^\circ}{0.21 \sim 0.42}$	180 ～ 260	$\frac{\pm 40'}{4.19 \sim 6.05}$	$\frac{\pm 18'}{1.89 \sim 2.72}$
6 ～ 10	$\frac{\pm 4^\circ}{0.84 \sim 1.40}$	$\frac{\pm 1^\circ 45'}{0.37 \sim 0.61}$	260 ～ 360	$\frac{\pm 30'}{4.54 \sim 6.28}$	$\frac{\pm 15'}{2.72 \sim 3.15}$
10 ～ 18	$\frac{\pm 3^\circ}{1.05 \sim 1.89}$	$\frac{\pm 1^\circ 30'}{0.52 \sim 0.94}$	360 ～ 500	$\frac{\pm 25'}{5.23 \sim 7.27}$	$\frac{\pm 12'}{2.52 \sim 3.50}$
18 ～ 30	$\frac{\pm 2^\circ 30'}{1.57 \sim 2.62}$	$\frac{\pm 1^\circ}{0.63 \sim 1.00}$	500 ～ 630	$\frac{\pm 22'}{6.40 \sim 8.06}$	$\frac{\pm 10'}{2.91 \sim 3.67}$
30 ～ 50	$\frac{\pm 2^\circ}{2.09 \sim 3.49}$	$\frac{\pm 45'}{0.79 \sim 1.31}$	630 ～ 800	$\frac{\pm 20'}{7.33 \sim 9.31}$	$\frac{\pm 9'}{3.30 \sim 4.20}$
50 ～ 80	$\frac{\pm 1^\circ 30'}{2.62 \sim 4.19}$	$\frac{\pm 30'}{0.88 \sim 1.40}$	800 ～ 1 000	$\frac{\pm 20'}{9.31 \sim 11.6}$	$\frac{\pm 8'}{3.72 \sim 4.65}$

注:横线下部数据为角度偏差引起的直边偏差,其值为正、负偏差之和。

表 3.10　弯曲件的直线尺寸公差

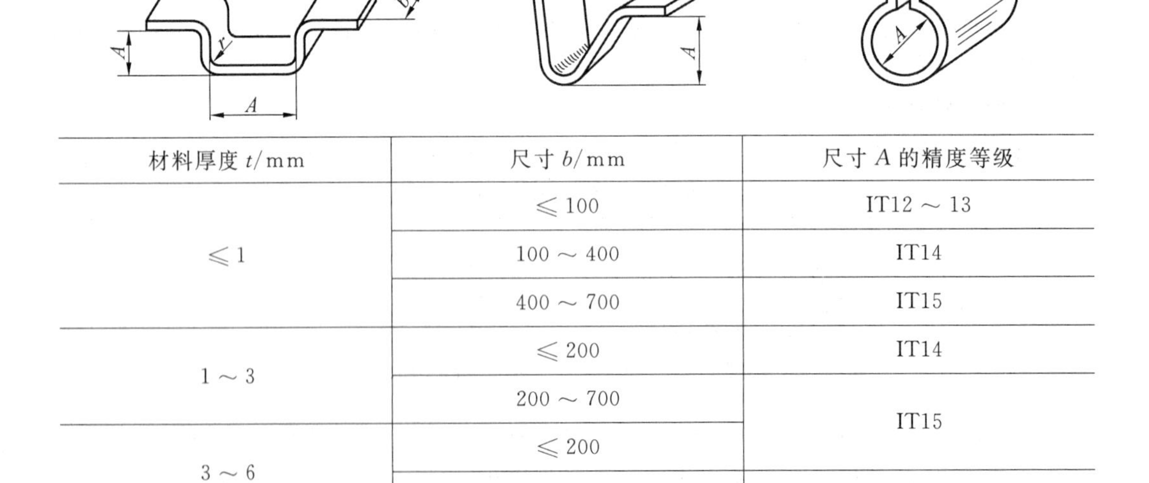

材料厚度 t/mm	尺寸 b/mm	尺寸 A 的精度等级
≤1	≤100	IT12 ～ 13
	100 ～ 400	IT14
	400 ～ 700	IT15
1 ～ 3	≤200	IT14
	200 ～ 700	IT15
3 ～ 6	≤200	
	200 ～ 700	IT16

注:直线尺寸公差不包括角度公差在内。

2. 弯曲件的结构工艺性

(1) 弯曲件的弯曲半径。

弯曲件的弯曲半径不能小于该工件材料的最小弯曲半径，否则在弯曲变形区外表面将产生拉裂，造成废品。如果工件要求的弯曲半径很小时，可通过提高弯曲极限变形程度的方法予以解决。

(2) 弯曲件的形状。

弯曲件的形状应对称，弯曲半径应左右一致，以免板料与模具之间的摩擦阻力不均而产生工件侧移(图 3.11)。若工件不对称，在设计模具结构时应考虑增设压料板，或增加工艺孔定位。

弯曲件形状应力求简单。有些带缺口的弯曲件(图 3.12)，缺口要安排在弯曲成形以后切除；否则，弯曲时切口处会发生张口现象，严重时将难以成形。

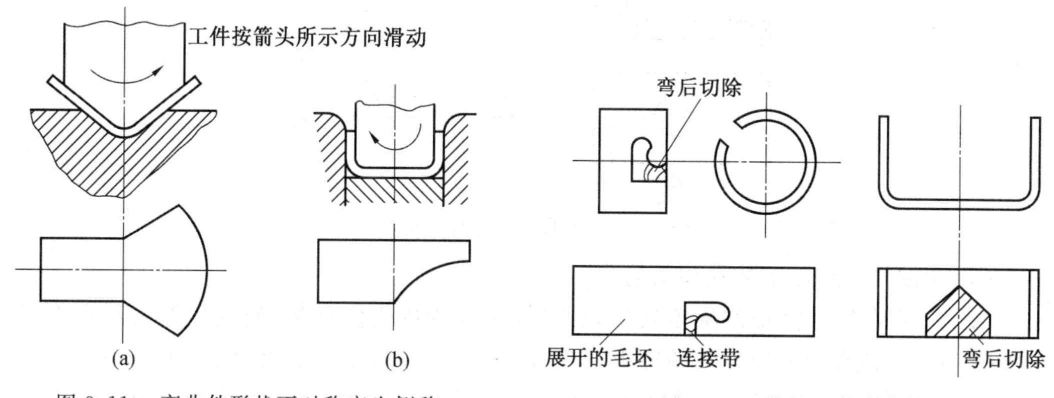

图 3.11　弯曲件形状不对称产生侧移　　　图 3.12　带缺口的弯曲件

(3) 弯曲件直边高度。

为了保证弯曲件的直边部分平直，其直边高度 h 应不小于 $2t$，最好大于 $3t$。若 $h<2t$，则必须在弯曲圆角处预先压槽后再弯曲，或加长直边部分，待弯曲后再切掉多余部分，如图 3.13 所示。当弯曲件直边带有斜角时，如斜线到达变形区，则应改变零件形状，使其带有一条直边，如图 3.14 所示。

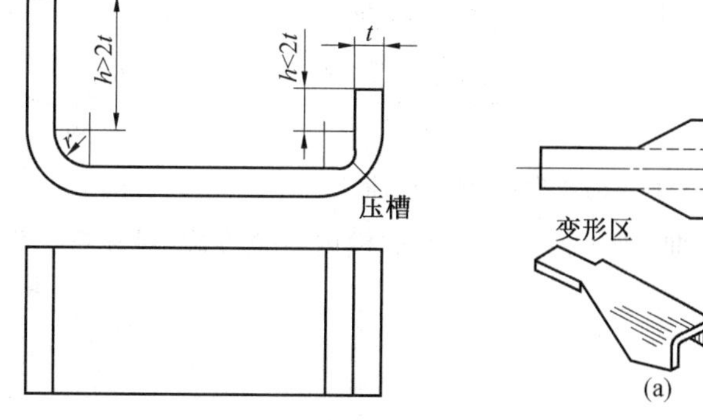

图 3.13　弯曲件直边的高度

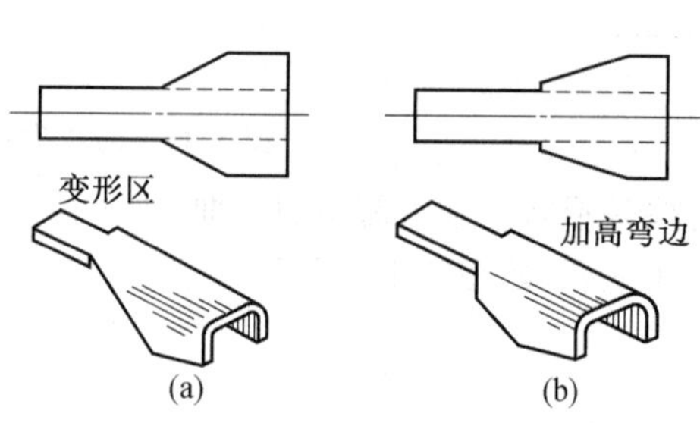

图 3.14　直边侧面带有斜边的弯曲件

(4) 弯曲件上孔的位置。

弯曲预先冲好孔的毛坯时，如果孔位于弯曲变形区内，则孔形将直接受弯曲变形的影响而畸变。为了避免产生该缺陷，必须使孔处于弯曲变形区以外，如图 3.15(a) 所示，从孔边到弯曲半径 r 中心的距离根据料厚不同取不同的值：$t < 2$ mm 时，$l \geqslant t$；$t \geqslant 2$ mm 时，$l \geqslant 2t$。

如果孔边到弯曲半径中心距离过小而不能满足上述要求时，可预先在弯曲线上冲出工艺以防止工作孔变形，如图 3.15 所示。如果孔的形状精度要求高，应在弯曲后再冲孔。

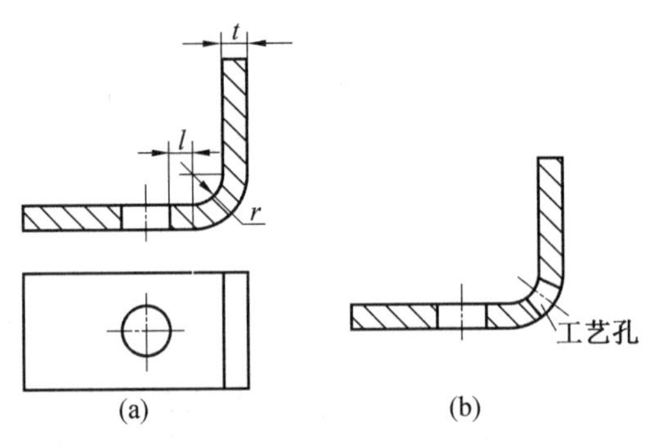

图 3.15　弯曲件上的孔边距离

(5) 弯曲件上增添工艺孔和工艺槽。

为了防止在尺寸突变的尖角处出现撕裂，应改变弯曲件形状，使突变处离开弯曲线(图 3.16(a))，或在尺寸突变处预冲出工艺槽(图 3.16(b)) 和工艺孔(图 3.16(c))。

图 3.16 中有关尺寸为：尺寸突变处到弯曲半径中心距离 $s \geqslant r$，工艺槽宽 $b \geqslant t$，工艺槽深 $h = t + R + \frac{b}{2}$，工艺孔直径 $d \geqslant t$。

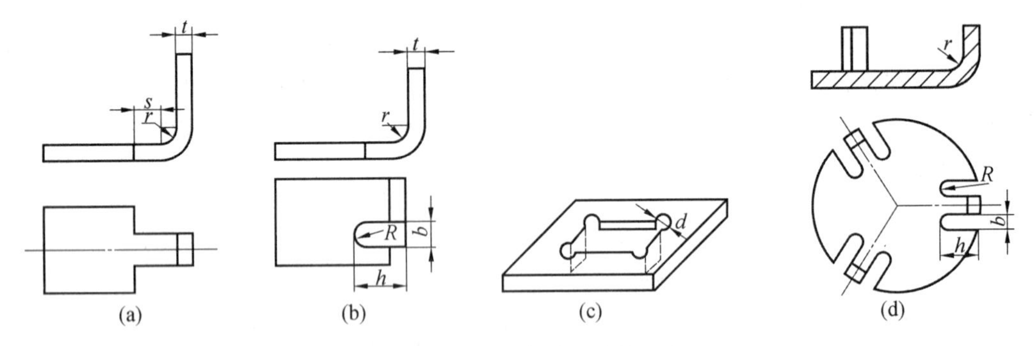

图 3.16　防止尖角处撕裂的措施

弯曲件形状复杂可需多道弯曲，为了使毛坯在弯曲模内定位准确，可在弯曲件上设计出定位工艺孔，如图 3.17 所示。

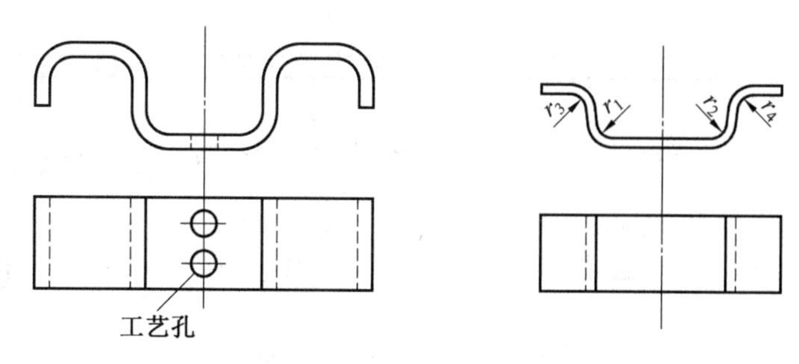

图 3.17 定位工艺孔

3.3.4 弯曲件的工序安排

弯曲件的工序安排应根据工件形状复杂程度、精度高低、生产批量以及材料的力学性能等因素综合考虑。合理安排弯曲工序，可以使工序少、质量高、生产效率高、生产成本低。

1. 弯曲件工序安排原则

(1)简单形状精度不高的弯曲件，如 V 形、U 形、Z 形件等，可以一次弯曲成形。

(2)复杂形状弯曲件，一般需采用两次或多次弯曲成形。一般先弯外角，后弯内角。前次弯曲要给后次弯曲留出可靠的定位，并保证后次弯曲不破坏前次已弯的形状。

(3)批量大、尺寸较小的弯曲件，为了提高生产率，可采用多工序的冲裁、弯曲、切断等连续工艺成形。

(4)单面不对称几何形状的弯曲件，若单个弯曲时毛坯容易发生偏移，可采用成对弯曲成形，弯曲后再切开。

(5)弯曲件上有孔时，根据孔与弯线的距离决定冲孔与弯曲工艺的次序。

2. 典型弯曲件工序安排

图 3.18 所示为一次弯曲成形示例；图 3.19 所示为两次弯曲成形示例；图 3.20 所示为三次弯曲成形示例；图 3.21 所示为多次平角 V 形弯曲成形的复杂零件。

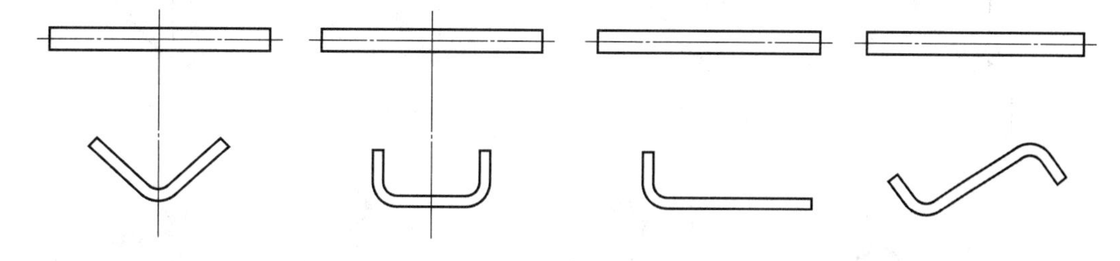

图 3.18 一次弯曲成形示例

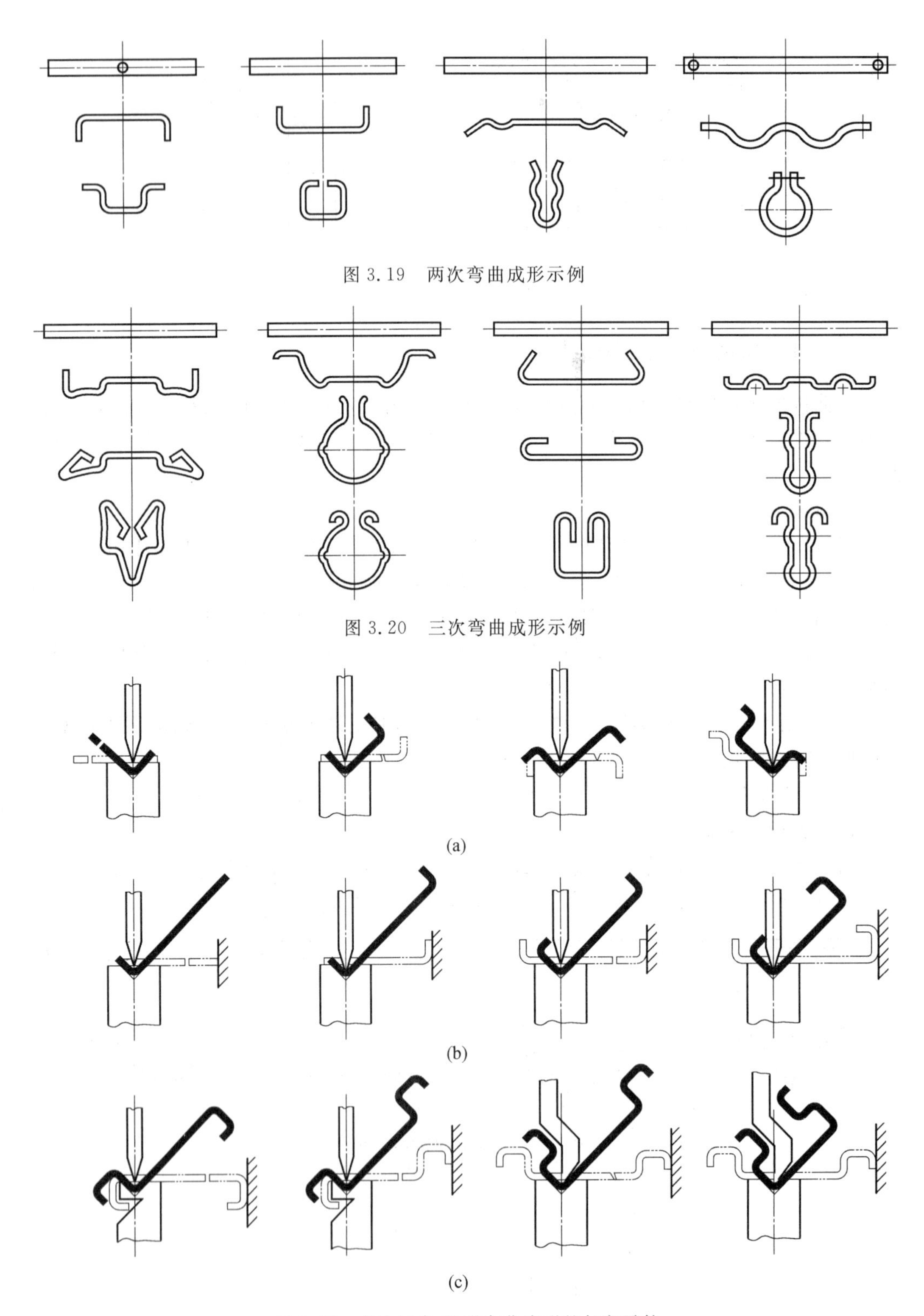

图 3.19　两次弯曲成形示例

图 3.20　三次弯曲成形示例

图 3.21　多次平角 V 形弯曲成形的复杂零件

3.4 弯曲模

1. 弯曲模结构

弯曲模的结构形式可根据弯曲件的形状、精度要求及生产批量等进行选择。最典型的弯曲模是V形弯曲模(图3.22)和U形弯曲模(图3.23),其特点是结构简单、通用性好。

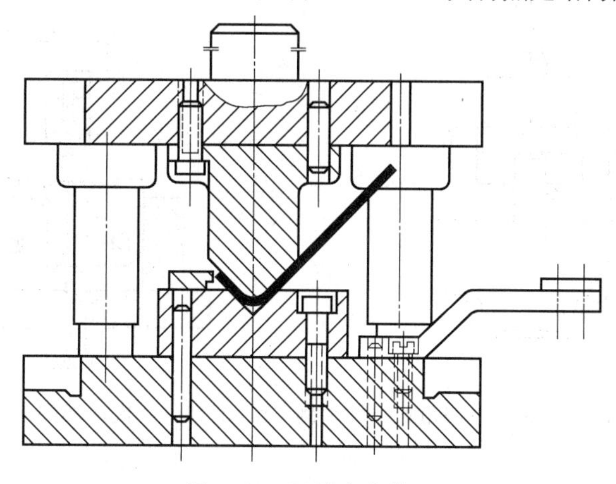

图3.22 V形弯曲模

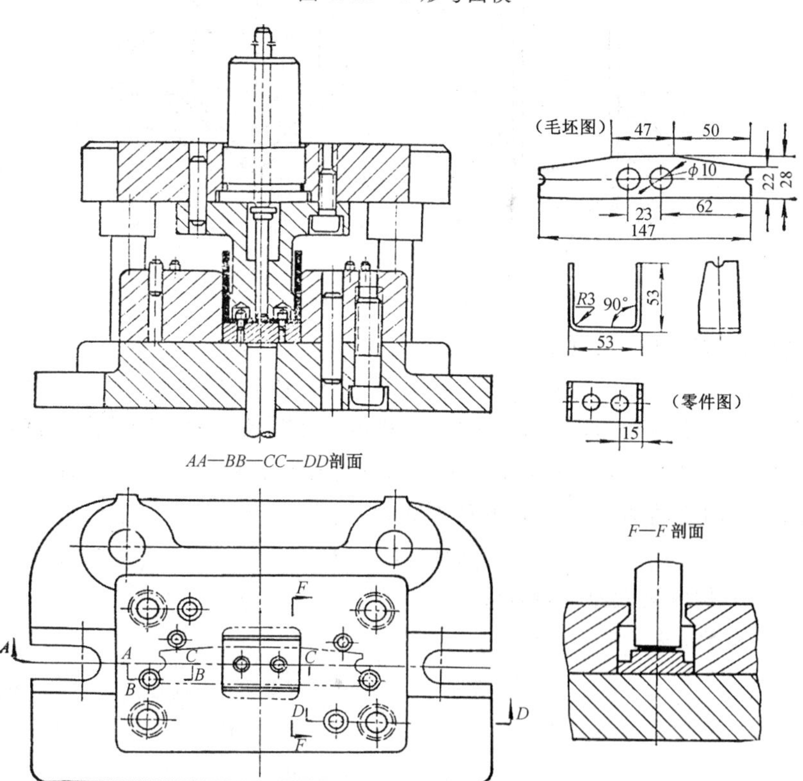

图3.23 U形弯曲模

图 3.24 所示为两次 U 形弯曲制造四角形零件举例。图 3.25 所示为一次成形圆形零件的复合模。图 3.26 所示为斜楔式弯曲模。

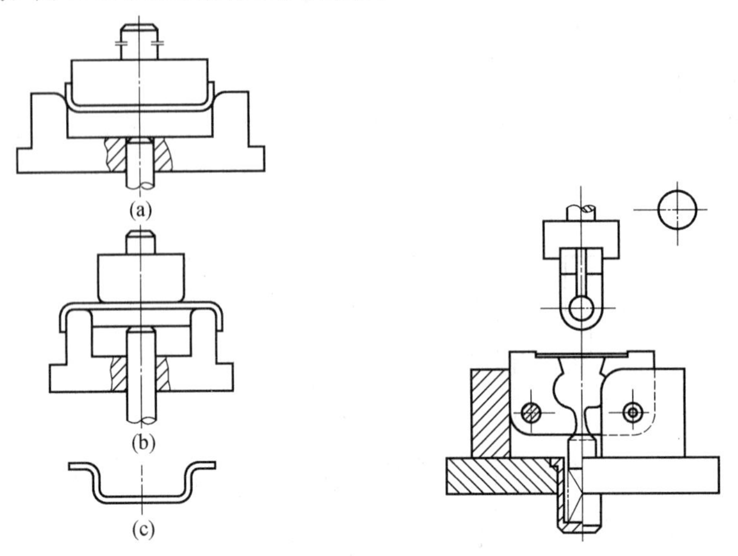

图 3.24 两次 U 形弯曲制造四角形零件举例　图 3.25 一次成形圆形零件的复合模

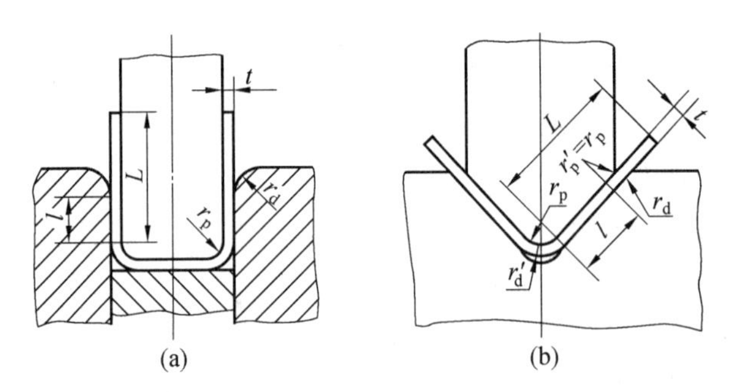

图 3.26 斜楔式弯曲模

2. 弯曲模工作部分的尺寸确定

弯曲模的凸模和凹模的结构形状如图 3.27 所示，其工作部分的尺寸见表 3.11。V 形弯曲模的凸模圆角半径和角度根据工件的内圆角半径和角度用回弹值进行修正后确定。凹模非工作圆角半径 r'_d 应取小于工件相应部分的外圆半径(r_p+t)。

弯曲凸模与凹模间的间隙值 Z 的计算式为

$$Z=t_{max}+ct \tag{3.18}$$

式中 t_{max}—— 材料最大厚度，mm；

c—— 系数，按表 3.11 选取。

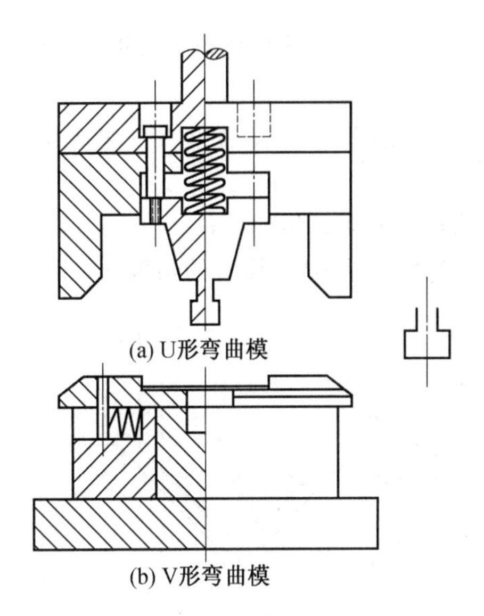

图 3.27 弯曲模工作部分

表 3.11 弯曲模工作部分尺寸及系数 c

L /mm	板厚 t/mm											
	<0.5			0.5～2			2～4			4～7		
	l	r_d	c	l	r_d	c	l	r_d	c	l	r_d	c
10	6	3	0.1	10	3	0.1	10	4	0.08	—	—	—
20	8	3	0.1	12	4	0.1	15	5	0.08	20	8	0.06
35	12	4	0.15	15	5	0.1	20	6	0.08	25	8	0.06
50	15	5	0.2	20	6	0.15	25	8	0.1	30	10	0.08
75	20	6	0.2	25	8	0.15	30	10	0.1	35	12	0.1
100	—	—	—	30	10	0.15	35	12	0.1	40	15	0.1
150	—	—	—	35	12	0.2	40	15	0.15	50	20	0.1
200	—	—	—	45	15	0.2	50	20	0.15	65	25	0.15

3.5 弯曲件质量控制

弯曲件质量问题主要有回弹、裂纹、翘曲、扭曲、尺寸偏移、孔偏移等，其中回弹问题最为常见。

3.5.1 回弹的表示方法

弯曲成形过程中，毛坯在外载荷的作用下产生的变形由塑性变形和弹性变形两部分组成。当外载荷去除后，毛坯的塑性变形保留下来，而弹性变形会完全消失，使其形状和尺寸都发生与加载时变形方向相反的变化，这种现象称为回弹(又称弹复)。由于加载过程中毛坯变形区内外两侧的应力与应变性质都相反，卸载时这两部分回弹变形方向也是相反的，由此引起的弯曲件的形状和尺寸变化也十分明显，成为弯曲成形要解决的主要问题之一。

弯曲件的回弹量大小通常用回弹角 $\Delta\alpha$（图 3.28）来表示：

$$\Delta\alpha = \alpha_0 - \alpha \tag{3.19}$$

式中 α_0—— 卸载后弯曲件的实际角度，(°)；

α—— 卸载前弯曲件的实际角度（模具的角度），(°)。

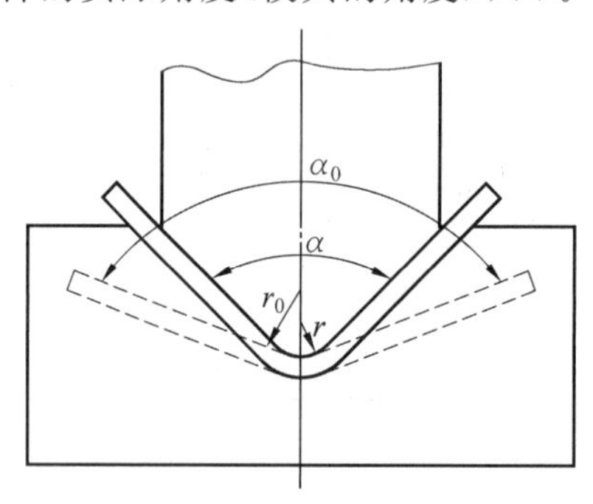

图 3.28 弯曲件的回弹

3.5.2 影响回弹的因素

1. 材料机械性能

材料的屈服极限 σ_s 越高，弹性模数 E 越小，则弯曲后回弹量 $\Delta\alpha$ 越大；加工硬化现象越严重（硬化指数 n 大），回弹量也越大。

2. 相对弯曲半径 r/t

当相对弯曲半径 r/t 较小时，弯曲毛坯内、外表面上切向变形的总应变值较大。虽然弹性应变的数值也在增加，但弹性应变在总应变当中所占比例却在减小，因而回弹量 $\Delta\alpha$ 较小。

3. 弯曲角 α

弯曲角 α 越大，则变形区长度越大，回弹角度也越大。

4. 弯曲力

在实际生产中，施加的弯曲力越大，变形区的应力状态和应变状态都产生变化，塑性变形量增大，回弹量减小。

5. 弯曲方式和模具结构

用无底凹模进行自由弯曲时，回弹量最大；校正弯曲时，变形区的应力和应变状态都与自由弯曲差别很大，增加校正力可以减小回弹。相对弯曲半径小的 V 形件进行校正弯曲后，回弹角度有可能成为负值，即 $\Delta\alpha < 0$。

6. 摩擦

毛坯和模具表面之间的摩擦，尤其是一次弯曲多个部位时，对回弹的影响较为显著。一般认为摩擦可增大变形区的拉应力，使零件的形状更接近于模具形状，但拉弯时摩擦的影响是非常不利的。

7. 其他因素

弯曲件回弹量的大小，还受到弯曲件形状、板材厚度偏差、板材性能的波动、模具间隙和模具圆角半径等多种因素的影响。

3.5.3 常用材料弯曲成形回弹量

由于回弹角受到诸多因素的影响，因此要在理论上计算回弹值是很困难的，通常在模具设计时，按试验总结的数据（图表）来选用，经试冲后再对模具工作部分加以修正。不同材料弯曲时的回弹角可查阅有关资料。

当弯曲半径较大（$r/t \geqslant 10$）时，不仅回弹角达到了相当大的数值，而且圆角半径也有较大变化（图 3.29），这时的回弹主要取决于材料的力学性能。因此，凸模圆角半径和回弹角可按下式计算。

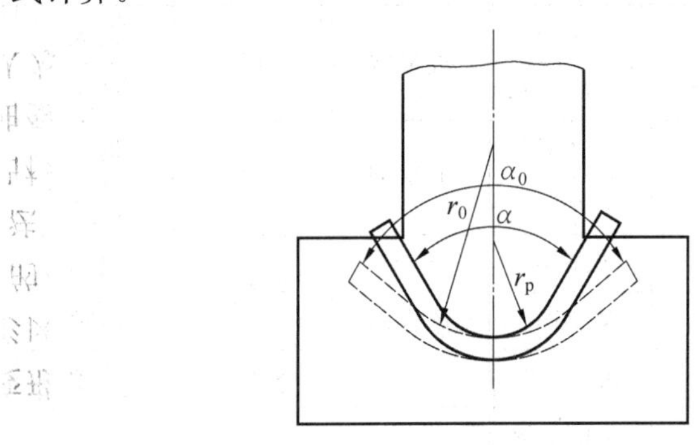

图 3.29 弯曲半径较大时的回弹现象

凸模圆角半径为

$$r_p = r_0/[1 + (3\sigma_s/E)(r_0/t)] \tag{3.20}$$

令 $A = 3\sigma_s/E$，则

$$r_p = r_0/[1 + A(r_0/t)] \tag{3.21}$$

回弹角数值为

$$\Delta\alpha = (180 - \alpha_0)(r_0/r_p - 1) \tag{3.22}$$

式中 r_p—— 凸模的圆角半径，mm；

r_0—— 工件要求的圆角半径，mm；

α_0—— 工件要求的角度，(°)；

σ_s—— 屈服强度，MPa；

E—— 弹性模量，MPa；

t—— 材料厚度，mm；

A—— 计算圆角半径的简化系数（表 3.12）。

表 3.12　计算圆角半径的简化系数 A 值

名称	牌号	状态	A	名称	牌号	状态	A
铝	L4,L6	退火	0.001 2	磷青铜	QSn65－0.1	硬	0.015
		冷硬	0.004 1	铍青铜	QBe2	软	0.006 4
防锈铝	LF21	退火	0.002 1			硬	0.026 5
		冷硬	0.005 4	铝青铜	QA15	硬	0.004 7
	LF12	软	0.0024	碳钢	08,10,A2	—	0.003 2
硬铝	LY11	软	0.006 4		20,A3	—	0.005
		硬	0.017 5		30,35,A5	—	0.006 8
	LY12	软	0.007		50	—	0.015
		硬	0.026	碳工钢	T8	退火	0.007 6
铜	T1,T2,T3	软	0.001 9			冷硬	0.003 5
		硬	0.008 8	不锈钢	1Cr18Ni9Ti	退火	0.004 4
黄铜	H62	软	0.003 3			冷硬	0.018
		半硬	0.008	弹簧钢	65Mn	退火	0.007 6
		硬	0.015			冷硬	0.015
	H68	软	0.002 6		60Si2MnA	冷硬	0.021
		硬	0.014 8				

3.5.4　控制回弹的对策

1. 选择机械性能较好的材料

材料力学性能对弯曲件的回弹有很大影响，所以在进行产品设计时，应选择屈服极限 σ_s 较小、弹性模量 E 较大、硬化指数 n 较小的材料，可以减小弯曲件的回弹量 $\Delta\alpha$ 值。

2. 设计合理的弯曲件结构

由于弯曲件的相对弯曲半径 r/t 及弯曲截面惯性矩 I 对弯曲件的回弹都有较大影响，在设计弯曲件结构时，相对弯曲半径在大于最小相对弯曲半径的前提下应尽量小。同时，在不影响弯曲件的使用性能的前提下，可以在弯曲区压制加强筋(图 3.30)，以增加弯曲件截面惯性矩，能够较好地抑制回弹。图 3.31 为环箍成形时，增加加强筋后使回弹量减小。图 3.32 是采用 U 形结构减小回弹量的例子。

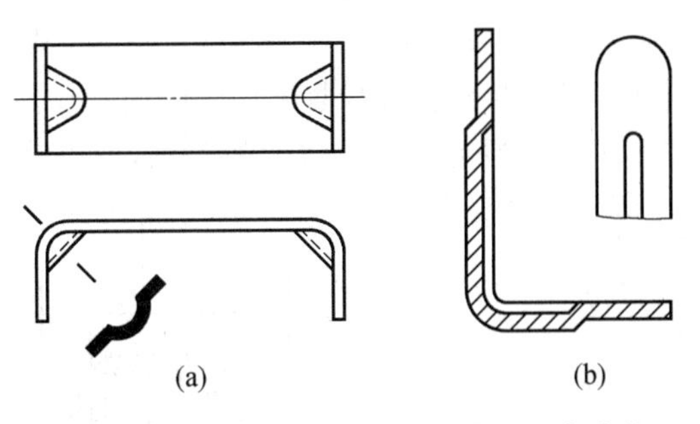

图 3.30 在弯曲部位增加加强筋的弯曲件

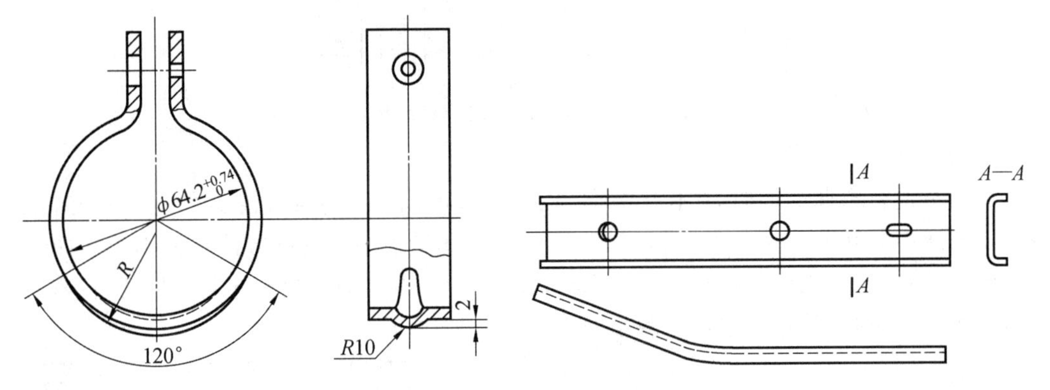

图 3.31 在环箍上增加加强筋的弯曲件

图 3.32 采用 U 形结构的弯曲件

3. 改变变形区应力状态

弯曲变形区切向应力分布是引起回弹的根本原因，改变切向应力的分布，使弯曲断面上拉、压应力的相对差别减小，可以抑制回弹。适当改变模具结构可以实现这一目的。

(1)校正法。

把弯曲凸模的角部做成局部突起的形状(图 3.33)，在弯曲变形终了时，凸模力将集中作用在弯曲变形区，迫使内层金属受挤压，产生切向伸长变形，从而卸载后回弹量将会减小。一般认为，当弯曲变形区金属的校正压缩量为板厚的 2%～5%时就可以得到较好的效果。

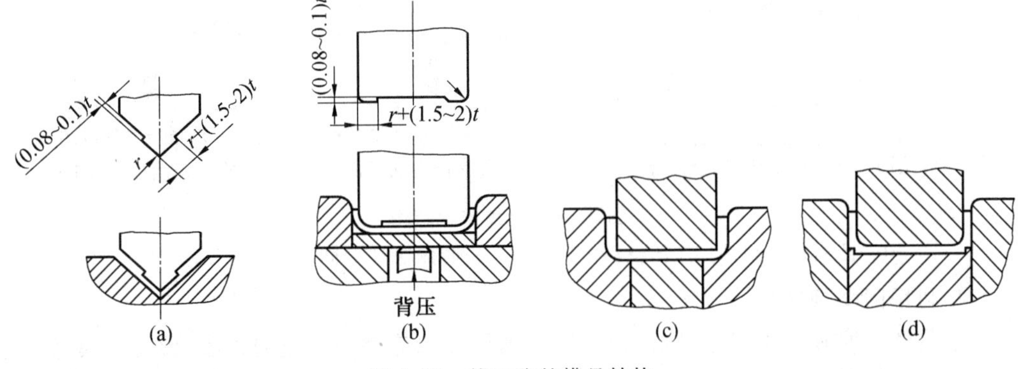

图 3.33 校正法的模具结构

(2)纵向加压法。

在弯曲过程结束时,用凸模上的突肩沿弯曲毛坯的纵向加压,使变形区内外层金属切向均受压缩(图 3.34),减小了与内层毛坯切向应力的差别,可以减小回弹量。

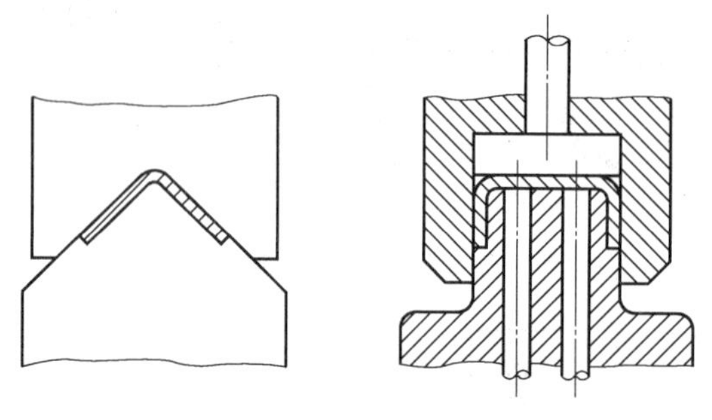

图 3.34 纵向加压法的模具结构

(3)拉弯法。

当板材进行弯曲的同时,在长度方向施加拉力,可以改变弯曲变形区的应力状态,使内层切向压应力转变为拉应力(图 3.35),从而使回弹量很小。这种方法主要用于大曲率半径的弯曲零件(如飞机蒙皮、大客车车身覆盖件等)。有时为了提高弯曲件精度,在弯曲后再加大拉力进行“补拉”,也可以减小回弹。

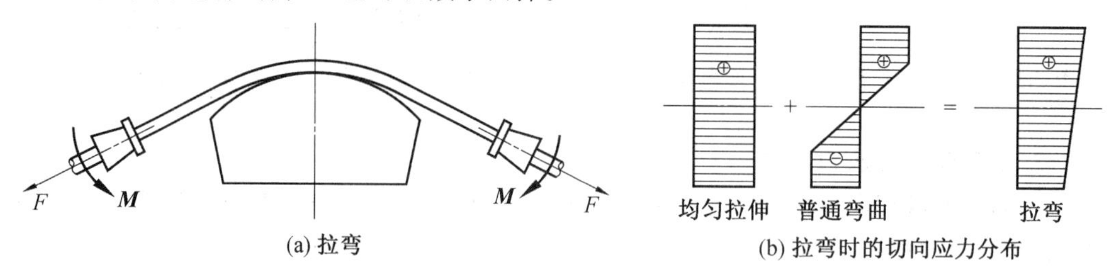

图 3.35 拉弯法

对于一般小型的单角或双角弯曲件,可用减小模具间隙,使弯曲处的材料进行变薄挤压拉伸(图 3.36),也可以取得明显的拉弯效果。

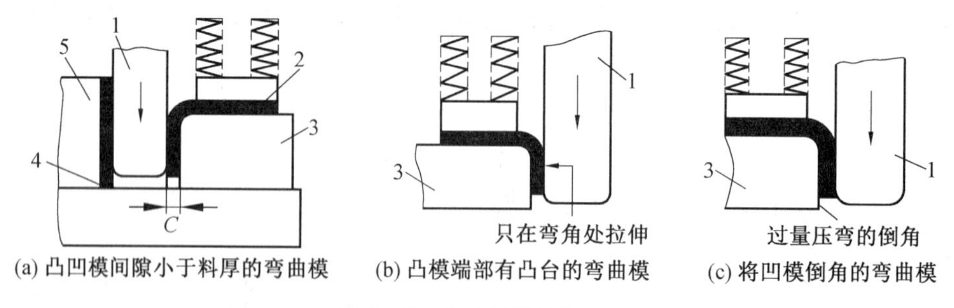

图 3.36 模具拉弯结构

1—凸模;2—制件;3—凹模;4—耐磨条;5—防侧块;C—间隙≈(0.95～0.98)t

4. 利用回弹规律

弯曲件的回弹是不可避免的,但可以根据回弹趋势和回弹量的大小,预先对模具工作部分做相应的形状和尺寸修正,使出模后的弯曲件获得要求的形状和尺寸。这种方法简单易行，在生产实际中得到广泛应用。

(1)补偿法。

单角弯曲时，根据估算的回弹量或由回弹图表中查出的回弹量，在模具上采取对策使弯曲件出模后的回弹得到补偿。如将凸模的圆角半径和顶角预先做小些，再经调试修磨，使弯曲件回弹后恰好等于所要求的角度(图 3.37(a)和(b))。

U 形弯曲时，采用较小的间隙甚至负间隙，可以减小回弹。有压板时，将回弹量做在下模上(图 3.37(c))，并使上、下模间隙为最小板厚，在凸模两侧做出回弹角(图 3.37(d))；对于回弹较大的材料，将凸模和顶板做成圆弧曲面，当弯曲件从模具中取出后，曲面部分伸直补偿了回弹(图 3.37(e))。

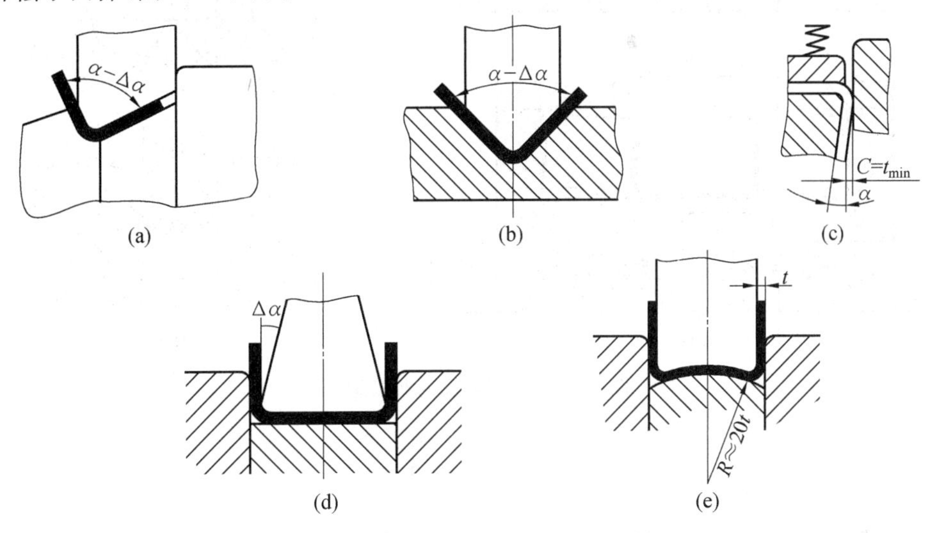

图 3.37 减小回弹的模具结构对策

图 3.38 所示为利用过量弯曲补偿回弹的原理，采用带摆动块的凹模结构。

(2)软凹模弯曲法。

用橡胶或聚氨酯软凹模代替金属凹模(图 3.39)，用调节凸模压入软凹模深度的方法控制弯曲回弹，使卸载后的弯曲件回弹量小，能获得较高精度的零件。

5. 弯曲工艺方面的对策

(1)在允许的情况下，采用加热弯曲。

(2)用校正弯曲代替自由弯曲，在操作时进行多次镦压。

弯曲变形区塑性变形量的大小是影响回弹的根本因素，所有有利于增加弯曲变形区塑性变形量的措施都可以减小弯曲回弹；所有有利于增加弯曲件变形抗力的结构都可以抑制弯曲件的回弹。

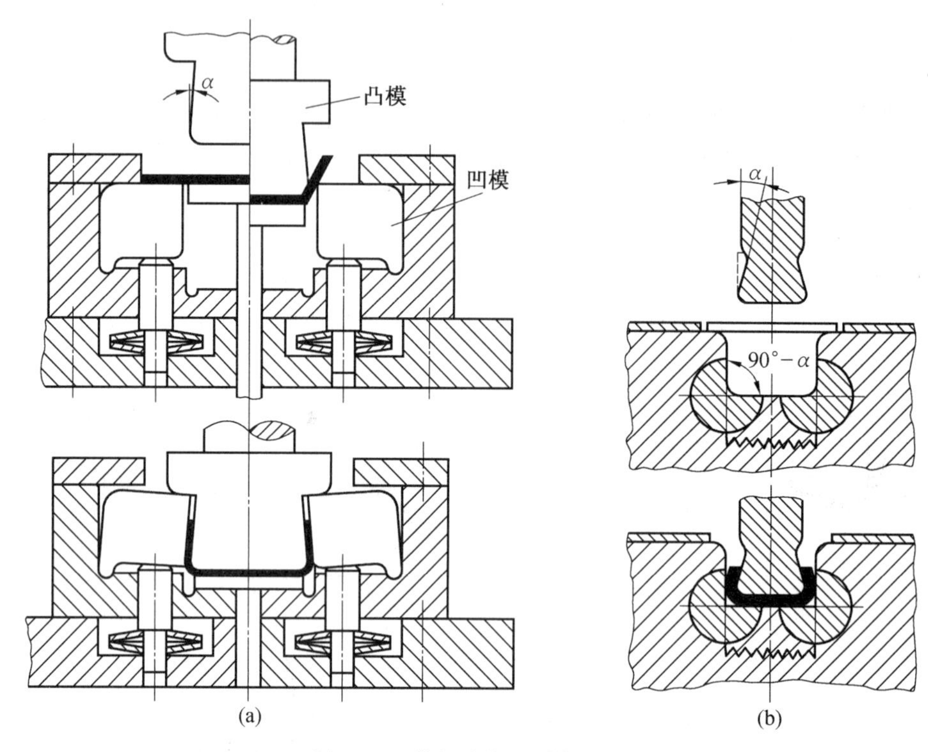

图 3.38　带摆动块的凹模结构

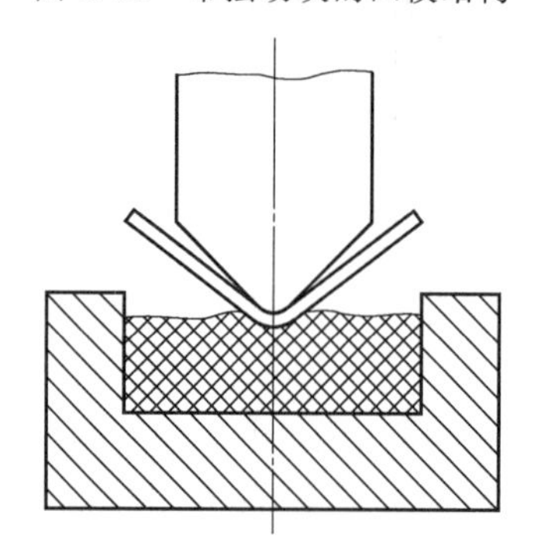

图 3.39　软凹模弯曲法

3.5.5　其他质量问题与对策

表 3.13 列出了弯曲件常见的一些质量问题、产生原因与对策。

表 3.13 弯曲件常见的质量问题、产生原因与对策

序号	质量问题及图示	产生原因	对策
1	弯裂 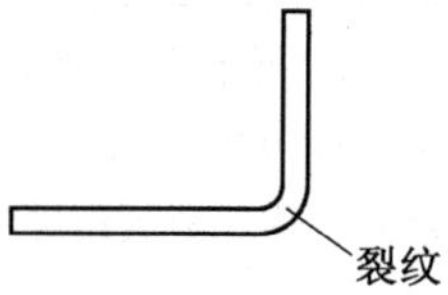 裂纹	凸模弯曲半径过小； 毛坯毛刺的一面处于弯曲外侧； 板材的塑性较低； 下料时毛坯硬化层过大；	适当增大凸模圆角半径； 将毛刺一面处于弯曲内侧； 用经过退火或塑性较好的材料； 弯曲线与纤维方向垂直或成45°角方向
2	U形弯曲件底部不平 不平 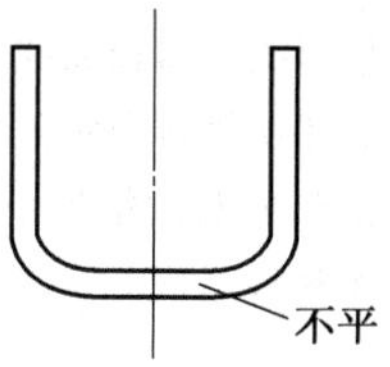	压弯时毛坯与凸模底部没有靠紧，如下图所示 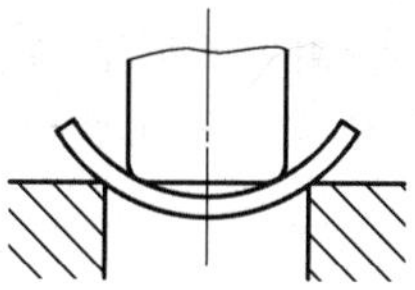	采用带有压料顶板的模具，在压弯开始时顶板便对毛坯施加足够的压力
3	翘曲 	由变形区应变状态引起的，板宽方向的应变（沿弯曲线方向）σ_b 在中性层外侧是压应变，其在中性层内侧是拉应变，故在横向形成翘曲	采用校正弯曲，增加单位面积压力； 根据预定的弹性变形，修正凸、凹模，如下图所示 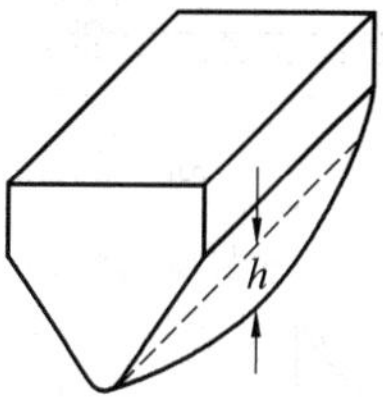 h
4	孔不同心 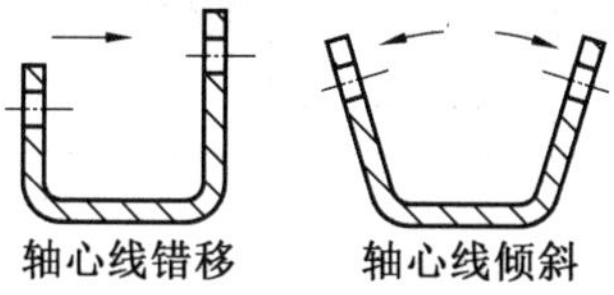 轴心线错移 轴心线倾斜	弯曲时毛坯产生了滑动，故引起孔中心线错移； 弯曲后回弹使孔中心线倾斜	毛坯要准确定位，保证左右弯曲高度一致； 设置防止毛坯窜动的定位销或压料顶板； 减小弯曲件回弹
5	弯曲线和两孔中心线不平行 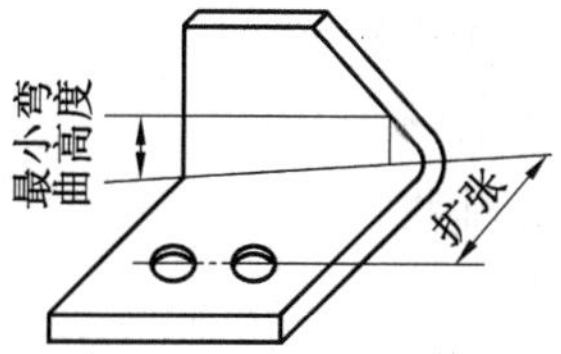 最小弯曲高度 扩张	弯曲高度小于最小弯曲高度，在最小弯曲高度以下的部分出现张口	在设计弯曲件时应保证大于或等于最小弯曲高度； 当工件弯曲高度小于最小弯曲高度时，可将小于最小弯曲高度的部分去掉后再弯曲

续表 3.13

序号	质量问题及图示	产生原因	对　　策
6	弯曲件擦伤 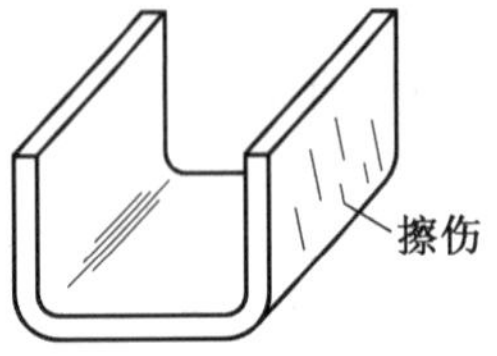	金属的微粒附在工作部分的表面上； 凹模圆半径过小； 凸、凹模的间隙过小	适当增大凹模圆角半径； 提高凸、凹模表面光洁度； 采用合理凸、凹模间隙值； 消除工作部分表面脏物
7	弯曲件尺寸偏移 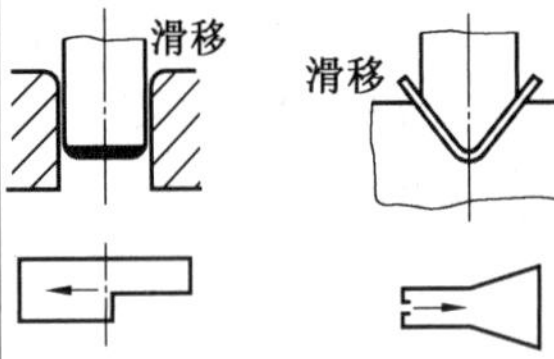	毛坯在向凹模滑动时，两边受到的摩擦阻力不相等，故发生尺寸偏移，不对称形状件压弯更显著	采用压料顶板的模具； 毛坯在模具中定位要准确； 在有可能的情况下，采用对称性弯曲
8	孔的变形 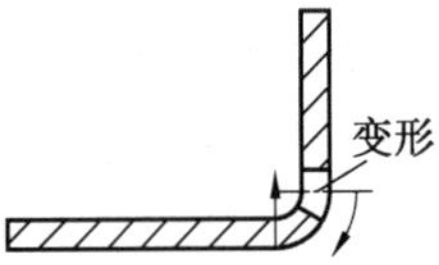	孔边距弯曲线太近，在中性层内侧为压缩变形，而外侧为拉伸变形，故孔发生了变形	保证从孔边到弯曲半径 r 中心的距离大于一定值； 在弯曲部位设置辅助孔，以减轻弯曲变形应力
9	弯曲端部鼓起 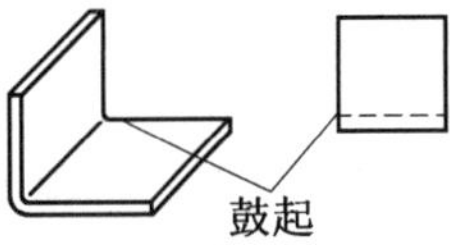	弯曲时中性层内侧的金属层，长度方向被压缩而缩短，宽度方向则伸长，故宽度方向边缘出现突起，以厚板小角度弯曲为明显	在弯曲部位两端预先做成圆弧切口将毛坯毛刺一边放在弯曲内侧，如下图所示 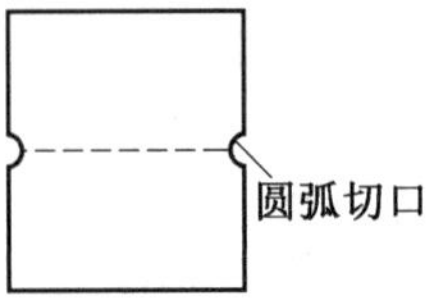

思考题与习题

1. 弯曲变形时变形区在哪个部位？变形区的变形特点是什么？
2. 宽板弯曲和窄板弯曲时变形区的应力和应变状态是什么？
3. 回弹是怎样形成的？影响弯曲成形时回弹量的因素有哪些？
4. 采取哪些措施可以有效地减小回弹量？其原因是什么？
5. 弯曲成形的极限参数用什么来表示？影响其大小的因素有哪些？影响规律是怎样的？
6. 最小弯曲半径的影响因素主要有哪些？
7. 试述弯曲件毛坯展开尺寸的计算依据。
8. 试推导应力中性层、应变中心层内移的表达式。

第4章　胀　　形

4.1　胀形变形的特点

胀形成形是一种使板材在变形区内面积增大的冲压成形方法；胀形变形是指板材在双向拉应力作用下所产生的变形。

胀形主要用于平板毛坯的局部胀形（如压制突起、凹坑、加强肋、花纹图案及标记等）、圆柱形空心毛坯的胀形、管类毛坯的胀形（如波纹管等）、平板毛坯的拉形等。曲面形状零件拉深时，在毛坯的中间部分也产生胀形变形。因此，胀形是冲压变形的一种基本形式，也和其他变形方式结合出现于复杂形状零件的冲压过程。

胀形时毛坯的塑性变形局限于一个固定的变形区范围内，板料不向变形区外转移，也不从外部进入变形区内。图4.1中涂黑部分表示平板毛坯胀形时的变形区。在变形过程中变形局限于直径 d 的圆周以内的金属，圆周外的环形部分不参与变形，毛坯的外径 D_0 在胀形中不发生变化。胀形变形区内金属处于两向受拉力的应力状态，变形区内板料形状的变化主要是由其表面积的局部增大实现的，所以胀形时必然出现毛坯厚度变薄的现象。

由于胀形时板料处于双向受拉的应力状态，在一般情况下，变形区的毛坯不会产生失稳起皱现象，冲成零件的表面光滑，质量好，所以也用胀形代替其他成形方法加工某些相对厚度很小的零件。胀形时在变形区板料毛坯的截面上只有拉应力的作用，而且在厚度方向上其分布比较均匀（即靠近于毛坯内表面和外表面部位上的拉应力之差较小），所以在受拉力状态下毛坯的几何形状易于固定，卸载时的弹复很小，容易得到尺寸精度较高的零件。在某些曲率不大，比较平坦的曲面零件冲压生产中，时常采用胀形方法或带有很大胀形成分的拉深方法。有时也在冲压成形之后，采用胀形的方法对冲压零件校形，以提高其尺寸精度。

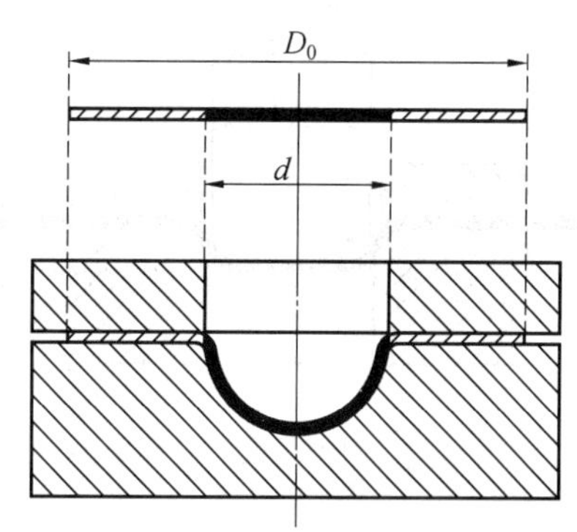

图4.1　胀形变形区

胀形有刚模胀形和借助液体、气体或橡胶压力成形的软模胀形。软模胀形法可以加工形状及复杂的零件，如波纹管等。

由于胀形加工零件的几何形状不同，胀形变形的极限有许多不同的表示方法，如胀形系数、胀形深度等。几乎在所有的胀形变形工艺中，变形在毛坯胀形区内的分布都是不均匀的，而且变形分布的不均匀程度又取决于模具工作部分的几何形状、零件的几何形状特点、润滑条件、材料的性能等。

胀形是伸长类成形(板面内最大变形量为伸长变形的成形)方法,所以它的成形极限和板材的塑性有直接关系。胀形变形区内各个部分金属所受的两向拉应力的比值可能为 $0 \sim 1$(即$\frac{\sigma_x}{\sigma_y}=0 \sim 1$),其应力状态和简单拉伸试验时有很大差别,所以胀形变形的极限和在单向拉伸试验中所得的塑性指标(如伸长率、断面收缩率等)之间并不是等值的对应关系。

对胀形毛坯总体尺寸变化的影响因素还有润滑、毛坯的几何形状、模具的结构等。

胀形成形的主要限制是变形区的塑性破裂。只要可以使胀形变形区内的变形均匀,降低危险部位应变值,或提高变形区塑性变形能力,均能提高胀形成形深度。

4.2　平板毛坯的局部胀形

平板毛坯的局部胀形如图 4.2、图 4.3 所示。当毛坯的外径超过凹模孔直径 d 的三倍以上时,由于毛坯外环发生切向收缩所必需的经向拉应力的数值增大,成为相对的强区,而在凸模端面直接作用下的直径为 d 的圆面积以内的金属,则成为弱区,所以毛坯的塑性变形也就局限于这个范围之内。这时在毛坯的中间部位形成的凹坑,主要是靠中间部分的材料在双向拉应力作用下的变薄来实现,并不从变形区外补充金属。利用这种方法可以在平板毛坯或空心零件上压制各种形状的凹坑、突起和加强肋等(图 4.4)。图 4.5 是油箱盖的顶部进行局部胀形的实例。

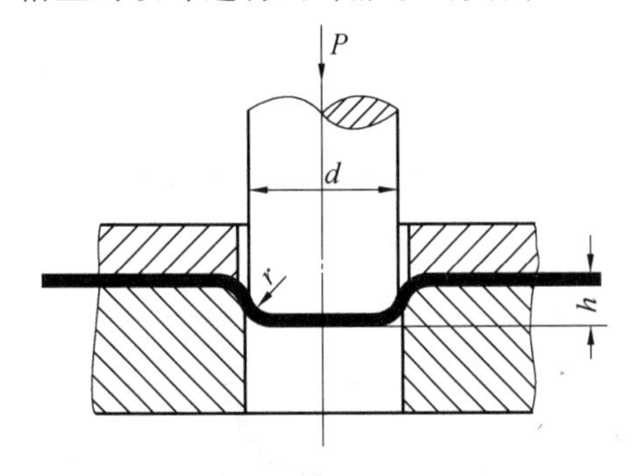

图 4.2　刚体凸模的局部胀形

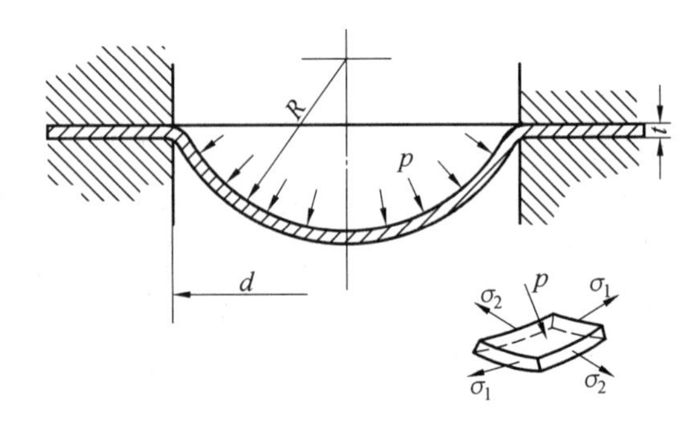

图 4.3　平板毛坯的软模胀形

在平板毛坯上进行局部胀形时,胀形深度受到材料塑性的限制,其数值不能过大。图 4.2 所示的压坑深度取决于板料塑性、凸模的几何形状和润滑等因素。当凸模的圆角半径 r 很小时,变形的分布很不均匀,但板料的硬化指数 n 较大和模具表面摩擦较小时,使板材的变形趋向均匀,总的胀形深度也有一定提高。用球形凸模$\left(r=\frac{d}{2}\right)$对低碳钢、软铝等进行局部胀形时,可能达到的极限深度为 $h \approx \frac{d}{3}$。

用平端面凸模胀形时,可能达到的深度取决于凸模的圆角半径,其大致数值为:软钢,$h \leqslant (0.15 \sim 0.20)d$;铝,$h \leqslant (0.1 \sim 0.15)d$;黄铜,$h \leqslant (0.15 \sim 0.22)d$。

假如零件要求的局部胀形深度超过极限值时,可以采用图 4.6 所示的方法,第一道工

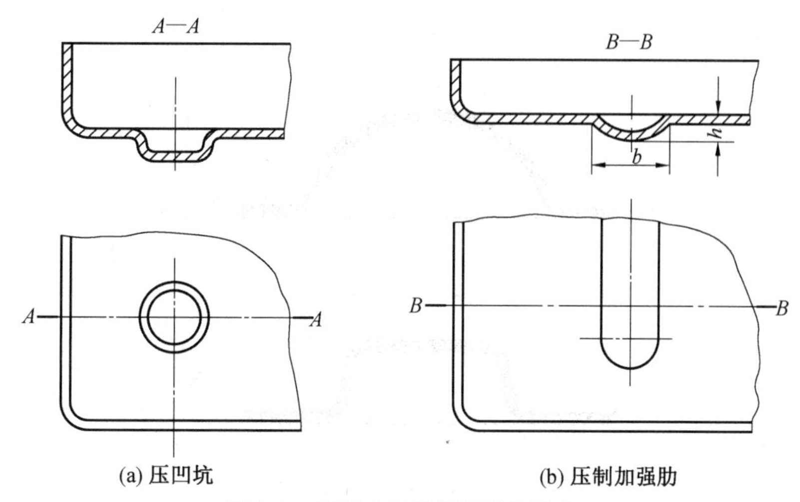

图 4.4　平板毛坯局部胀形的形式

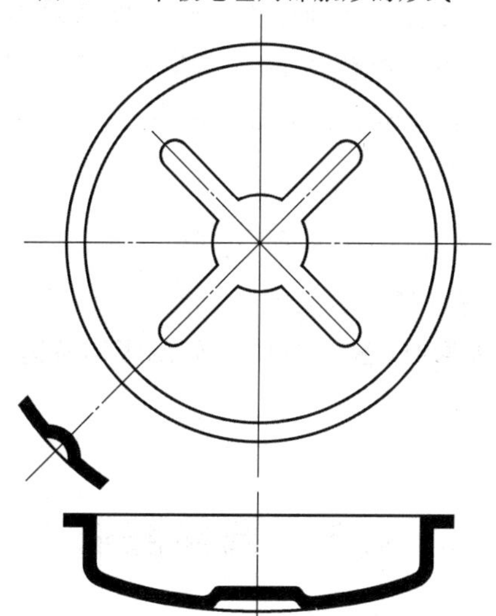

图 4.5　油箱盖的局部胀形实例

序用大直径的球形凸模胀形，达到在较大的范围内聚料和均化变形的目的，用第二道工序最后成形得到所要求的尺寸。

在平板上可能压制的加强肋的深度取决于材料的塑性和加强肋的几何形状。对于软钢板，而且加强肋具有圆滑的过渡形状时，可能达到的压制加强肋的深度 h 为其宽度 b 的 30% 左右，即 $h \leqslant 0.3b$。

用刚体凸模时，平板毛坯胀形力可按下式估算：

$$P = KLt\sigma_b \tag{4.1}$$

式中　P—— 胀形力，N；

L—— 胀形区周边的长度，mm；

t—— 板料厚度，mm；

σ_b—— 板料抗拉强度，MPa；

K—— 考虑胀形程度大小的系数，一般取 $K = 0.7 \sim 1$。

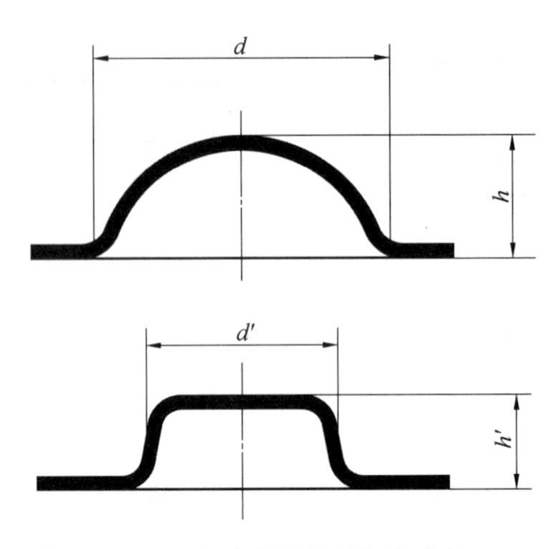

图 4.6　深度较大的局部胀形法

假如用液体、橡胶、聚氨酯或气体的压力代替刚性凸模的作用，就会实现图 4.3 所示的软模胀形。软模胀形时所需的单位压力 p 可从胀形区内板料的平衡条件求得。在图 4.3 所示的球面形状零件胀形过程中所必需的压力 p，可按下式做近似的计算（不考虑材料的硬化和厚度变小的因素）：

$$p=\frac{2t}{R}\sigma_s \tag{4.2}$$

式中　σ_s—— 板料屈服强度，MPa，其余尺寸见图 4.3。

在长度很大的条形筋成形时（图 4.4(b)），局部胀形所需的单位压力可按下式计算：

$$p=\frac{t}{R}\sigma_s \tag{4.3}$$

4.3　管件胀形

管件毛坯的胀形如图 4.7 所示。由于芯子锥面的作用，在压力机滑块向下压分瓣凸模时，使后者向外扩张，并使毛坯产生直径增大的胀形变形。胀形结束后，分瓣凸模在冲床气垫顶杆的作用下回复到初始位置，以便取出成品零件。用图 4.7 所示的刚性模具胀形时，分瓣凸模的数目越多，所得零件的精度越好，但是用这种胀形方法很难保证得到精度较高的正确的旋转体。另外，模具结构复杂，胀形均匀程度较差，以及不便于加工形状复杂的零件等都是这种胀形方法的缺点。

如果用液体、气体或橡胶压力代替刚性分瓣凸模的作用，则得到软模胀形，图 4.8 即为用橡胶压力进行的软模胀形原理。软模胀形时毛坯的变形比较均匀，容易保证零件的正确几何形状，也便于加工形状复杂的空心零件，所以在生产中应用也比较广泛。例如波纹管、高压气瓶、某些火箭发动机的异形零件等都是采用液体胀形或气体胀形（用高压气体或爆炸冲击波压力）的方法。

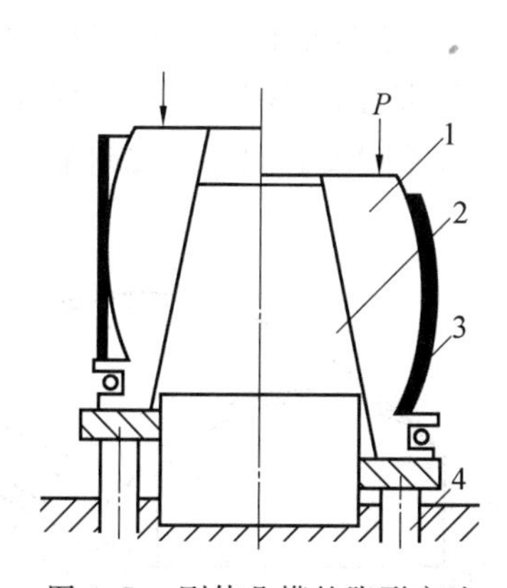

图 4.7 刚体凸模的胀形方法

1— 分瓣凸模；2— 芯子；3— 毛坯；4— 顶杆

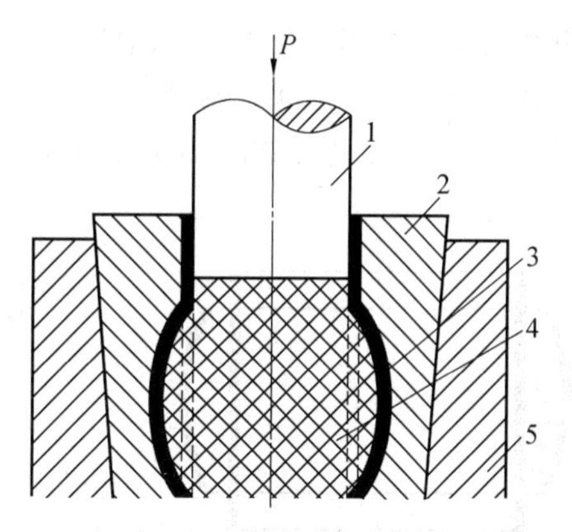

图 4.8 软体凸模的胀形方法

1— 凸模；2— 凹模；3— 毛坯；4— 橡胶；5— 外套

软模胀形所需的单位压力可由变形区内单元微体(图 4.9) 的平衡条件求出。

当胀形毛坯两端固定，而且不产生轴向收缩时：

$$p=\left(\frac{t}{r}+\frac{t}{R}\right)\sigma_s \tag{4.3}$$

当胀形毛坯两端不固定，允许轴向自由收缩时，可近似地取为

$$p=\frac{t}{r}\sigma_s \tag{4.4}$$

式中 p—— 胀形所需的单位压力，MPa；

σ_s—— 材料屈服强度，MPa，变形程度较大时应按材料的硬化曲线确定；

t—— 材料的厚度，mm；

r、R—— 胀形毛坯的曲率半径，mm。

在图 4.8 所示的胀形加工时，极限变形程度可以近似地用胀形系数 K 衡量，而且应保证伸长变形的最大部位上的胀形系数符合下列关系：

$$K=\frac{r-r_0}{r_0}\leqslant 0.8\delta \tag{4.5}$$

式(4.5) 中的 δ 是材料的伸长率。当对胀形零件表面要求较高，不允许产生由于过大的塑性变形引起的粗糙表面时，式(4.5) 中的 δ 应取为板材拉伸试验中均匀变形阶段的伸长率。

拉形工艺(图 4.10) 是胀形的另一种形式，它主要用于板料的厚度小而成形的曲率半径很大的曲面形状零件，如飞机的蒙皮等。拉形所用的模具非常简单，但要求设备能给出足以使成形毛坯内的拉应力超过材料的屈服极限 σ_s(图 4.11)。

在一般弯曲或靠模具的压力成形时，毛坯断面内的应力分布如图 4.11(a) 所示，中性层以外的部分受拉，中性层以内的部分受压，当模具的外力去除后，使毛坯成形的弯曲力矩 M 也随着消失，成形毛坯的外表面和内表面的金属产生方向相反的回弹变形，所以零件的形状不易固定。拉形时，在毛坯的侧面施加了足够的拉力 p，毛坯断面的应力分布就如图 4.11(b) 所示，毛坯内应力的弯矩 m 较小，即 $m<M$。当外力去掉后，成形毛坯外表

面和内表面的金属产生方向相同的回弹变形。由于弯矩 m 引起的回弹变形较小,因此毛坯在受力状态下的形状容易固定,成形的精度也好。在许多厚度小而尺寸大的曲面形状零件拉深时,时常用增加胀形成分的方法以提高零件的尺寸精度和消除松弛缺陷。

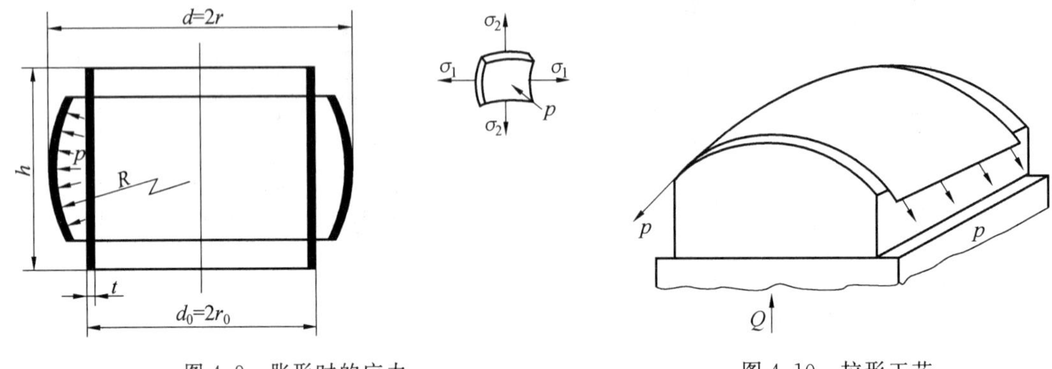

图 4.9 胀形时的应力

图 4.10 拉形工艺

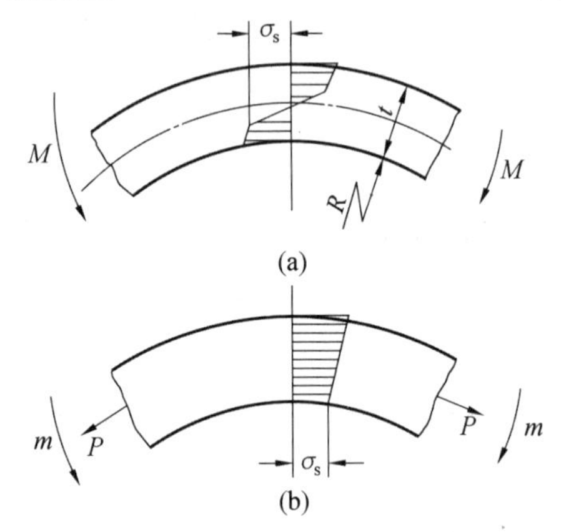

图 4.11 拉形时的应力分布

思考题与习题

1. 圆形毛坯胀形时,哪个部位发生变形? 变形区的变形特点是什么?

2. 胀形成形与胀形变形的应力状态和应变状态各有什么区别?

3. 板材成形时,什么是伸长类成形? 什么是压缩类成形?

4. 胀形成形极限用什么表示? 影响胀形成形极限的因素有哪些? 它们的影响规律是怎样的?

5. 根据模具类型,胀形可分为几种?

6. 板材的哪些性能参数对胀形变形极限有影响? 其影响规律是怎样的?

第5章　直壁形状零件的拉深

拉深也称拉延，是利用模具将平面毛坯变成开口的空心零件的冲压工艺方法。

拉深过程如图5.1所示，其凸模与凹模和冲裁时不同，它们的工作部分都没有锋利的刃口，而是做成一定的圆角半径，并且其间的间隙也稍大于板料的厚度。在凸模的作用下，原始直径为 D_0 的毛坯在凹模端面和压边圈之间的缝隙中变形，并被拉进凸模与凹模之间的间隙里形成空间零件的直壁。零件上高度为 H 的直壁部分是由毛坯的环形部分（外径为 D_0，内径为 d）转化而成的，所以拉深时毛坯的外部环形部分是变形区，而底部通常是不参加变形的不变形区。

用拉深工艺可以制成筒形、阶梯形、锥形、球形、方盒形和其他不规则的薄壁零件；如果与其他冲压成形工艺配合，还可能制造形状极为复杂的零件。拉深件的可加工尺寸范围相当广泛，从几毫米的小零件直到轮廓尺寸达2～3 m、厚度达200～300 mm的大型零件，都可以用拉深方法制成。因此，在汽车、飞机、电器、仪表、电子等工业部门以及日常生活用品的冲压生产当中，拉深工艺占据相当重要的地位。

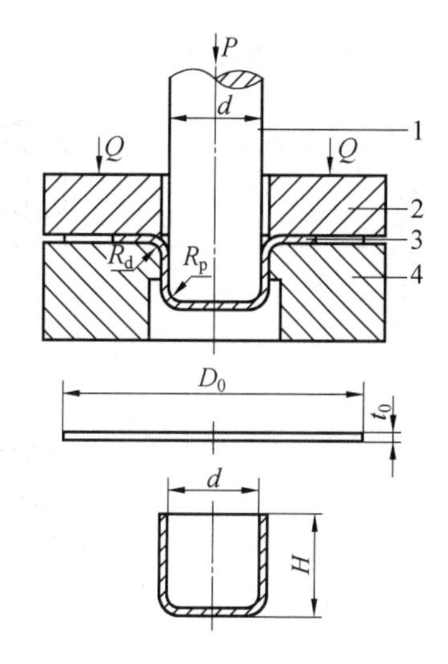

图5.1　拉深过程

1—凸模；2—压边圈；3—毛坯；4—凹模

在冲压生产中拉深件的种类很多，由于其几何形状的特点不同，虽然它们的冲压过程都称为拉深，但是变形区的位置、变形的性质、变形的分布、毛坯各部位的应力状态和分布规律等都有相当大甚至是本质上的差别，所以确定工艺参数、工序数目的顺序，以及设计模具的原则和方法都不同。各种拉深件按变形力学的特点可以分为：圆筒形零件（指直壁旋转体）、曲面形状零件（指曲面旋转体）、盒形件（直壁非旋转体）和非旋转体曲面形状零件四种类型。

按变形特点对拉深件进行的分类，可以参照表5.1。从表5.1中对各类拉深件变形特点的分析可以明显地看出，每种零件都有自己在变形上的特点，因而可以用相同的观点和方法去研究同一类型拉深件的冲压成形问题。对于不同类型的拉深零件，其所出现的质量问题的形式和解决的方法，以及工艺参数的含义和确定的原则等也不同，必须分别处理。

表 5.1　拉深零件的分类(按变形特点分)

拉深件名称			拉深件简图	变形特点
直壁类拉深件	轴对称零件	圆筒形件 带法兰边圆筒件 阶梯形件	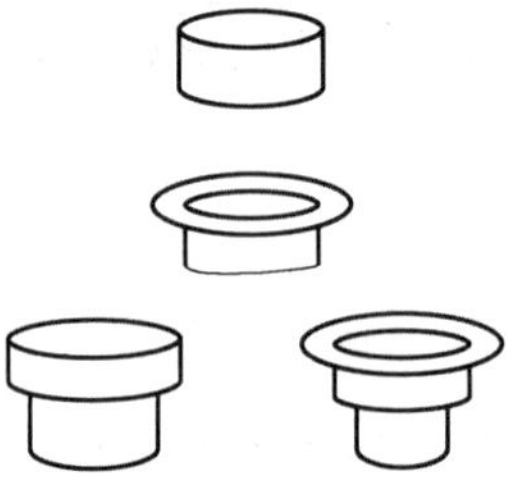	(1)拉深过程中变形区是毛坯的法兰边部分,其他部分是传力区,不参与主要变形; (2)毛坯变形区在径向拉应力和切向压应力的作用下,产生径向伸长和切向压缩的一向伸长、一向压缩的变形; (3)极限变形参数主要受到毛坯传力区的承载能力的限制
	非轴对称零件	盒形件 带法兰边的盒形件 其他形状的零件	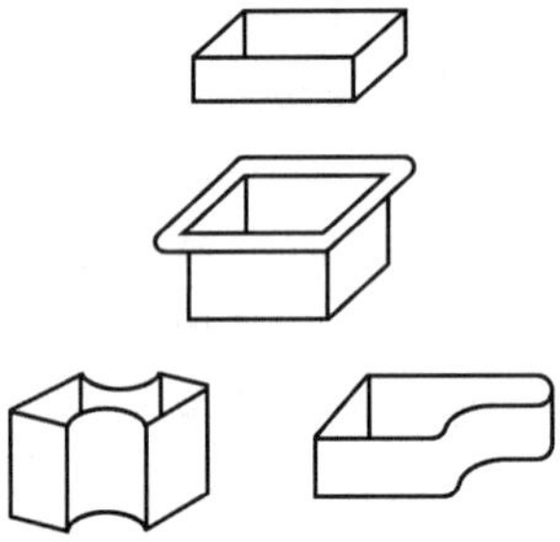	(1)变形区性质与前项相同,差别仅在于一向伸长一向压缩的变形在毛坯周边上分布不均匀,圆角部分变形大,直边部分变形小; (2)在毛坯的周边上,变形程度大与变形程度小的部分之间存在相互影响与作用
		曲面法兰边零件	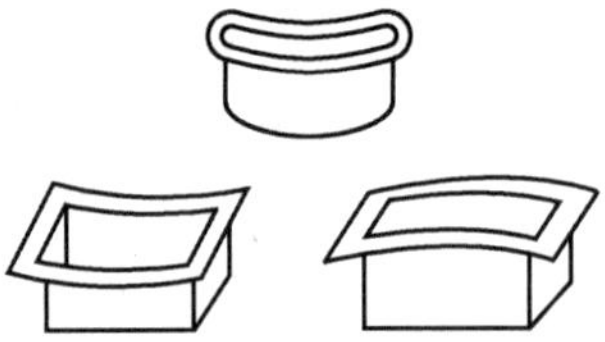	除具有与前项相同的变形性质外,还有以下几个特点: (1)因为零件各部分的高度不同,在拉深开始时有严重的不均匀变形; (2)拉深过程中毛坯变形区内还要发生剪切变形
曲面类拉深件	轴对称零件	球面类零件 锥形件 其他曲面零件	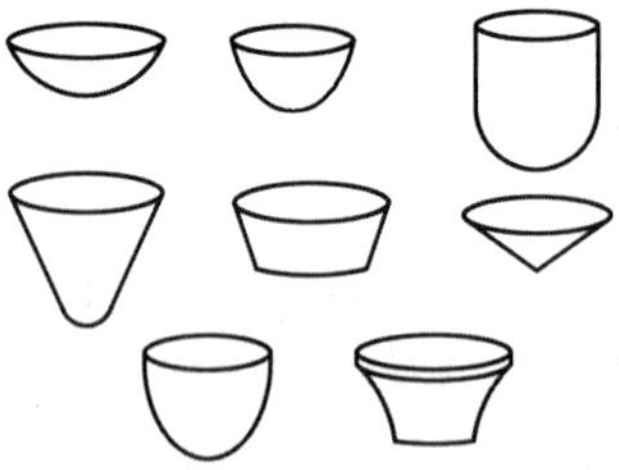	拉深时毛坯的变形区由两部分组成: (1)毛坯的外周是一向受拉、一向受压的拉深变形区; (2)毛坯的中间部分是受两向拉应力作用的胀形变形区
	非轴对称零件	平面法兰边零件 曲面法兰边零件	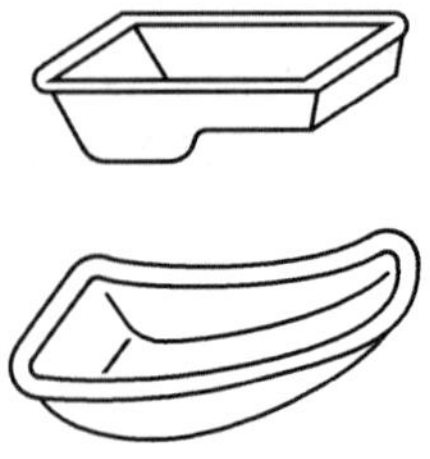	(1)拉深毛坯变形区也是由外部的拉深变形区与内部的胀形变形区所组成,但这两种变形在毛坯周边上的分布是不均匀的; (2)曲面法兰边零件拉深时,在毛坯外周变形区内还有剪切变形

5.1 圆筒形零件拉深时的变形特点

在拉深过程中，毛坯各部分的受力情况与变形情况都是不同的，而且其随着拉深过程的进展也在变化。

5.1.1 拉深过程毛坯分区

1. 不变形区(凸模底部平面区域)

如图 5.2(a) 所示，拉深前平板毛坯上的 OC_0D_0 扇区形部分，在全部拉深过程中始终保持与凸模端相接触、平面形状不变，基本上不产生塑性变形或者只产生很小的塑性变形，这一区域称为不变形区。它把接受到的凸模作用力传给毛坯的圆筒形的侧壁，使侧壁产生轴向的拉应力(图 5.3)。

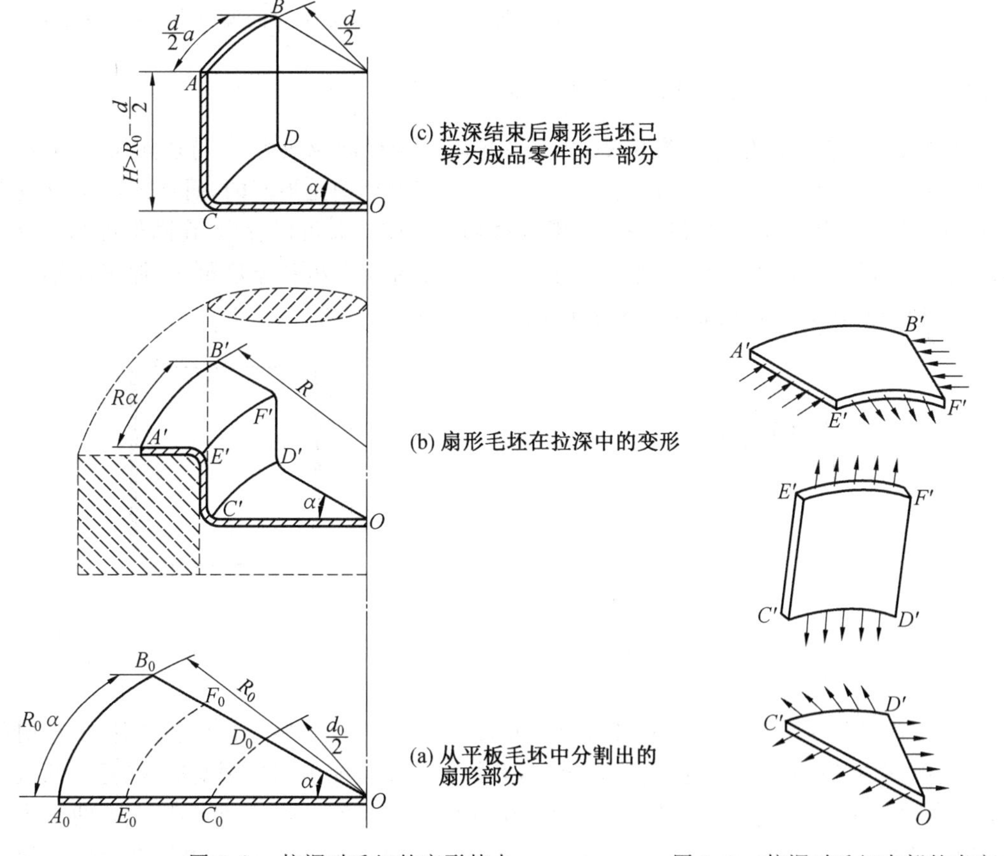

图 5.2 拉深时毛坯的变形特点

图 5.3 拉深时毛坯内部的内应力

2. 传力区(凸模圆角区和侧壁区域)

如图 5.2(b) 所示，在拉深过程中已形成的圆筒形的侧壁部分 $C'D'F'E'$，是由平板毛

坯的 $C_0D_0F_0E_0$ 部分转化而来的。这部分已经结束了塑性变形，在以后的拉深过程中，起力的传递作用，把凸模的作用力传到平面法兰部分 $A'B'F'E'$，并使变形区产生足以引起拉深变形的径向拉应力 σ_1（图 5.3）。

3. 变形区（平面法兰和凹模圆角区）

平面法兰部分 $A'B'F'E'$（含凹模圆筒部分）是拉深时的变形区，在径向拉应力的作用下产生塑性变形并向中心移动，逐渐地进入凸模与凹模之间的间隙里，最终形成零件的圆筒形侧壁，即图 5.2(c) 中的 $ABDC$ 部分。

5.1.2　拉深变形与力学分析

拉深变形区在向冲模中心移动时，其周围方向上的尺寸也随着减小，这时它受到相邻部分金属的作用，其作用与在两个斜面间受拉力的作用而变形的金属相似，因而在圆周方向上产生切向压应力 σ_3（图 5.4）。

因此，拉深变形区处于径向受拉和切向受压的应力状态，毛坯在圆周方向（即切向）上产生压缩变形，其外边缘由初始长度 $R_0\alpha$ 缩小成为 $\frac{d}{2}\alpha$；而在径向则产生伸长变形，由毛坯的初始尺寸 $R_0-\frac{d_0}{2}$ 变成成品零件的高度 $H>R_0-\frac{d_0}{2}$。

在拉深时，板料的厚度也发生变化，其变形取决于径向拉应力 σ_1 与切向压应力 σ_3 之间的比例关系。在拉深变形区内各点上 σ_1 与 σ_3 之间的比例是不同的，而且 σ_1 与 σ_3 又受变形程度、材料性能、模具的几何形状、润滑等影响。从图 5.5 可以看出，在圆形件的侧壁上部厚度增加得最多，约为 18%，而在靠近底部的圆角部位上板料厚度最小，厚度减小了将近 9%，所以这里是拉深时最容易被拉断的危险部位。

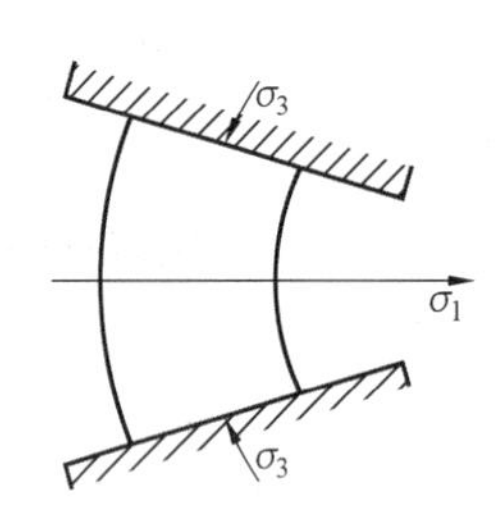

图 5.4　切向压应力的产生

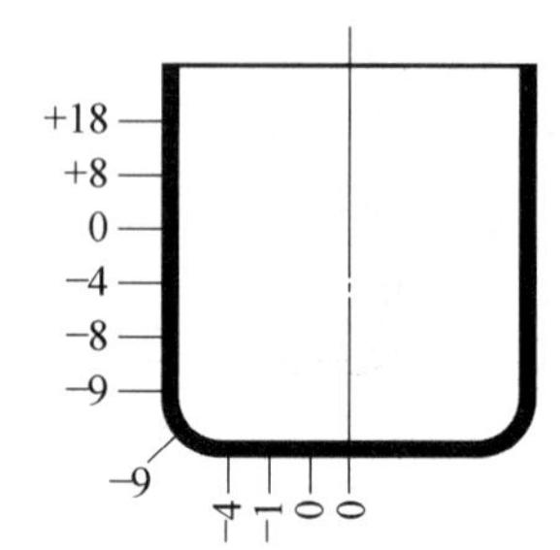

图 5.5　圆筒形拉深件壁厚的变化（单位为 %）

在拉深过程中毛坯内各部分之间的受力关系，如图 5.6 所示。由凸模作用力 P 引起的毛坯侧壁内的拉应力 p 沿圆周均匀分布，其数值大小应能引起拉深变形区（毛坯的法兰部分）产生变形。拉应力 p 的数值，除应克服变形区的变形阻力 σ_1、变形区上下两个表面上的摩擦力 μQ 引起的摩擦阻力 σ_M 外，还必须考虑到毛坯在凹模圆角表面上滑动所形成的摩擦损失和弯曲变形所形成的附加阻力。

为克服上述各种阻力所必需的拉应力 p 的数值为

$$p=\frac{P}{\pi d_p t}=(\sigma_1+\sigma_M)\,e^{\frac{\mu\pi}{2}}+\sigma_\omega \tag{5.1}$$

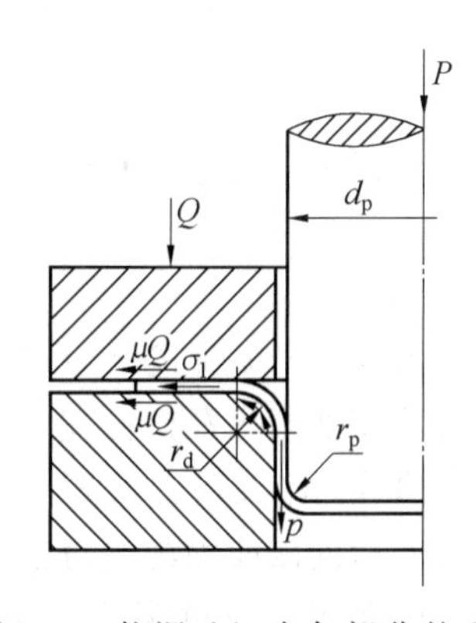

图 5.6 拉深毛坯内各部分的受力关系

式中 σ_1—— 为使拉深变形区产生塑性变形所必需的径向拉应力，MPa，其值取决于板材的力学性能和拉深时的变形程度；

σ_M—— 为克服由于压边力 Q 所引起的毛坯与压边圈和凹模表面之间的摩擦阻力必须增加的拉应力，MPa，其值为 $\sigma_M=\dfrac{2\mu Q}{\pi d_p t}$；

σ_ω—— 为克服毛坯沿凹模圆角运动所引起的弯曲阻力而必须增加的拉应力，MPa，其值可近似地取为 $\dfrac{\sigma_b}{2\dfrac{R_d}{t}+1}$；

$e^{\frac{\mu\pi}{2}}$—— 考虑毛坯沿凹模圆角滑动时产生的摩擦阻力系数；

μ—— 摩擦系数。

因为

$$e^{\frac{\mu\pi}{2}}\approx 1+\frac{\mu\pi}{2}\approx 1+1.6\mu$$

所以式(5.1) 可写成：

$$p=(\sigma_1+\sigma_M)(1+1.6\mu)+\sigma_\omega \tag{5.2}$$

在变形区内宽度为 dR，所含角度为 φ 的弧形条状金属的平衡条件为

$$\sigma_1 R\varphi t+d(\sigma_1 R\varphi t)-\sigma_1\varphi Rt+2\sigma_3 t\sin\frac{\varphi}{2}dR=0$$

因为所取的角度 φ 很小，所以有

$$\sin\frac{\varphi}{2}\approx\frac{\varphi}{2}$$

利用塑性条件：

$$\sigma_1-\sigma_3=\beta\sigma_s \tag{5.3}$$

中间主应力影响的系数 β 可以近似地取为 $\beta=1.1$，则其整理可得

$$\sigma_1=-1.1\int\sigma_s\frac{dR}{R} \tag{5.4}$$

式(5.4) 中 σ_s 是毛坯变形区内不同部位上金属的变形抗力。变形区内不同部位上金属所经历的变形程度不同，所以因冷变形硬化的作用，变形区各点上金属的 σ_s 也不相同。为计算方便，可以近似地取 $\sigma_s=\sigma_{sm}$ 为一常量，σ_{sm} 是不同部位上金属变形抗力的平均值，于是有

$$\sigma_1=-1.1\sigma_{sm}\int\frac{dR}{R} \tag{5.5}$$

对式(5.5) 积分得

$$\sigma_1=-\sigma_s\ln R+c \tag{5.6}$$

当 $R=R'$ 时，在毛坯变形区的边缘自由表面上径向拉应力的数值为零，即 $\sigma_1=0$，从而得到

$$\sigma_1 = 1.1\sigma_{sm}\ln\frac{R'}{R} \tag{5.7}$$

若认为 $\sigma_m = \sigma_{sm}$，可以得出切向压应力 σ_3 的数值为

$$\sigma_3 = 1.1\sigma_{sm}\left(1-\ln\frac{R'}{R}\right) \tag{5.8}$$

由式(5.7) 及式(5.8) 可以得出圆筒形零件拉深时毛坯变形区径向拉应力 σ_1 与切向压应力 σ_3 的分布曲线(图 5.7)。由图可见，在变形区内大部分宽度上切向压应力的绝对值都大于径向拉应力，所以圆筒形零件的拉深是压缩类成形。在变形区外边缘上切向压应力 σ_3 最大，而在变形区内边缘上径向拉应力 σ_{1r} 最大，其值为

$$\sigma_{1r} = 1.1\sigma_{sm}\ln\frac{R'}{r} \tag{5.9}$$

利用式(5.9) 可以求出拉深过程中任意瞬间(不同的外径 R') 作用在变形区内边缘上的径向拉应力 σ_{1r} 的数值，在拉深开始时其值应为

$$\sigma_{1r} = 1.1\sigma_{sm}\ln\frac{D_0}{d_p} \tag{5.10}$$

式中　D_0—— 变形前毛坯的初始直径，mm；

　　　d_p—— 凸模的直径，mm。

令 $m=\dfrac{d_p}{D_0}$，称 m 为拉深系数，则

$$\sigma_{1r0} = 1.1\sigma_{sm}\ln\frac{1}{m} \tag{5.11}$$

由式(5.11) 可知，毛坯变形区内边缘上的径向拉应力 σ_1 的数值取决于材料的力学性能(屈服极限 σ_s 及硬化性能 n 等) 和拉深系数的数值，而且拉深系数 m 越小，径向拉应力的数值越大。

将 σ_s、σ_M 与 σ_ω 代入式(5.2) 可得拉深时所必需的拉应力 p：

$$p = \left(1.1\sigma_{sm}\ln\frac{R'}{r} + \frac{2\mu Q}{\pi d_p t}\right)(1+1.6\mu) + \frac{\sigma_b}{2\dfrac{R_b}{t}+1} \tag{5.12}$$

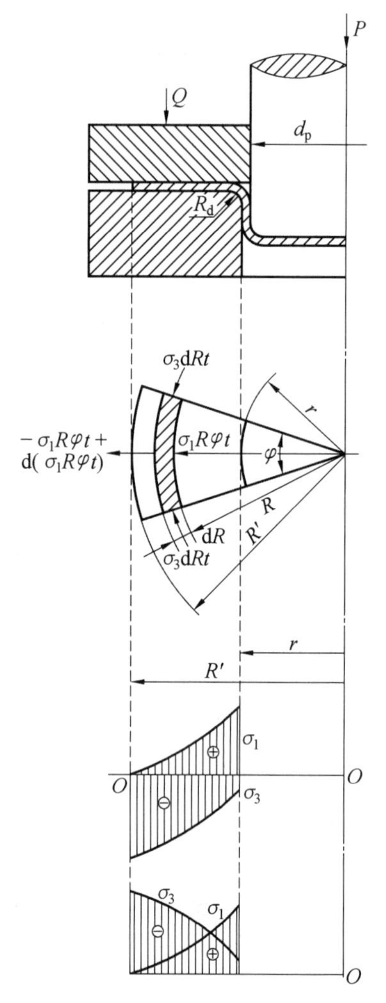

图 5.7　圆筒形零件拉深时毛坯变形区内应力的分布曲线

从式(5.12) 可得出拉深时所需的力 P 为

$$P = \pi d_p t p \tag{5.13}$$

分析式(5.12) 及式(5.13) 可知，拉深力取决于拉深系数、材料的力学性能、零件的尺寸、凹模圆角半径、润滑情况等。

计算拉深力的公式如下：

第一次拉深力：

$$P_1 = \pi d_1 t \sigma_b K_1 \tag{5.14}$$

第二次及以后各次拉深力：

$$P_2 = \pi d_2 t \sigma_b K_2 \tag{5.15}$$

式中 d_1、d_2—— 拉深后零件的直径，mm；

σ_b—— 材料抗拉强度，MPa；

K_1、K_2—— 系数，其值可查表 5.2 及 5.3(适用于低碳钢)。

表 5.2 系数 K_1

毛坯的相对宽度	拉深系数 m									
$\frac{t}{D_0}\times 100$	0.45	0.48	0.50	0.52	0.55	0.60	0.65	0.70	0.75	0.80
5	0.95	0.85	0.75	0.65	0.60	0.50	0.43	0.35	0.28	0.20
2	1.10	1.00	0.90	0.80	0.75	0.60	0.50	0.42	0.35	0.25
1.2		1.10	1.00	0.90	0.80	0.68	0.56	0.47	0.37	0.30
0.8			1.10	1.00	0.90	0.75	0.60	0.50	0.40	0.33
0.5				1.10	1.00	1.82	0.67	0.55	0.45	0.36
0.2					1.10	1.90	0.75	0.60	0.50	0.40
0.1						1.10	0.90	0.75	0.60	0.50

表 5.3 系数 K_2

毛坯的相对宽度	拉深系数 m									
$\frac{t}{D_0}\times 100$	0.70	0.72	0.75	0.78	0.80	0.82	0.85	0.88	0.90	0.92
5	0.85	0.70	0.60	0.50	0.42	0.32	0.28	0.20	0.15	0.12
2	1.10	0.90	0.75	0.60	0.52	0.42	0.32	0.25	0.20	0.14
1.2		1.10	0.90	0.75	0.62	0.52	0.42	0.30	0.25	0.16
0.8			1.00	0.82	0.70	0.57	0.46	0.35	0.27	0.18
0.5			1.10	0.90	0.76	0.63	0.50	0.40	0.30	0.20
0.2				1.00	0.85	0.70	0.56	0.44	0.33	0.23
0.1				1.10	1.00	0.82	0.68	0.55	0.40	0.30

5.2 极限拉深系数与拉深次数

5.2.1 毛坯尺寸确定

旋转体零件均采用圆形毛坯，其直径按面积相等的原则计算(不考虑板料的厚度变化)。计算毛坯尺寸时，先将零件划分为若干便于计算的简单几何体，分别求出其面积后相加得零件总面积 $\sum A$，则毛坯直径为

$$D_0=\sqrt{\frac{4}{\pi}\sum A} \tag{5.16}$$

例如，图 5.8 所示的圆筒件可划分为三部分，每部分的面积分别如下：

① 圆筒部分：$A_1=\pi d(h_1-r)$；

② 圆角部分：$A_2=\frac{\pi}{4}[2\pi r(d-2r)+8r^2]$；

③ 底部部分：$A_3=\frac{\pi}{4}(d-2r)^2$。

将 $\sum A=A_1+A_2+A_3$ 代入式(5.16)，得毛坯直径为

$$D_0=\sqrt{(d-2r)^2+2\pi r(d-2r)+8r^2+4d(h_1-r)} \tag{5.17}$$

由于板料各向异性、模具间隙不均等因素的影响，拉深后零件的边缘不整齐，甚至出现突耳，需在拉深后进行修边。因此，计算毛坯直径时需要增加修边余量。表 5.4 列出了圆筒件的修边余量 Δh。当拉深次数多或板料方向性较大时，取表中较大值；当零件的 $\frac{h}{d}$ 值很小时，也可以不进行修边。

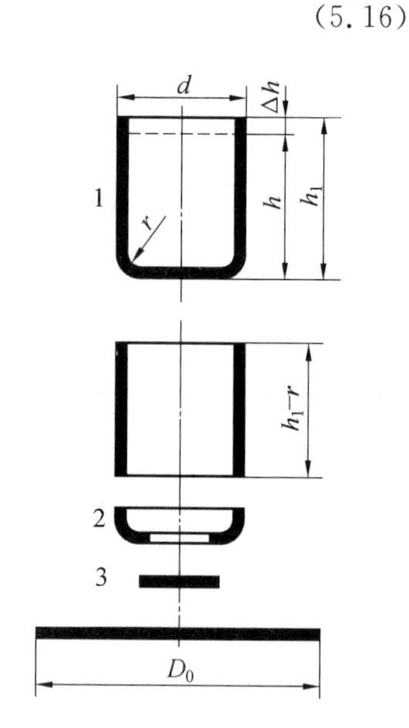

图 5.8 直壁旋转体拉深件毛坯尺寸计算

表 5.4 圆筒件拉深的修边余量 Δh mm

零件高度	修边余量 Δh	零件高度	修边余量 Δh
10 ～ 50	1 ～ 4	100 ～ 200	3 ～ 10
50 ～ 100	2 ～ 6	200 ～ 300	5 ～ 12

5.2.2 极限拉深系数

拉深后零件的内径 d_p 与拉深前毛坯直径 D_0 之比称为拉深系数 m，并用下式表示：

$$m=\frac{d_p}{D_0} \tag{5.18}$$

拉深系数表示了拉深前后毛坯直径的变化量，反映了毛坯边缘在拉深时的切向压缩变形的大小。因此，拉深系数是拉深时毛坯变形程度的简便而实用的表示方法。

拉深系数的倒数称为拉深程度或拉深比，其值为

$$K=\frac{1}{m}=\frac{D_0}{d_p} \tag{5.19}$$

采用尽可能小的拉深系数，可以得到高度与直径的比值较大的零件，但当拉深系数过小时，为使变形区产生塑性变形所需的拉应力就要增大。当传力区（即毛坯侧壁内）作用的拉应力达到足以使其本身产生不允许的塑性变形或发生破坏时，拉深变形便成为不可能。因此，为保证拉深过程的正常进行，必须使变形区成为弱区。在拉深变形区为弱区的

条件得到保证的条件下可能采用的最小拉深系数，称为极限拉深系数。由图 5.9 可知，当拉深系数达到极限值 m 时，拉深力最大值接近于毛坯侧壁的强度 $\pi d_{\mathrm{p}} t \sigma_{\mathrm{b}}$，拉深过程仍可正常进行。而当拉深系数小于极限拉深系数($m' < m$)时，拉深力的最大值超过毛坯侧壁的承载能力 $\pi d_{\mathrm{p}} t \sigma_{\mathrm{b}}$，一定会出现侧壁破坏，无法进行正常的拉深变形。

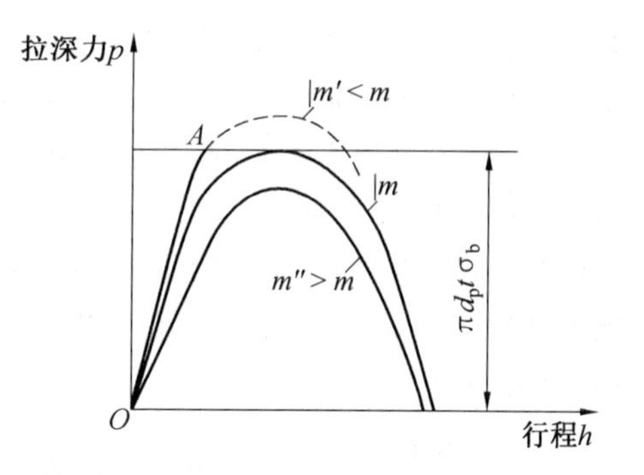

图 5.9　极限拉深系数时拉深力与毛坯侧壁强度的关系

影响极限拉深数的因素主要有以下几个方面：

(1) 板材的内部组织和力学性能。一般说来，板材的塑性好、组织均匀、晶粒大小适当、屈强比小、板平面方向性小而板厚方向性系数 r 值大时，材料的拉深性能好，可以采用较小的极限拉深系数。

(2) 毛坯的相对厚度 $\frac{t}{D_0}$。当毛坯的相对厚度较小时，容易起皱，需要较大的防皱压边力，压边力引起的摩擦力相对地增大，因此极限拉深系数也大。

(3) 冲模工作部分的圆角半径与间隙。凸模的圆角半径过小时，在毛坯的圆筒形部分与底部的过渡区的弯曲变形加大，材料变薄严重，强度削弱，容易产生破坏，故对极限拉深系数有不利影响。凹模的圆角半径过小时，毛坯沿凹模圆角滑动的阻力增加，因而毛坯侧壁内的拉应力也必须相应加大，其结果也是提高了极限拉深系数的数值。

(4) 冲模的类型、拉深速度、润滑等因素对极限拉深系数也有不同程度的影响。

极限拉深系数主要受到变形区所需变形力和传力区传力能力这一对矛盾的影响，只有使传力区成为强区(不易产生塑性变形)而变形区为弱区(易产生塑性变形)才能减小极限拉深系数。因此，凡是能增加毛坯筒形侧壁内拉应力及减小危险断面强度的因素均使极限拉深系数增大；相反，凡是可以降低为使变形区处于塑性变形状态而必须作用于毛坯侧壁内的拉应力及增加危险断面强度的因素，都能减小极限拉深系数。

5.2.3　拉深次数的确定

当用极限拉深系数仍不能拉深成形零件所要求的高度时，可以采用多次拉深的方法。

对于第一次拉深后的第二次、第三次等拉深工序，其拉深系数用类似第一次拉深系数的方法来表示：

$$m_n = \frac{d_{\mathrm{p}n}}{d_{\mathrm{p}(n-1)}} \tag{5.20}$$

式中　m_n—— 第 n 次(道)拉深工序的拉深系数；

$d_{\mathrm{p}n}$—— 第 n 次(道)拉深后所得圆筒形制件的内径，mm；

$d_{\mathrm{p}(n-1)}$—— 第 n 次(道)工序所用的圆筒毛坯的内径，mm。

采用多道拉深工序可以成形高度很大的零件。如图 5.10 所示，当拉深零件的拉深系数小于极限拉深系数时，如果以一道拉深工序由直径 D_0 的毛坯直接成形得到直径为 d 的筒形零件，则由于所必需的拉深力的最大值超过毛坯侧壁的承载能力 $\pi d_p t\sigma_b$（内径 $d_p = d - 2t$），拉深过程不能实现，所以必须采用两道或多道拉深工序。采用两道拉深工序时，两道工序的拉深力都比采用一道工序时的拉深力有所降低，而且又由于第一道拉深工序所得的半成品的直径 d_1 大于成品零件的直径 d，所以第一道工序中毛坯侧壁的承载能力也提高到 $\pi d_{p1} t\sigma_b$（内径 $d_{p1} = d_1 - 2t$），这样就可能使采用一道工序不可能拉深成功的零件，而用两道工序拉深成形。

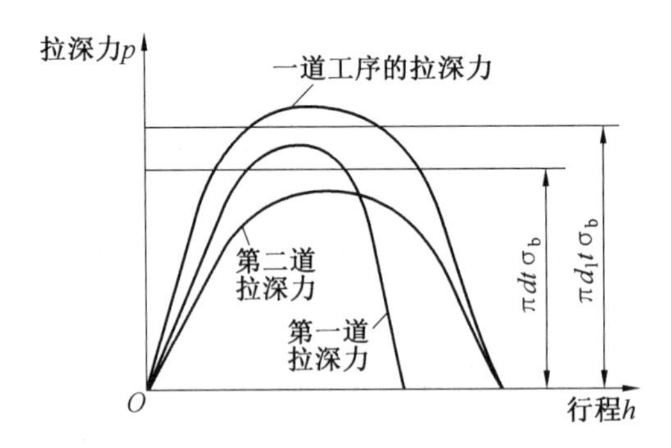

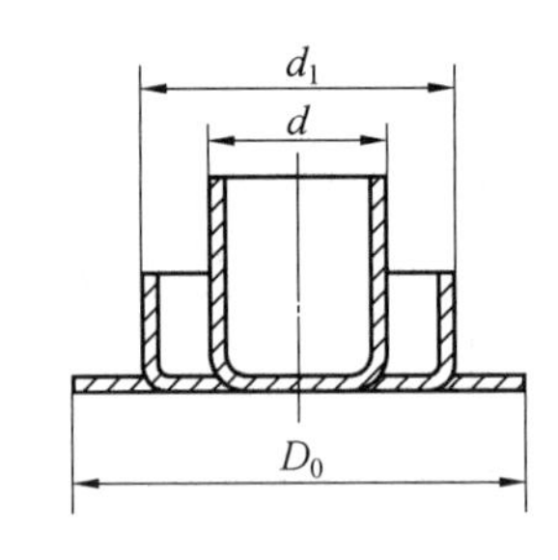

图 5.10　多道工序拉深时力的关系

与第一次（道）拉深类似，以后各道拉深工序也都有其相应的极限拉深系数。表 5.5 是用试验方法求得的适用于低碳钢的极限拉系数，表中所列的数值适用于一般情况，而对某些特殊情况，表中数值要经过修正。例如当毛坯的相对厚度 $\frac{t}{D_0}$ 较大，由于毛坯不易起皱，而允许采用不带压边的圈锥形凹模时，极限拉深系数 m_1 的值可以大幅度的降低，有时甚至可能低于 0.4。

表 5.5　极限拉深系数值

拉深系数	毛坯的相对厚度 $\frac{t}{D_0} \times 100$					
	0.08 ~ 0.15	0.15 ~ 0.30	0.30 ~ 0.60	0.60 ~ 1.0	1.0 ~ 1.5	1.5 ~ 2.0
m_1	0.63	0.60	0.58	0.55	0.53	0.50
m_2	0.82	0.80	0.79	0.78	0.76	0.75
m_3	0.84	0.82	0.81	0.80	0.79	0.78
m_4	0.86	0.85	0.83	0.82	0.81	0.80
m_5	0.88	0.87	0.86	0.85	0.84	0.82

注：表中数值由试验得出，m_1，m_1，… 分别表示第一、二、… 次拉深工序的极限拉深系数。

工艺设计时，按表 5.5 决定极限拉深系数后，就可根据圆筒件和平板毛坯尺寸，从第一次拉深开始依次向后推算，便能得出所需的拉深次数和各中间工序尺寸。

例如，圆筒件需要的拉深系数为 $m = \frac{d_p}{D_0}$，若 $m \geqslant m_1$，则可一次拉深成形；若 $m < m_1$，则有

$$m_1, m_2, \cdots, m_n \leqslant m$$

式中　n—— 拉深次数。

为了保证拉深工序顺利进行，设实际采用的拉深系数为 $m'_1, m'_2, \cdots, m'_n$，采用等差法使 $m_1 - m'_1 \approx m_2 - m'_2 \approx m_n - m'_n$；或采用等比法，使 $\frac{m_1}{m'_1} = \frac{m_2}{m'_2} = \cdots = \frac{m_3}{m'_3}$。

于是得到各次拉深后的圆筒内径为

$$d_{p1} = m'_1 D_0$$

$$d_{p2} = m'_2 d_{p1} = m'_1 m'_2 D_0$$

$$\cdots\cdots$$

$$d_{pn} = m'_n d_{p(n-1)} = m'_1 m'_2 \cdots D_0 = d_p$$

5.3　带法兰边零件的拉深

5.3.1　一次拉深极限

在冲压生产中带法兰边的拉深件是经常遇到的，它有时是成品零件，也有时是形状复杂的冲压件的一个过渡形状。虽然从变形区的应力状态和变形特点看，带法兰边零件与一般圆筒形件是相同的，但其在冲压加工中的成形过程和计算方法却有一定的差别。

带法兰边零件的拉深系数 m_F 用下式表示

$$m_F = \frac{d_p}{D_0} \tag{5.21}$$

式中　d_p—— 零件筒形部分阶段内径，mm(图 5.11)；

　　　D_0—— 毛坯直径，mm。

当零件的底部圆角半径与法兰根部圆角半径相等，而且均为 R 时，其值为

$$D_0 = \sqrt{d_F^2 + 4dh - 3.44dR} \tag{5.22}$$

代入式(5.21) 得

$$m_F = \frac{d_p}{D_0} = \frac{d-2t}{D_0} \frac{1}{\sqrt{\left(\frac{d_F}{d}\right)^2 + 4\frac{h}{d} - 3.44\frac{R}{d}}} - \frac{2t}{D_0}$$

上式中等式右侧第二项所占比例很小(一般为小数点后第 3 位)，且考虑到生产实际中经常标注零件筒形部的外壁尺寸 d，实际测量也方便，故上式可简化为

$$m_F = \frac{1}{\sqrt{\left(\frac{d_F}{d}\right)^2 + 4\frac{h}{d} - 3.44\frac{R}{d}}} \tag{5.23}$$

由式(5.23) 可见，带法兰边的圆筒形零件拉深系数取决于三个尺寸因素：法兰边的相对直径 $\frac{d_F}{d}$、零件的相对高度 $\frac{h}{d}$ 和相对圆角半径 $\frac{R}{d}$。其中 $\frac{d_F}{d}$ 影响最大，而 $\frac{R}{d}$ 的影响最小。法兰边的相对直径 $\frac{d_F}{d}$ 及相对高度 $\frac{h}{d}$ 越大，表示拉深时毛坯变形区的宽度越大，拉深

的难度也就越高。当$\frac{d_F}{d}$与$\frac{h}{d}$超过一定的界限时，便需要进行多次拉深工序，第一次拉深可能达到的$\frac{h}{d}$和$\frac{d_F}{d}$可由图 5.12 左半部的曲线查到。如果由法兰边零件的$\frac{h}{d}$与$\frac{d_F}{d}$所决定的坐标点位于曲线的下侧，则可以用一道工序拉深成形；如果坐标点位于曲线的上侧，则必须采用多道拉深工序成形。图 5.12 中的曲线是按法兰边零件的圆角半径为零的条件绘制的，所以当零件的圆角半径较大时，图中曲线所表示的成形极限还可以适当地提高。

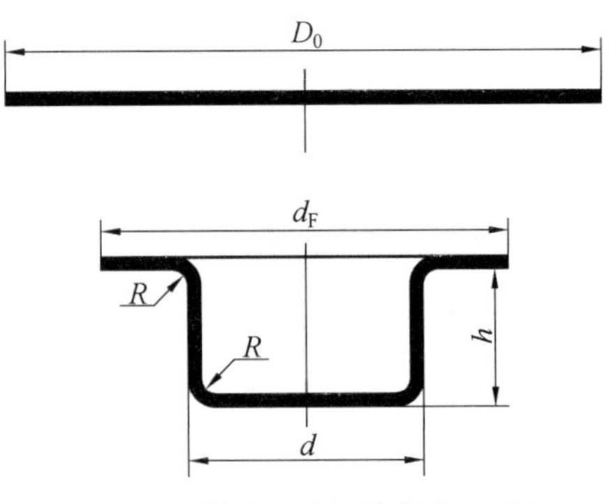

图 5.11 带法兰边的拉深件与毛坯

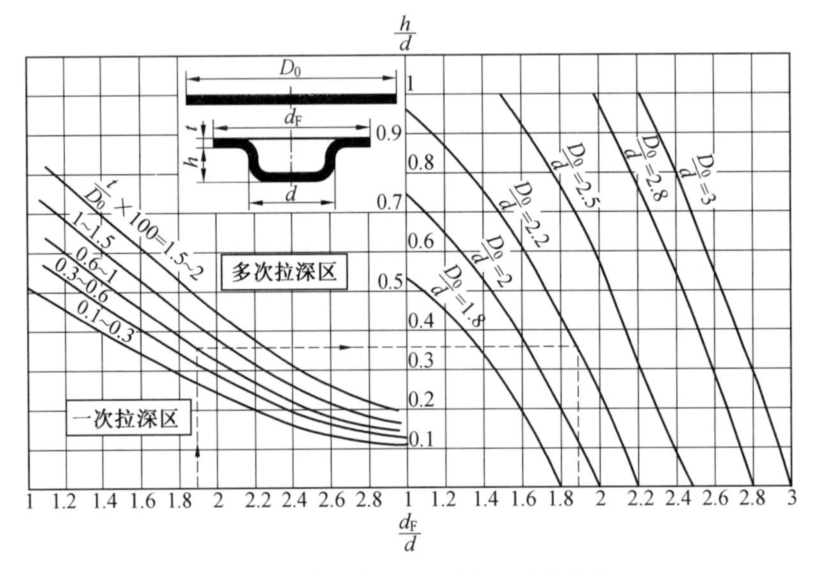

图 5.12 带法兰边零件拉深用计算曲线

带法兰边零件能否一次拉深成功，可以用极限拉深系数判断，但这时的极限拉深系数与一般的圆筒形件有很大的差别，因为带法兰边零件拉深时并不要求像直筒形件那样把全部毛坯拉入凹模，而是相当于直筒形件拉深过程中的一个中间状态，即当拉深过程进行到毛坯外径等于法兰边直径时，拉深过程即可结束。

带法兰边零件的拉深过程如图 5.13 所示。在拉深过程中法兰边的外径不断缩小，高度不断增大。在拉深力与行程关系曲线上不同点 O、A、B、C、D 所对应的毛坯形状与尺寸都不相同。

假如在毛坯外径收缩到等于法兰边直径 d_F 时，拉深力已经达到其最大值，则带法兰边零件的极限拉深系数与圆筒形件完全相同；假如毛坯直径达到 d_F 时，拉深力尚未达到其最大值 p_{max}，而且也不超过毛坯侧壁所允许的拉力 $\pi d_p t\sigma_b$ 时（相当于图 5.13 中的 A 点以前)，带法兰边零件的极限拉深系数小于圆筒形零件。这时的相对高度$\frac{h}{d}$较小，也就是说，毛坯的初始直径D_0与法兰边的直径d_F相差不多。这时极限拉深系数小，并不表示拉深得变形程度大，因为在拉深时只要将毛坯的外径稍加收缩可达到d_F。这时毛坯外边缘的压缩变形是$\frac{D_0-d_F}{D_0}$，而不是圆筒形件的$\frac{D_0-d}{D_0}$。

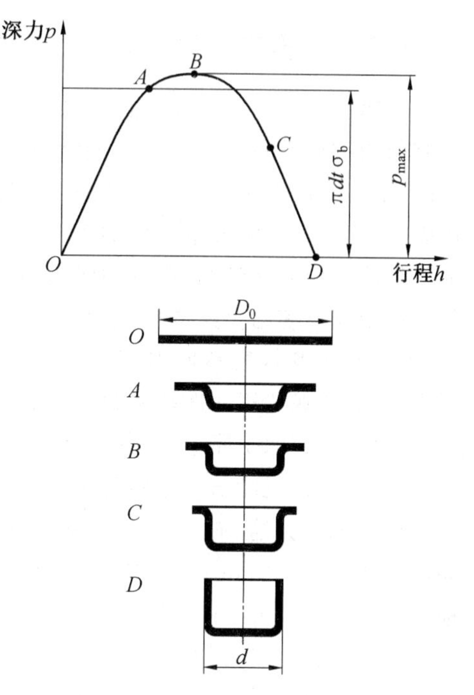

图 5.13 拉深过程中法兰边尺寸的变化

将带法兰边零件第一次拉深可能达到的极限拉深系数列于表 5.6 中，由表可以看出，当$\frac{d_F}{d}<1.1$时，带法兰边零件的极限拉深系数与普通圆筒形零件时相同。当$\frac{d_F}{d}=3$时，带法兰边零件的极限拉深系数很小($m_F=0.33$)，但是这并不表示需要完成很大的变形，因为当$m_F=\frac{d}{D_0}=0.33$，而且$\frac{d_F}{d}=3$时，可以得出

$$D_0=\frac{d}{0.33}\approx 3d=d_F \tag{5.24}$$

即毛坯的初始直径等于法兰边的直径，这相当于变形程度为零的情况。

表 5.6 带法兰边的圆筒形的极限拉深系数 m_F

法兰边的相对直径 $\frac{d_F}{d}$	毛坯的相对厚度$\frac{t}{D_0}\times 100$				
	2～1.5	1.5～1.0	1.0～0.6	0.6～0.3	0.3～0.1
<1.1	0.51	0.53	0.55	0.57	0.59
1.3	0.49	0.51	0.53	0.54	0.55
1.5	0.47	0.49	0.50	0.51	0.52
1.8	0.45	0.46	0.47	0.48	0.48
2.0	0.42	0.43	0.44	0.45	0.45
2.2	0.40	0.41	0.42	0.42	0.42
2.5	0.37	0.38	0.38	0.38	0.38
2.8	0.34	0.35	0.35	0.35	0.35
3.0	0.32	0.33	0.33	0.33	0.33

5.3.2 多次拉深

利用图 5.12 左半边的曲线，或者根据极限拉深系数判断的结果说明某带法兰边的零件不能一次拉深成功时，则必须进行多次拉深。宽法兰边零件的多次拉深步骤是：第一次拉深成带法兰边的中间毛坯，其法兰边的外径等于成品零件的尺寸(加修边余量)，在以后的拉深工序中仅仅使已拉深的中间毛坯的直筒部分参加变形，逐步减小其直径和增加其高度(图 5.14)。其基本要求是：必须保持第一次拉深时已经成形的法兰边的外径，在以后的拉深工序中不再收缩。即使法兰边部分产生很小的变形，也能够引起中间圆筒部分(传力区)的过大拉力，使其不能承受而破坏。为了确实地做到这一点，在模具设计时，通常把第一次拉入凹模的毛坯面积加大 3% ～ 5%(即适当加大图 5.15(a) 中的 h_1)，并在第二道和第三道工序中减少这个额外多拉入凹模的面积数量为 1% ～ 3%，这样做一方面可以补偿计算上的误差和板材在拉深时的变厚等，另一方面也便于试模时的调整工作。

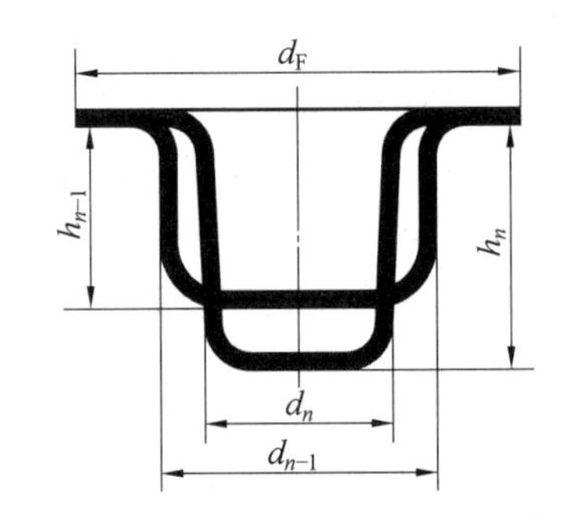

图 5.14 带法兰边零件的多次拉深

带法兰边的圆筒形零件需要数道拉深工序时，第一道拉深工序后所得的半成品的尺寸应当保证得到尽可能小的圆筒部分的直径，同时又能尽量多地保证将板料拉入凹模。能保证这个条件的最适宜的第一次拉深后得到的圆筒部分的直径可用图 5.13 中的曲线求得。具体的做法是，首先假定一个圆筒部分的直径 d，然后根据已知的尺寸 d_F、D_0、t 从两侧曲线分别求出相对高度$\frac{h}{d}$，如果从两侧求得的相对高度$\frac{h}{d}$相等，即可选取已定的直径 d 作为第一次拉深的后的中间毛坯尺寸，而直筒部分的高度，则可以根据面积相等的原则进行计算。

以后各次拉深后的圆筒部分的直径可以按一般圆筒形件多次拉深的方法进行计算，如第 n 次拉深时(图 5.14)：

$$d_n = m_n d_{n-1} \tag{5.25}$$

式中 m_n—— 第 n 次拉深时的拉深系数，其值可由表 5.5 查到。

带宽法兰边零件的拉深方法一般可以分为等高拉深法和逐步拉深法两种类型。

1. 等高拉深法

等高拉深法是在第一次拉深后得到根部与底部的圆角半径很大的中间毛坯，在以后各道拉深工序中毛坯的高度基本上保持不变，仅仅缩小毛坯直筒部分的直径和圆角半径(图 5.15(b))。用这种方法制成的零件表面光滑平整，而且厚度均匀，不存在中间拉深工序中圆角部分的弯曲与局部变薄的痕迹。但是，这种方法只能用于毛坯的相对厚度较大，在第一次拉深成大圆角的曲面形状时不起皱的情况。

2. 逐步拉深法

当毛坯的相对厚度小，而且第一次拉深成曲面形状具有起皱危险时，应采用图 5.15(a) 所示的逐步拉深法，其特点是用多次拉深方法逐步地缩小中间圆筒部分的直径

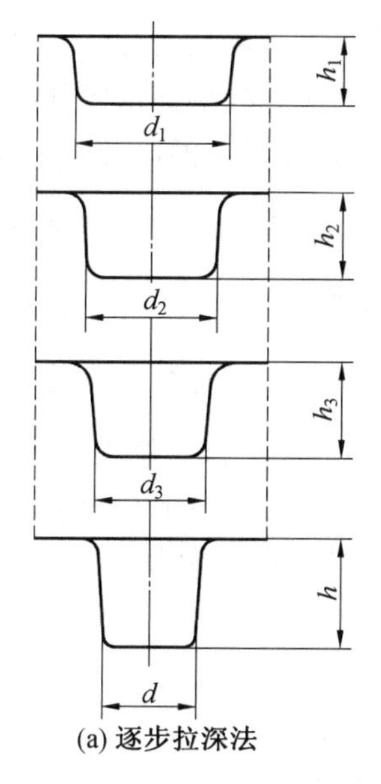

(a) 逐步拉深法

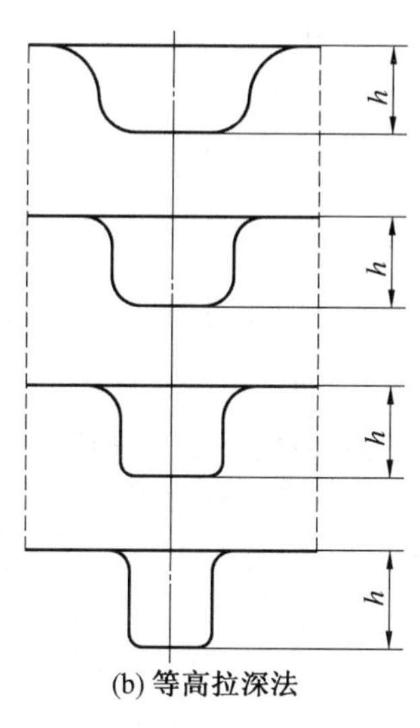

(b) 等高拉深法

图 5.15 带法兰边零件的多次拉深

和增大高度。用这种方法制成的零件有局部变化的痕迹,所以最后要加一道需力较大的校形工序。

当零件的底部与根部的圆角半径较小,或者当对法兰边有不平度要求时,上述两种方法都需要一道最终的校形工序。

5.4 阶梯形零件的拉深

旋转体阶梯零件拉深时,毛坯变形区的应力状态和变形特点都和圆筒形件相同,而冲压工艺过程、工序次数的确定、工序顺序的安排等却和圆筒零件有较大的差别。

当阶梯零件的相对厚度较大$\left(\dfrac{t}{D_0}>0.01\right)$,而阶梯之间直径之差和零件的高度较小时,可以用一道工序成形。一次可能冲压成功的条件可以用下式表示:

$$\frac{h_1+h_2+\cdots+h_n}{d_n}\leqslant\frac{h}{d_n} \tag{5.26}$$

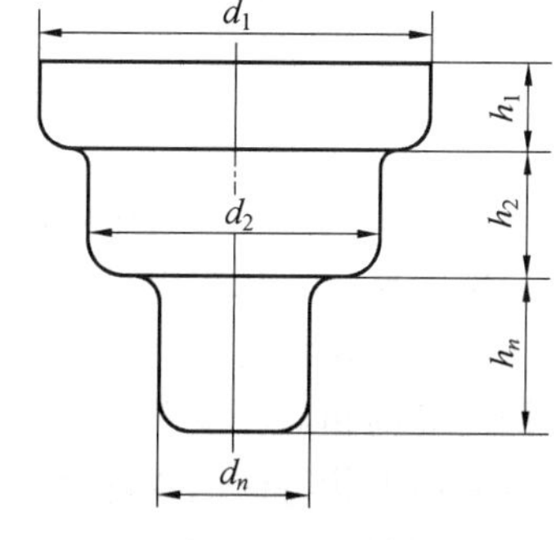

图 5.16 阶梯形零件

式中 $h_1,h_1,\cdots,h_n$—— 每个阶梯的高度(图 5.16);

d_n—— 最小阶梯的直径;

h—— 直径为 d_n 的圆筒件拉深时可能得到的最大高度。

假如上述条件得不到保证,则需要采用多工序拉深的工艺方法。当每相邻阶梯的直径比$\dfrac{d_2}{d_1},\dfrac{d_3}{d_2},\cdots,\dfrac{d_n}{d_{n-1}}$均大于相应的圆筒形零件的极限拉深系数时,则可以在每道拉深工序里形成一个阶梯。这时，拉深工序数目等于零件阶梯的数目（最大阶梯直径形成前所需的工序除外）。当某相邻的两个阶梯直径的比值小于相应圆筒形零件的极限拉系数时，在这个阶梯成形时应采用带法兰边零件拉深的方法。当最小的阶梯直径 d_n 过小，也就是比值$\frac{d_n}{d_{n-1}}$过小时，如果最小阶梯的高度 h_n 不大，则最小阶梯可以用胀形法得到。阶梯形零件多工序拉深的顺序一般是首先成形直径大的阶梯 d_1，其次成形 d_2，最后成形 d_n。

假如阶梯形零件的相对厚度较大$\left(\frac{t}{D_0}>0.01\right)$，而且每个阶梯的高度不大，相邻阶梯直径之差又比较有利时，可以采用图 5.17 所示的方法。首先拉深成带大圆角半径带法兰边和圆筒零件，然后用校形工序得到零件的形状和尺寸。这时应该注意的问题是，在胀形变形较大而材料又不易得到邻近部位的补充时，可能在圆角及其附近产生过度的厚度变薄现象，影响零件的质量。

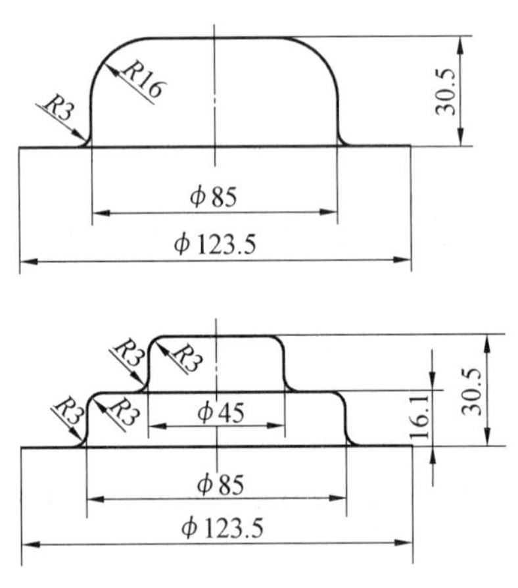

图 5.17 电喇叭底座的拉深

（材料：低碳钢；厚度：1.5 mm）

5.5 反拉深

由第二道拉深工序开始，便有可能用反拉深的方法进行冲压。图 5.18 所示是正拉深与反拉深的比较。从图中可以看出，正拉深与反拉深的差别在于凸模对毛坯的作用方向正好相反。反拉深时，凸模从毛坯的底部反向压下，并使毛坯表面翻转，内表面成为外表面。因毛坯的相对厚度不同，反拉深时也有用压边和不用压边两种形式。

有一些形状特殊的零件，如用普通的正拉深法加工是很困难的，甚至是不可能的，这时如果采用反拉深法，则可能使加工难度大为降低。对于图 5.19 所示的零件，其形状很适合于反拉深法，和正拉深方法相比，使用反拉深法不仅可能减少工序数目，而且还能提高零件的质量。具有双重侧壁的零件却只能用反拉深法加工，例如冲压的三角皮带轮的中间毛坯就是用图 5.20 所示的反拉深方法加工的。另外，在曲面零件的冲压时，反拉深也是常用的方法之一。

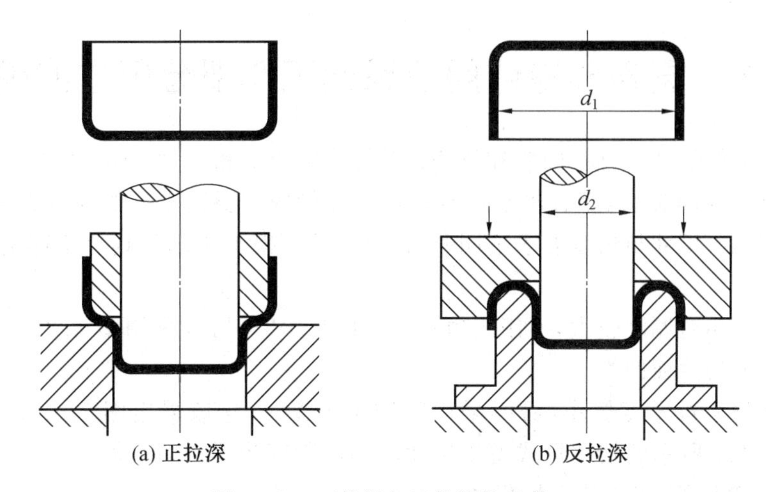

图 5.18 正拉深与反拉深的比较

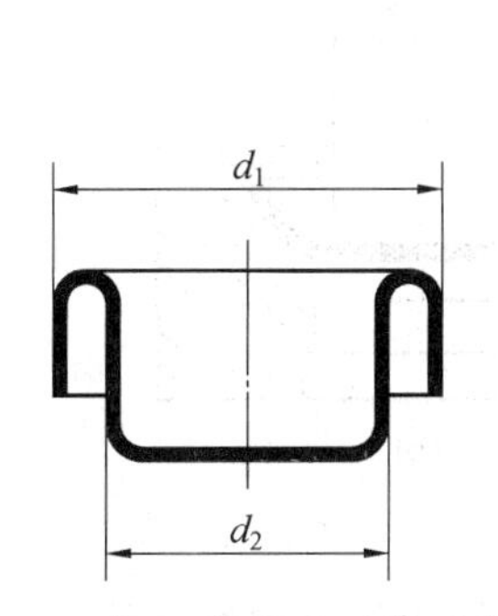

图 5.19 适于反拉深的零件形状举例

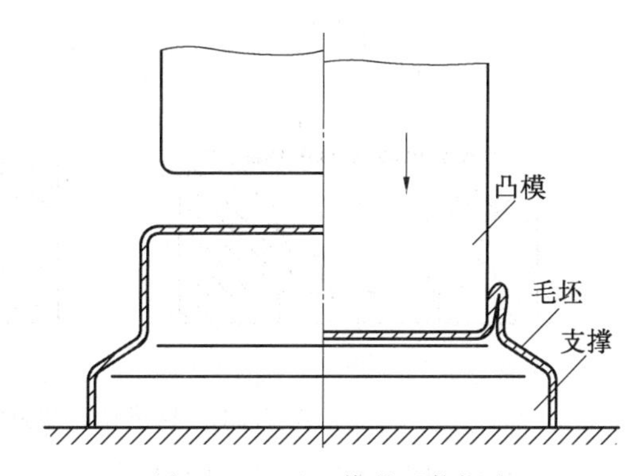

图 5.20 无凹模的反拉深法

从毛坯的应力状态和变形的特点看，反拉深与正拉深没有本质上的差别。反拉深时，毛坯侧壁反复弯曲的次数少，引起材料硬化的程度比正拉深时低一些。但是，反拉深时凹模的圆角半径受到零件尺寸的限制，不能过大，其最大值不超过$\frac{d_1-d_2}{2\times 2}$，所以反拉深法不适用于直径小而厚度大的零件。正拉深时的拉深系数$\left(m=\frac{d_2}{d_1}\right)$越大，拉深越容易，但在反拉深时过大的拉深系数$\left(m=\frac{d_2}{d_1}\right)$会使凹模的壁厚降低，这在强度上是不允许的。但图5.20所示的零件是个例外。虽然$m=\frac{d_2}{d_1}$很大，并且达到了极限值，可是由于采用无凹模的反拉深法，以毛坯的外壁代替拉深凹模的作用，拉深变形也可以顺利完成。这种方法适用于毛坯的相对厚度小且板材的塑性较高的条件。

反拉深时所需的力比正拉深时要大 10% ～ 20%。在一般情况下，可取拉深系数为0.75，基本上与正拉深时相同。

5.6 圆筒形零件用拉深模工作部分尺寸的确定

拉深模工作部分(凸模、凹模和压边圈)的结构形状和尺寸,不仅对拉深时毛坯的变形过程具有重要的影响,而且也是影响拉深件质量的重要因素。当拉深的方法,变形程度、零件的形状、尺寸与精度要求不同时,也要求拉深模工作部分具有不同的结构形状和尺寸。

当毛坯的相对厚度较大,不用压边圈也可以拉深时,可以采用图 5.21 所示的锥形凹模或类似锥形的曲面凹模。

当毛坯的相对厚度较小,必须采用防皱压边圈时,应该采用图 5.22 所示的模具结构。图 5.22(a) 所示的结构形式用于尺寸较小的圆筒形零件;而图 5.22(b) 所示的结构形式主要用于大型零件(直径大于 100 mm)。

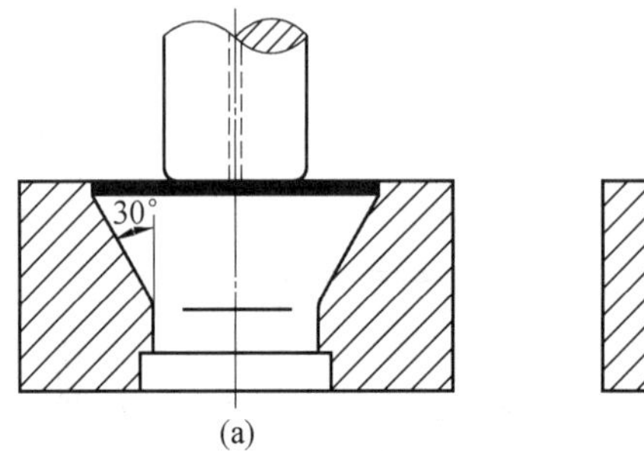

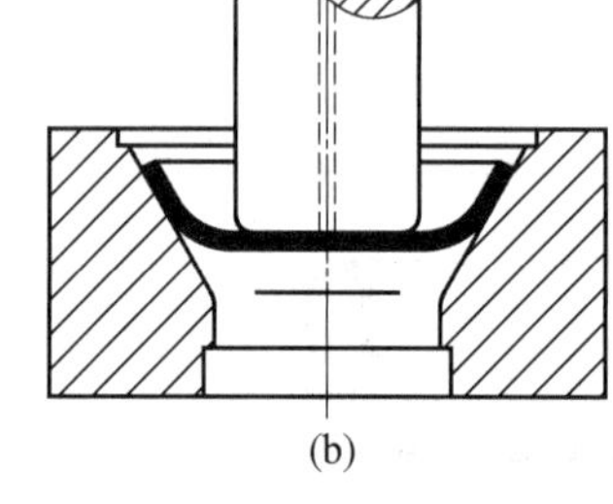

图 5.21　锥形拉深凹模的特点

采用图 5.22(b) 的斜角形状的结构时,除具有一般的锥形凹模的特点外,还可能减轻毛坯的反复弯曲变形,提高冲压件侧壁的质量。用这种结构要使相邻的前后两道工序冲模的形状和尺寸具有正确的尺寸关系,要尽量做到前道工序制成的中间毛坯的形状有利于后继工序中的成形。压边圈与毛坯表面接触的部分是工作部分,其形状和尺寸应与前道工序的凸模的相应部分相同。凹模锥面的角度 α 也要与前道工序的凸模的斜角相等。另外,为了减轻毛坯在拉深时的反复弯曲变形,提高零件的质量,应尽量取前道工序凸模锥形顶部的直径小于后继工序凹模的直径,即 $d'_1 < d_2$,假如取 $d'_1 = d_2$,则在毛坯的 A 部分可能产生不必要的反复弯曲(图 5.23(a));而当取 $d'_1 < d_2$ 时,这种不良现象就不再发生(图 5.23(b))。但是,在最后一道拉深工序里,为了保证制成的零件底部平整,要按图 5.24 所示的尺寸关系进行设计。

凸模与凹模的锥角 α 越大,对拉深变形越有利,但当毛坯的相对厚度比较小时,过大的 α 角可能引起毛坯的起皱。表 5.7 中角度 α 的数值可以作为参考。

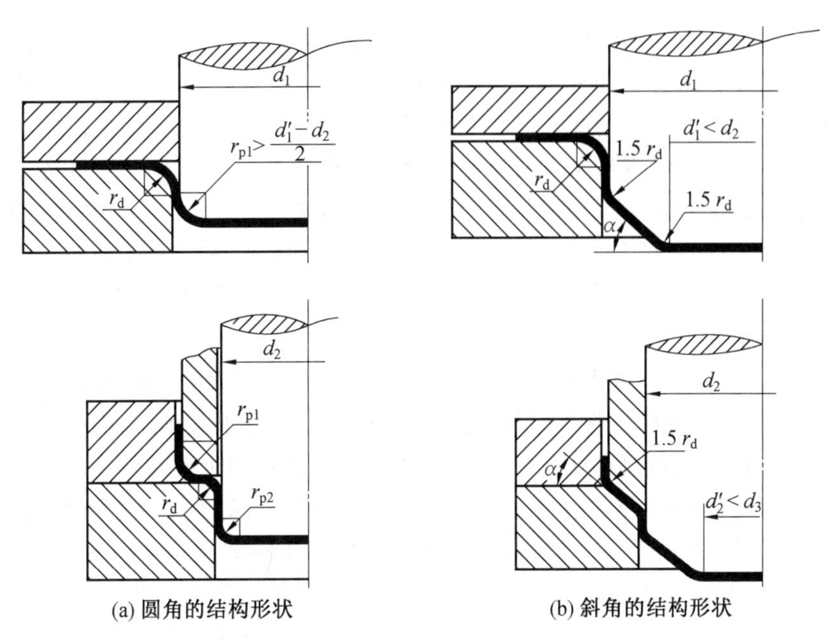

(a) 圆角的结构形状　　(b) 斜角的结构形状

图 5.22　拉深模工作部分的结构形状与尺寸

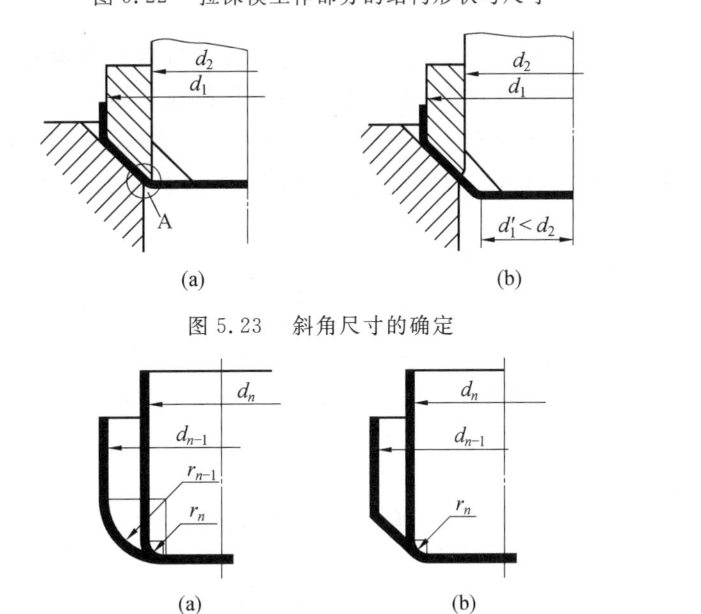

(a)　　(b)

图 5.23　斜角尺寸的确定

(a)　　(b)

图 5.24　最后拉深工序中毛坯底部尺寸的变化

表 5.7　凸模与凹模的锥角 α 值

材料厚度 /mm	角度 α/(°)
0.5 ～ 1	30 ～ 40
1 ～ 2	40 ～ 50

凹模的圆角半径 r_d 对拉深过程有非常大的影响。在拉深过程中，板材在凹模圆角部位滑动时产生较大的弯曲变形。当由凹模圆角半径区进入直壁部分时，又被重新拉直，或者在通过凸模与凹模之间的间隙时受到校直作用。假如凹模的圆角半径过小，则板料在经过凹模圆角部位时的变形阻力与摩擦阻力以及在模具间隙里通过的阻力都要增大，结果势必引起总拉深力的增大和模具寿命的降低。例如，厚度为 1 mm 的软钢零件的拉深试验结果表明，当凹模圆角半径由 6 mm 减到 2 mm 时，拉深力增加将近一倍。因此，当凹模圆角半径过小时，必须采用较大的极限拉深系数。在生产中一般应尽量避免采用过小的凹模圆角半径。

凸模的圆角半径 r_p 过小时，毛坯在这个部位上受到过大的弯曲变形，结果降低了毛坯危险断面(底部与直壁交接部分)的强度，使极限拉深系数增大。另外，即使毛坯在危险断面不被拉裂，过小的凸模圆角半径也会引起危险断面附近毛坯厚度的局部严重变薄，而且这种局部变薄和弯曲的痕迹，在后来的拉深工序中，会在成品零件的侧壁上遗留下来，影响零件的质量，在多工序拉深时，后继工序的压边圈的圆角半径等于前道工序的凸模的圆角半径，所以当凸模的圆角半径过小时，在后继的拉深工序里毛坯沿压边圈的滑动阻力也要增大，这对拉深过程的进行也是不利的，因此过小的凹模与凸模的圆角半径都不是适宜的。

假如凸模与凹模圆角半径过大，虽然可以降低拉深所需的力和增加毛坯危险断面的强度，为拉深变形提供更为有利的条件，但是，由于在拉深初始分阶段处于压边圈作用之外，而且不与模具表面接触和毛坯宽度($r_d + r_p$)加大，因而这部分毛坯很容易起皱，尤其当毛坯的相对厚度小时，这种现象十分突出。因此，在设计模具时，应该根据具体条件选取适当的圆角半径。

凹模的圆角半径取决于拉深毛坯的厚度、成品零件的形状与尺寸、拉深方法等，在一般情况下可按表 5.8 选取。在生产中，实际情况是千变万化的，所以时常要根据具体条件对表中给出的数据做必要的修正。当毛坯相对厚度大而不用压边圈时，凹模的圆角半径还可以加大。当拉深时变形程度不大时，可以适当地减小凹模的圆角半径。在实际设计工作中也可以先选取比表中略小的一些数值，然后在试模调整时，再逐渐地加大，直到冲成合格的零件。

表 5.8　第一次拉深凹模的圆角半径

拉深方式	毛坯的相对厚度 $\frac{t}{D_0} \times 100$		
	2 ~ 1	1 ~ 0.3	0.3 ~ 0.1
不带法兰的零件	(6 ~ 8)t	(8 ~ 10)t	(10 ~ 15)t
带法兰的零件	(10 ~ 15)t	(15 ~ 20)t	(20 ~ 30)t

注：第二次拉深用凹模半径应取比表中值小 20% ~ 40%，以后各次的减小量要小一些，取为 10% ~ 30%。减小量视零件的尺寸而定，对于尺寸小的零件，减小量不能过大。

一般情况下，可以取凸模的圆角半径等于凹模的圆角半径。但是，凸模的圆角半径也应该保证冲成的中间毛坯的形状符合后继工序的要求(图 5.22)。最后一道拉深用凸模的圆角半径应等于成品零件相应部位的内圆角半径。

拉深凹模与凸模直径之差的一半称为间隙，即 $c=\frac{d_d-d_p}{2}$。如前所述，拉深模的间隙对经过凹模圆角区出来的毛坯具有校直作用，所以它对拉深件的质量有较大影响。当间隙过大时，对毛坯的校直作用小，冲成的零件侧壁不直，容易形成弯曲的形状，或者形成口大底小的锥形。当间隙过小时，虽然可能得到侧壁平直而光滑的高质量零件，但是，由于毛坯在通过间隙时产生的校直与变薄变形都需要较大的拉力，因此必须采用稍大一些的拉深系数；另一方面，间隙过小时，毛坯与模具表面之间的接触压力加大，也会增加模具的磨损。

拉深模的间隙数值主要取决于拉深零件的形状、尺寸精度的要求、拉深方法等。因为拉深过程中不可避免地有增厚现象，所以间隙数值通常必须取得大于毛坯的原始厚度。除最后一道拉深工序外，都可以取较大的间隙，以利于拉深过程的进行。在一般情况下的圆筒形件拉深时，间隙值可按表 5.9 选取。当对冲压件的精度要求很低时，可取表中较大的数值；当对零件的质量要求很高时，也可以把表中最后拉深工序的间隙取为 $1.05t$，这时的拉深力比一般情况可能增大 20%，所以必须增大拉深系数。

表 5.9 拉深模间隙

材料	间隙		
	第一次拉深	中间各次拉深	最后拉深
软钢	$(1.3\sim1.5)t$	$(1.2\sim1.3)t$	$1.1t$
黄铜、铝	$(1.3\sim1.4)t$	$(1.15\sim1.2)t$	$1.1t$

5.7 盒形零件的拉深

盒形零件的拉深在变形性质上与圆筒形零件相同，毛坯变形区(法兰边上) 也是受一拉一压应力状态的作用。但与圆筒零件的拉深相比，其间最大的差别是拉深件周边上的变形是不均匀的。因此，在冲压工艺过程设计和模具设计当中，需要解决的问题和解决问题的方法也不完全相同。

5.7.1 盒形件拉深变形的特点

可以将盒形状划分为四个长度分别为 $A-2r$ 和 $B-2r$ 的直边部分和四个半径为 r 的圆角部分(图 5.25)。圆角部分是四分之一圆柱表面。假设盒形件的直边部分和圆角部分之间没有联系，则可以把零件的成形假想为由直边部分的弯曲和圆角部分的拉深变形组成的。但是实际上直边部分和圆角部分在拉深过程中必然要有相互的作用和影响，所以，直边部分不是简单的弯曲变形，圆角部分也不是简单的四分之一圆柱表面的拉深变形。

盒形件在拉深时，其直边部分和圆角部分的变形情况如图 5.25 所示。拉深变形前，将毛坯表面上的圆角部分划成径向放射线与同心圆弧线所组成的网格，而将直边部分划成由相互垂直的等距离平行线组成的网格。在拉深变形后盒形件侧壁上的网格尺寸发生

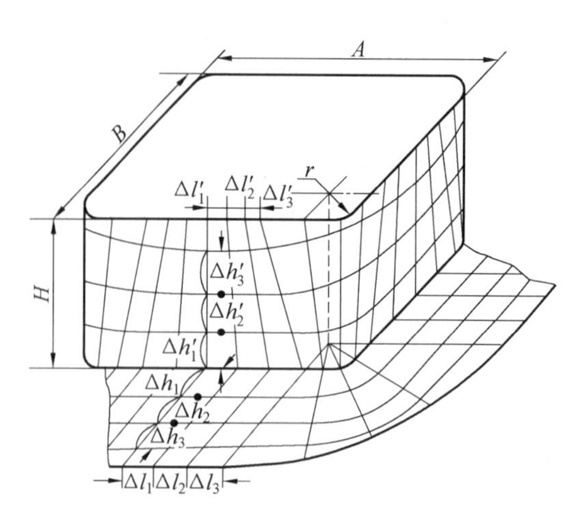

图 5.25　盒形件拉深变形特点

了横向压缩和纵向伸长的变化。变形前横向尺寸为 $\Delta l_1=\Delta l_2=\Delta l_3$，而变形后为 $\Delta l'_3<\Delta l'_2<\Delta l'_1<\Delta l_1$。变形前纵向尺寸为 $\Delta h_1=\Delta h_2=\Delta h_3$，而变形后则为 $\Delta h'_3>\Delta h'_2>\Delta h'_1>\Delta h_1$。这种横向压缩和纵向伸长的拉深变形在盒形零件直边部分是不均匀的。在直边部分的中间部分上拉深变形最小，而靠近圆角部分的拉深变形最大。变形在高度方向的分布也是不均匀的，在靠近底部位置上最小($\Delta h'_1$)，在靠近上口的部位上最大($\Delta h'_3$)。

由以上试验可以得出盒形件拉深时的以下变形特点：

(1) 减轻作用。圆角部分的变形与圆筒形零件的拉深变形相似，但是其变形程度小于半径与高度相同的圆筒形零件。因此，在平板毛坯上的径向放射线，在拉深变形后不是成为与底平面垂直的等距离平行线，而是成为上部距离大下部距离小的斜线。这说明，由于直边的横向压缩变形的存在，使圆角部分的拉深变形程度和由变形引起的硬化程度都有降低，即直边部分对圆角部分的切向变形有减轻作用。

(2) 带动作用。由于直边部分的纵向伸长变形小于圆角部分，虽然在毛坯底部直边部分与圆角部分的运动速度相同，但是在变形区内(毛坯的法兰部分) 直边部分的位移速度要大于圆角部分，这种位移速度差引起了在变形区直边部分对圆角部分的径向带动作用。

盒形件拉深时的这种“切向减轻” 和“径向带动” 作用使侧壁的底部(即危险断面) 内的拉应力数值有所降低，有利于提高盒形件拉深时的极限变形程度，所以第一次拉深可能得到的零件最大相对高度$\dfrac{H}{r}$可以超过圆筒形零件很多。

5.7.2　盒形件毛坯形状和尺寸的确定

在盒形件拉深时，合理的毛坯形状和尺寸不仅能够节省板材和得到口部平齐的零件，而且也有利于毛坯的变形和保证零件的质量。

盒形件拉深时确定毛坯的原则也是要保证毛坯的面积等于零件的面积，且要保证材料在整个周边上的分布恰好符合在零件周边每个点上都形成等高的侧壁的需要。因此，在决定毛坯的形状和尺寸时必须考虑材料的转移。但由于变形的不均匀，用计算方法精确地事先确定出正确的毛坯形状和尺寸是很难的。实际生产中，常根据零件的几何形状和尺寸所决定的变形特点，用一些简单的计算方法事先初步地确定一个供试验用的毛坯形状和尺寸，并在毛坯上做出标记，然后按试冲结果修正毛坯的形状和尺寸，直到得出上口合乎要求的零件。当盒形件的高度小而且对上口要求不高时，可以不采用拉深后的切边工序而直接冲出成品零件。在其他情况下，都必须在拉深后对零件进行切边加工，因为在拉深后不可能得到上口十分平齐的零件。

用一道拉深工序可能冲压成功的高度较低的盒形件所用的毛坯形状和尺寸，可以用下述方法进行初步的计算。首先，将盒形件的直边按弯曲变形，而圆角部分按四分之一圆筒拉深变形在盒形件底部的平面上展开得到图 5.26 中的毛坯外形 $ABCDEM$，这样的毛坯不具有圆滑过渡的轮廓，而且也没有考虑到材料由圆角部分向直边部分的转移，所以还要进行如下修正。由 BC 和 DE 的中点 G 和 H 做圆弧 R 的切线，并用圆弧切线和直边展开线连接起来便得到修正后的毛坯外形 $ALGHM$。

按弯曲变形展开的直边部分，其长度 l 为

$$l = H + 0.57r_p \tag{5.27}$$

式中 H—— 盒形件高度(包括切边余量 Δh)，其值等于盒形件高度 h 与 Δh 之和；

r_p—— 盒形件底部的圆角半径。

修边余量 Δh 可按表 5.10 选取。

圆角部分按四分之一圆筒展开得半径 R，其值用下式计算：

$$R = \sqrt{r^2 + 2rH - 0.86r_p(r + 0.16r_p)} \tag{5.28}$$

假如方盒形件高度比较大，需进行多工序拉深时，可以采用圆形的毛坯(图 5.27)，其直径可按下式计算：

$$D = 1.13\sqrt{B^2 + 4B(H - 0.43r_p) - 1.72r(H + 0.5r) - 4r_p(0.11r_p - 0.18r)} \tag{5.29}$$

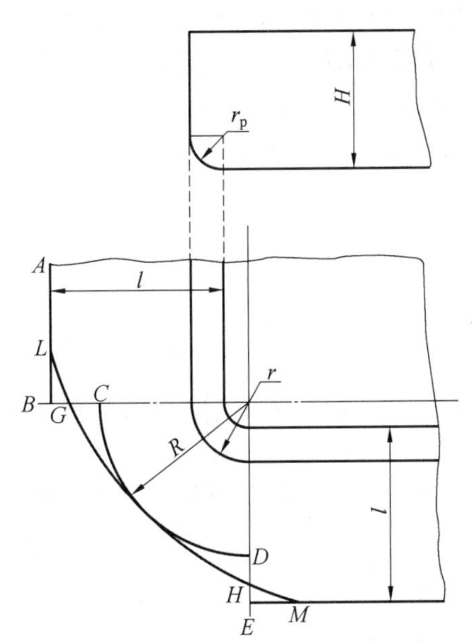

图 5.26 盒形件拉深用毛坯的粗略计算

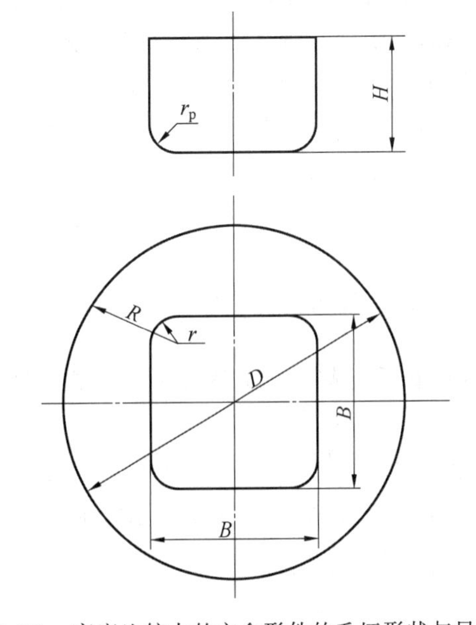

图 5.27 高度比较大的方盒形件的毛坯形状与尺寸

表 5.10　盒形件的修边余量 Δh

所需拉深工序数目	1	2	3	4
修边余量 Δh	$(0.03\sim0.05)h$	$(0.04\sim0.06)h$	$(0.06\sim0.08)h$	$(0.06\sim0.1)h$

对于高度和角部半径都比较大的矩形盒，可以采用图 5.28 所示的长圆形毛坯或椭圆形毛坯，毛坯窄边的曲率半径按半个方盒计算，即取 $R'=\dfrac{D}{2}$。当矩形盒的高度较大，需要进行多工序拉深时，有时也采用圆形毛坯。

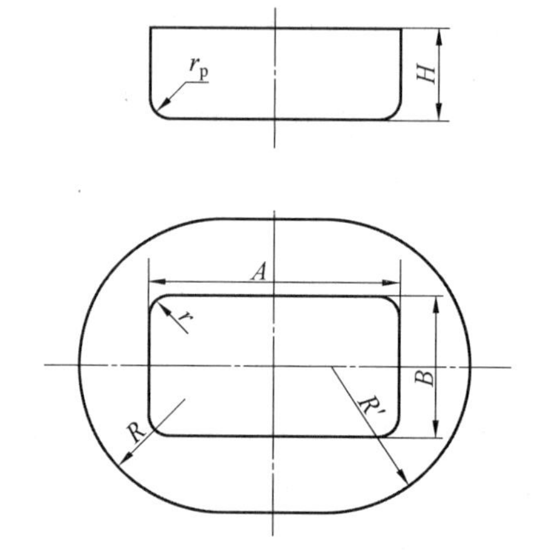

图 5.28　矩形盒的毛坯形状与尺寸

5.7.3　盒形件初次拉深的成形极限

在盒形件的初次拉深时，圆角部分侧壁内的拉应力大于直边部分。因此，盒形件初次拉深的极限变形程度受到圆角部分侧壁（传力区）强度的限制，这一点和圆筒形件拉深的情况是十分相似的。但是，直边部分对圆角部分的拉深变形的减轻作用和带动作用，都可以使圆角部分危险断面的拉应力有不同程度的降低，因此，盒形件初次拉深可能成形的极限高度大于圆筒形零件。

盒形件初次拉深的极限变形程度可以用盒形件的相对高度 $\dfrac{H}{r}$ 来表示。由平板毛坯一次拉深工序可能冲成的盒形件的最大相对高度取决于盒形件的尺寸 $\dfrac{r}{B}$、$\dfrac{t}{B}$ 和板材的性能，其值可查表 5.11。当盒形件的相对厚度较小 $\left(\dfrac{t}{B}<0.01\right)$，而且 $\dfrac{A}{B}\approx1$ 时，取表中较小的数值；当盒形件的相对厚度较大 $\left(\dfrac{t}{B}>0.015\right)$，而且 $\dfrac{A}{B}\geqslant2$ 时，取表中较大的数值。表 5.11 中数值适用于深拉深用软钢板。

表 5.11 盒形件初次拉深的最大相对高度

相对角部圆角半径$\frac{r}{B}$	0.4	0.3	0.2	0.1	0.05
相对高度$\frac{H}{r}$	2 ~ 3	2.8 ~ 4	4 ~ 6	8 ~ 12	10 ~ 15

假如盒形件的相对高度$\frac{H}{r}$不超过表 5.11 所列的极限值,则盒形件可以用一道拉深工序冲压成功,否则必须采用多道工序拉深的方法进行加工。

5.7.4 盒形件的多工序拉深方法

1. 盒形件多次拉深的基本要求

盒形件的多工序拉深时的变形特点不但不同于圆筒形零件的多次拉深,而且也和盒形件的初次拉深中的变形有很大差别,所以在确定其变形参数以及处理工序数目、工序顺序和模具设计等问题时都必须以非旋转体零件多次拉深变形的特点作为依据。

在盒形件的再次拉深时所用的中间毛坯是已经形成直立侧壁空间体,其变形情况如图 5.29 所示。毛坯的底部和已经进入凹模高度为 h_2 的侧壁(不含凹模圆角部分)是不应产生塑性变形的传力区;与凹模的端面接触,宽度为 b 的环形法兰边(含两个相邻的圆角部分)是变形区;高度为 h_1 的直立侧壁(不含下部的圆角部分)是不变形区,或称为待变形区。在拉深过程中随着凸模的向下运动,高度 h_2 不断增大,而高度 h_1 则逐渐减小,直到全部板料都进入凹模并形成零件的侧壁。假如毛坯变形区内圆角部分和直边部分的拉深变形(指切向压缩和径向伸长变形)大小不同,必然引起变形区各部分在宽度 b 的方向上产生不同的伸长变形。由于这种沿毛坯周边在宽度方向上发生的不均匀伸长变形受到高度为 h_1 的不变形区一侧壁的阻碍,在伸长变形较大的部位上要产生附加压应力,而在伸长变形较小的部位上要产生附加拉应力。附加应力的作用可能引起对拉深过程的进行和对拉深件质量都很不利的结果:在伸长变形较大并受附加压应力作用的部位上产生材料的堆聚或横向起皱;在伸长变形较小并受附加拉应力作用的部位上发生板材的破裂或厚度的过分变薄等。因此,保证拉深变形区内各部分的伸长变形均匀一致,而且不要产生材料的局部堆聚和其他部位的过大拉应力等条件,应该成为盒形件的多次拉深过程中每道拉深工序所用半成品的形状和尺寸确定的基础,而且也是模具设计、确定工序顺序、冲压方法和其他变形工艺参数的主要依据。此处,当然也应保证盒形件周边上各点的拉深变形程度也不要超过其侧壁强度允许的极限值。

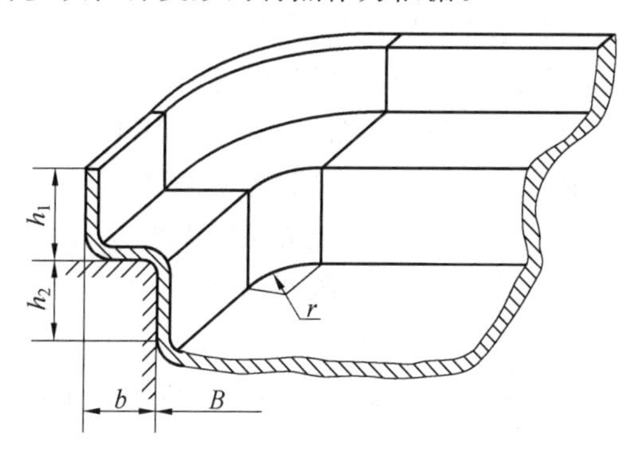

图 5.29 盒形件再次拉深时的变形分析

毛坯全部周边上各点在变形区宽度方向上伸长变形引起的纵向尺寸变化(相当于圆

筒件变形区内径向尺寸伸长）相同，不产生附加应力，因而不致发生材料的局部堆聚和局部过度拉伸或破裂条件为

$$\varepsilon_1=\varepsilon_2=\varepsilon_3=\cdots=\varepsilon_n$$

式中　$\varepsilon_1,\varepsilon_2,\varepsilon_3,\cdots,\varepsilon_n$——毛坯变形区周边各个部位上板料在其本身宽度方向上相对伸长变形的平均值。

假如上一条件得到保证，则在单位时间内，毛坯周边上各个点上的变形区侧壁高度 h_1 的减小量相同，而且已成形的侧壁高度 h_2 的增大量也必然相同。也就是说，当毛坯的底部和已成形的侧壁在凸模的作用下做等速均匀下降运动时，毛坯不变形区的侧壁也做等速的均匀下降。

当待变形区全部进入变形区后，变形区的变形特点与盒形件初次拉深时的变形特点是相同的。

2. 方盒形件多次拉深

为保证盒形件拉深的基本要求，合理确定毛坯的形状和尺寸、安排工艺方案与参数是极为关键的。图 5.30 是方盒形件多工序拉深时各中间工序半成品的形状和尺寸。采用直径为 D_0 的圆形毛坯，每道中间拉深工序都冲压成圆筒形的半成品，最后一道工序成形为成品零件的形状和尺寸。计算由倒数第二道工序，即 $(n-1)$ 道工序开始。$(n-1)$ 道工序所得半成品的直径用下式计算：

$$D_{n-1}=1.41B-0.82r+2\delta \tag{5.30}$$

式中　D_{n-1}——$(n-1)$ 次拉深工序后所得的圆筒形半成品的内径，mm；

B——方盒形件的宽度（按内表面计算），mm；

r——方盒形件角部的内圆角半径，mm；

δ——由 $(n-1)$ 道拉深后得到半成品的圆角部分内表面到盒形件内表面之间的距离，也可简称为角部的壁间距离，mm。

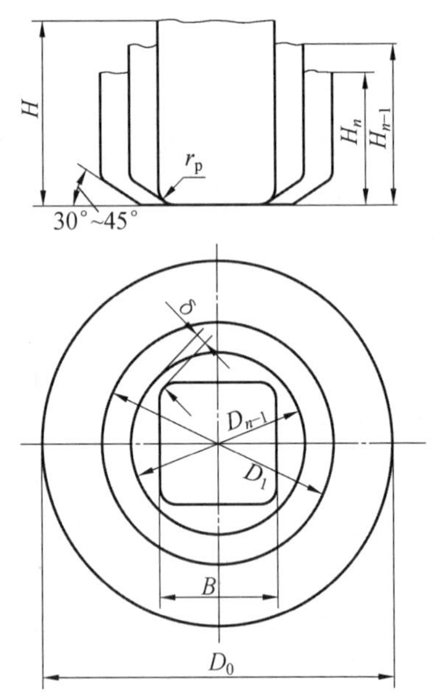

图 5.30　方盒形件多工序拉深的半成品的形状与尺寸

角部壁间距离 δ 直接影响毛坯变形区拉深程度的大小和分布的均匀程度。当采用图 5.30 所示的成形过程时，可以保证沿毛坯变形区周边产生适度而均匀变形的壁间距离 δ 为

$$\delta=(0.2\sim0.25)r \tag{5.31}$$

其他各道工序的计算可以参照圆筒形零件的拉深方法，相当于由直径 D_0 的平板毛坯拉深成直径为 D_{n-1}、高度为 H_{n-1} 的圆筒形零件。

3. 矩形盒多次拉深

图 5.31 是矩形盒多工序拉深时各中间工序半成品形状和尺寸的确定方法，其原理和作图方法与方盒形件基本相似。计算工作由倒数第二道拉深工序，即由 $(n-1)$ 道工序开

始。(n－1)道工序得到椭圆形半成品，其半径用下式计算：

$$R_{a(n-1)}=0.705A-0.41r+\delta \tag{5.32}$$

$$R_{b(n-1)}=0.705B-0.41r+\delta \tag{5.33}$$

式中 $R_{a(n-1)}$、$R_{b(n-1)}$——(n－1)道拉深工序所得椭圆形半成品在长轴和短轴方向上的曲率半径，mm；

A、B——矩形盒的长度和宽度，mm；

δ——第 n 道拉深工序中角部壁间距离，mm，取 $\delta=(0.2\sim0.25)r$；

r——矩形盒的圆角半径，mm。

圆弧 $R_{a(n-1)}$ 和圆弧 $R_{b(n-1)}$ 的圆心可按图5.31所示的尺寸关系确定。得出(n－1)道工序后半成品的形状和尺寸后，应该用盒形件初次拉深的计算方法检查是否可能用平板毛坯一次冲压成为(n－1)道工序的半成品。如果不可能，便要进行(n－2)道工序的计算。(n－2)道拉深工序由椭圆形的毛坯冲压成为椭圆形，这时应保证

$$\frac{R_{a(n-1)}}{R_{a(n-1)}+a}=\frac{R_{b(n-1)}}{R_{b(n-1)}+b}=0.75\sim0.85 \tag{5.34}$$

式中 a、b——椭圆形半成品之间，在短轴和长轴上的壁间距离(图5.31)，mm。

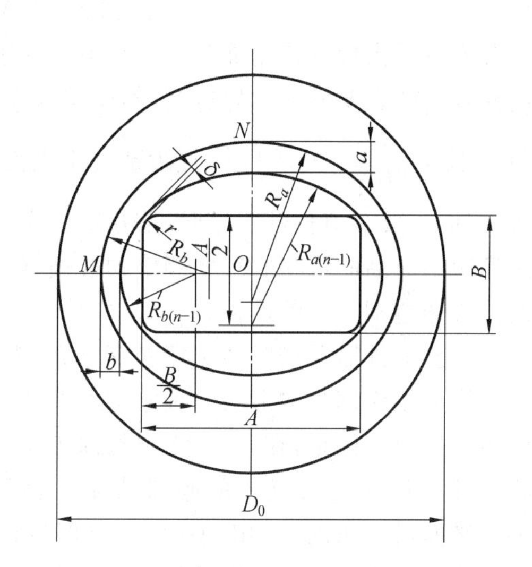

图5.31 矩形盒多工序拉深时半成品的形状与尺寸

利用式(5.34)计算得到椭圆半成品之间的壁间距离 a 与 b 之后，可以在对称轴线上找到 M 与 N 两点，然后选定半径 R_a 与 R_b，使其圆弧通过 M 与 N 两点，又能圆滑相接，并且使 R_a 与 R_b 的圆心都比 $R_{a(n-1)}$ 与 $R_{b(n-1)}$ 的圆心更靠近盒形件的中心点 O。得出(n－2)道拉深工序后的半成品形状和尺寸后，应重新检查是否可能由平板毛坯冲压成功。如果不能，应该继续进行前一道工序的计算，其方法与此相同。

5.7.5 盒形件拉深模工作部分形状和尺寸的确定

当盒形件可以一次拉深成功时，凸模工作部分的形状和尺寸均应取为等于成品零件内表面的尺寸，凹模工作部分的形状和尺寸的选取原则基本和圆筒形零件相似。但是，在盒形件的初次拉深时毛坯传力区的危险断面是圆角部分的侧壁，所以当毛坯的相对厚度较大，而且拉深高度接近于初次拉深的极限高度时，常取圆角部分的凹模圆角半径稍大于直边部分，以减轻危险断面的负载。不过，如果毛坯的相对厚度较小，加大圆角部分的凹模圆角半径可能使毛坯边缘过早地脱离压边圈的作用而发生起皱时，则应该选取尽量小的凹模圆角半径。在拉深高度较小时，由于毛坯侧壁内拉应力的数值不大，毛坯不易紧密地贴靠在凸模表面，在底部圆角和侧壁部位都容易形成不能与凸模表面吻合的不规则表

面，这时应取尽可能小而又不致啃伤毛坯表面的凹模圆角半径(尤其是在直边部分)。在一般情况下，可以根据毛坯的厚度，参照上述各种条件取凹模的圆角半径 R_d 为

$$R_d = (4 \sim 10)\, t$$

一般在冲模设计时取较小的数值 R_d，然后在冲模试冲调整时根据实际情况适当的修磨加大。

盒形拉深模的间隙，应该根据拉深过程中毛坯各部分壁厚变化的情况确定，圆角部分的间隙，可以根据对零件尺寸精度的要求选取：当盒形件的尺寸精度要求较高时，取间隙为 $c = (0.9 \sim 1.05)t$；当盒形件的尺寸精度要求不高时，取间隙 $c = (1.1 \sim 1.3)t$。直边部分壁厚增大量较圆角部分小。在整个周边上壁厚的变化是均匀的，所以一次拉深成功的模具间隙也要做成均匀过渡，其在圆角部分最大，在直边部分最小。当盒形件的圆角半径 $\frac{r}{B}$ 较小 $\left(\frac{r}{B} < 0.15\right)$ 时，直边部分中点附近的间隙可按弯曲模选取。当盒形件的高度大，因而需要多道拉深工序时，前几道工序拉深模的间隙可按圆筒形件的方法选取。如果工序间半成品的形状和尺寸确定的合理，最后一道拉深模的间隙也可以沿周边取均布的间隙或做差别不大的修正。

当盒形件需要进行多工序拉深成形时，最初的几道拉深工序用模具工作部分的形状与尺寸均可按圆筒形零件多工序拉深的条件确定。但是，在 $(n-1)$ 道拉深工序后所得的半成品的形状最好具有图 5.32 所示的底部形状。半成品的底面和盒形件的底平面尺寸相同，并用 $30° \sim 45°$ 的斜面过渡到半成品的侧壁。这时，$(n-1)$ 道工序的拉深凸模也要做成与此相同的形状和尺寸，而最后拉深工序的凹模和压边圈的工作部分也要做成与半成品尺寸相适应的斜面。这样不仅有利于最后拉深工序中毛坯的变形，能够提高零件侧壁的表面质量，而且也使冲模加工得到很大的简化。

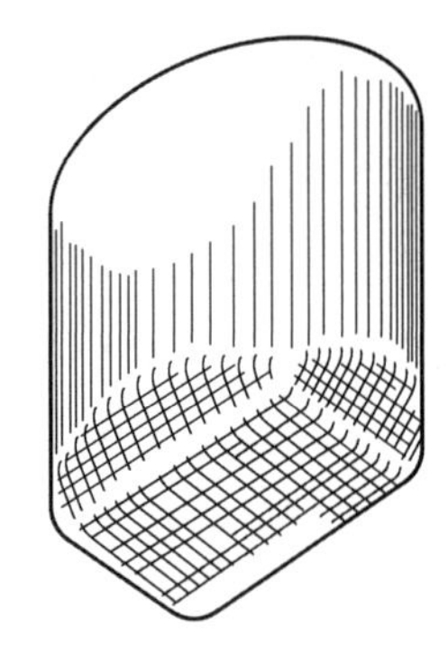

图 5.32　盒形件最后一道拉深工序的半成品形状

当盒形件的尺寸较小，或者由于其他原因而不将最后一道拉深工序用的半成品做成斜面过渡的底部时，最后一道拉深工序用的凹模的工作部分和压边圈的工作部分也不做成斜角过渡的形式，而是做成圆角的形式。这时，在直边部分半成品与零件的壁间距离大，而圆角部分的壁间距离小，所以不能沿拉深凹模和压边圈的周边取为均匀的圆角半径。因为在零件的圆角部分壁间距离小，如果所取的圆角半径大，则压边圈和凹模工作部分之间的空隙可能增大到根本不起压料作用的程度(图 5.33)。因此这时应取尽可能小的凹模和压边圈的圆角半径，尤其是在零件的圆角部分。

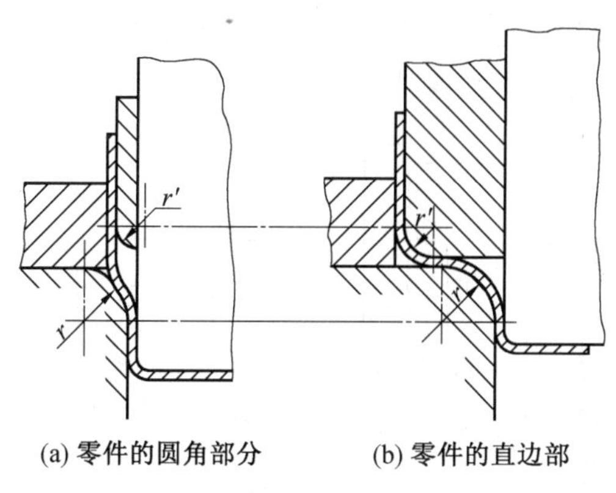

(a) 零件的圆角部分　　(b) 零件的直边部

图 5.33　过大的凹模圆角半径

5.7.6　盒形件拉深力的计算

当盒形件可以一次拉深成功时，拉深力 F 可近似地按下式计算：

$$F=(2\pi rK_1+LK_2)t\sigma_b \tag{5.35}$$

式中　F—— 拉深力，N；

r—— 盒形件圆角部分的圆角半径，mm；

L—— 盒形件直边部分长度的总和，mm；

σ_b—— 材料的抗拉强度，MPa；

t—— 材料的厚度，mm；

K_1—— 系数，对于浅盒形件取 $K_1=0.5$，对于高盒形件（$\frac{H}{r}\geqslant 5\sim 6$）取 $K_1=1\sim 1.2$；

K_2—— 系数，间隙足够大，而且不压边时取 $K_2=0.2$；压边力较大（$Q\geqslant 0.3P$）时，取 $K_2=0.3$；强力压边时取 $K_2=1$。

盒形多次拉深时，各次拉深所需的力可根据变形程度的大小，参照圆筒形零件的计算公式与数据确定。可以这样做的根据是：在多工序拉深时，如果各道半成品工序中的形状和尺寸确定得比较合理，则可以做到使毛坯变形区的拉深变形沿整个周边是接近均匀的，所以作用于毛坯侧壁内的拉应力也应该是均匀分布的，而其数值则可以参照圆筒形零件拉深力的计算方法，根据拉深变形程度的大小来确定，相当于圆筒形零件的再次拉深系数之值可以近似地取 $m=\frac{r}{r+\delta}$。

5.7.7　其他非旋转体直壁零件的拉深

除上述方盒形件和矩形盒零件外，在生产中也能遇到外形不规则的直壁零件。由于其沿毛坯周边不均匀变形的存在，常使冲压过程变得比较困难和复杂。

这类零件需要采用多道工序拉深时，必须正确地确定各中间工序后半成品的形状和尺寸，以便保证在毛坯变形区内各部位的伸长变形均匀一致，不发生材料的局部堆聚现象。

图 5.34 是高度较大的不规则形状零件的多工序拉深方法的实例。这种冲压工艺的特点是首先将零件拉深成形状较为简单且和成品零件形状相近的椭圆形半成品，然后在

逐步增加半成品高度的同时，也使半成品和形状逐渐地趋近于成品零件的形状。此零件共用四道拉深工序，最后切边得到成品尺寸。

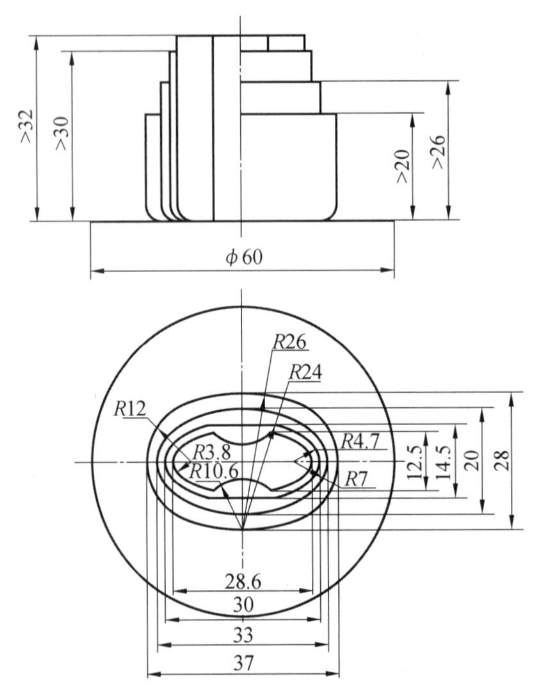

图 5.34 不规则形状零件的拉深方法

（材料：马口铁；厚度：0.3 mm）

思考题与习题

1. 拉深变形的特点是什么？变形区毛坯的变形属于哪一类变形？

2. 直壁圆筒形零件拉深变形过程中毛坯分为哪几个区？

3. 拉深件质量问题都有哪些？产生的原因有哪些？如何防止？

4. 拉深过程中辅助工序都有哪些？目的是什么？

5. 试述拉深系数的定义及影响极限拉深系数的因素。

6. 对可用于拉深成形的材料有哪些要求？

7. 拉深件的工艺性指的是什么？

8. 多次拉深的总拉深系数总是要小于一次拉深的极限拉深系数，但实际生产中往往尽量减少拉深次数，为什么？

9. 已知软钢筒形件外直径为 40 mm，高度为 100 mm(未修边时)，底部内圆角半径为 3 mm，试计算所需的拉深次数、各道工序的拉深系数、工序件的直径和高度。

10. 盒形件成形的主要特点是什么？

11. 高盒形件拉深成形时，采用什么样的过渡毛坯较好？为什么？

12. 板材的极限拉深系数是固定的吗？为什么？

第6章　复杂曲面形状零件的拉深

6.1　曲面形状零件拉深的特点

曲面形状的拉深包括球形零件、锥形零件、抛物面形状零件和其他复杂形状的曲面零件(如汽车的覆盖件等)的成形。在这种类型零件的拉深时，变形区的位置、受力情况、变形特点、成形机理等都与圆筒形零件不同，所以在拉深中出现的各种问题和解决这些问题的方法，都与圆筒形零件有很大差别。

6.1.1　曲面零件的成形机理

在圆筒形零件拉深时，毛坯的变形区仅仅局限于压边圈下的环形部分，即宽度为 AB 的环形部分(图 6.1)，而在球形零件的成形时，为使平面形状的毛坯变成成品零件的球面形状，不仅要求毛坯的环形部分产生变形，而且还要求毛坯的中间部分，即半径为 OB 的圆形部分也应成为变形区，由平面变成曲面。所以在曲面形状零件拉深时，毛坯的法兰部分与凹模内部分都是变形区，而且在很多情况下中间部分是主要变形区。

毛坯法兰边部分的应力状态与变形特点和圆筒形拉深件相同，而凹模内部分的受力情况和变形情况却比较复杂。在冲头力的作用下，位于冲头顶点 O 附近的金属处于双向受拉的应力状态(图 6.1)，切向拉应力的数值随与顶点 O 的距离增大而减小，而在超过一定界限以后变成压应力。

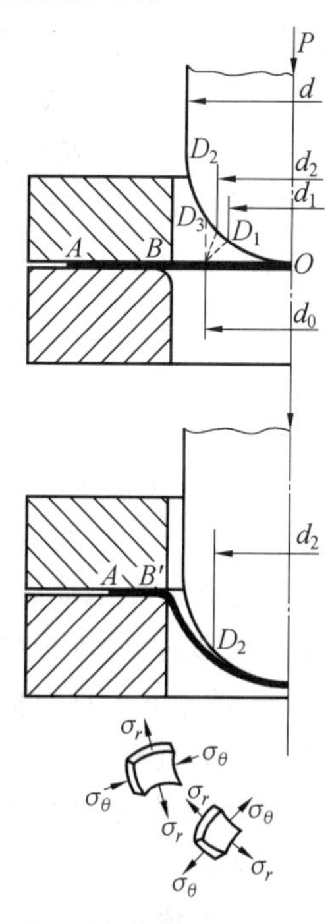

图 6.1　曲面零件拉深时的应力与变形

在变形前的平板毛坯上某点 D，在成形后应与冲头的表面贴合并占据 D_1 点位置。假如毛坯的厚度不发生变化，由于成形前后毛坯的面积相等，D 点应该于 D_1 点贴模。因为 $d_1 < d_0$，所以这时 D 点的金属必须产生一定的切向压缩变形。这种变形的性质与圆筒形零件拉深时变形的一向受拉和另一向受压的变形特点是完全相同的，我们把它称为曲面零件第一种机理(拉深变形)。但是，由于在成形的初始阶段里曲面冲头与毛坯的接触面积很小，在毛坯内为实现第一种成形机理所必需的径向拉应力 σ_1 已经足以使毛坯的中心附近在两向拉应力的作用下产生厚度变薄的胀形，并使这部分毛坯与冲头的顶端靠紧贴模。毛坯厚度的减小必定引起其表面积的增大，于是 D 点的

贴模位置外移至 D_2，其直径为 $d_2>d_1$。由此可知，由于毛坯中心部分的胀形结果，以致使 D 点切向压缩变形得到一定程度的减小。当毛坯中心部分的胀形变形足够大时，可以使 D 点金属本身在完全不产生切向压缩变形的情况下与 D_3 点贴模，这时 D 点的贴模完全是由于毛坯中间部分(D 点以内的部分)胀形的结果，我们把它称为曲面零件第二种成形机理(胀形)。

曲面零件成形是拉深和胀形两种变形方式的复合。

6.1.2 影响曲面零件成形的因素

在成形毛坯内径向应力与切向应力的分布如图 6.2(a)所示，直径 $D_{分界}$(称为应力分界圆)把毛坯的中间部分划分为两个不同的变形区，在分界圆上切向应力为零。在应力分界圆内，毛坯处于两向受拉的应力状态，其成形机理为胀形，主要成形限制是中心区产生破裂；在分界圆外的毛坯处于径向受拉和切向受压的应力状态，其成形机理为拉深变形，其主要成形限制是法兰部分和凹模内拉深区的起皱。

必须注意到的是，在胀形变形区里(应力分界圆以内)虽然是两向拉应力，但变形不都是两向伸长变形。在靠近应力分界圆的部分区域里，切向拉应力小于径向拉应力的一半，切向产生压缩变形。也就是说，在胀形变形区里，从毛坯中心 O 点到应力分界圆 D 点，切向拉应力逐渐减小，切向应变从伸长应变逐步转变为切向压缩应变。把切向应变为零的点所在的圆称为应变分界圆，应变分界圆内的变形为两向伸长应变，应变分界圆外的变形为径向伸长应变和切向压缩应变。

在凹模内并在应力分界圆外的部分毛坯(图 6.2 中的 BF 部分)处于不与模具表面接触的悬空状态，抗失稳能力较差，在切向压应力的作用下很容易起皱，这一现象时常成为曲面零件拉深时必须解决的主要问题。

1. 材料性能的影响

径向拉应力在毛坯里的分布是不均匀的，在与冲头顶端接触的中心部位上的径向拉应力具有最大值，并随与冲头中心距离的加大而迅速下降。因此，在拉深的初始阶段，作用于毛坯中间的拉应力首先达到材料的屈服点，并开始产生厚度减薄的胀形变形，这时，变形区集中在冲头顶端附近。随着冲头的下降，由于冲头作用力的加大和中间部分金属的硬化，以及冲头与毛坯表面上摩擦的作用，胀形变形区也在逐渐地向外扩展，分界圆也跟着逐渐扩大。很显然，在这种情况下板材的冷变形硬化是使胀形变形区向外扩展、使变形趋向均匀和避免毛坯中间部分过度变薄的必要条件。因此，具有较大胀形成分的曲面零件拉深成形时，要求板材具有比较大的硬化指数。

另外，板厚方向性对曲面零件的拉深过程也具有较为重要的影响。具有较大的板厚方向性系数的板材，在径向拉应力的作用下，切向变形大于厚度方向变形，可以减小切向压应力的数值，降低凹模内部毛坯起皱的趋向，还能减轻毛坯厚度的变薄程度，有利于产品质量的改善。

2. 模具结构与冲压条件的影响

防止曲面零件拉深时凹模内部毛坯起皱的方法，从原理上和圆筒形零件拉深时有很大的差别。加大毛坯的直径、加大压边力和采用拉深肋形式的模具都能防止这部分的起皱现象。加大毛坯的直径，由 D 增加到 D'，毛坯内部应力的分布发生了变化(图 6.2(b))，分界圆直径由 $D_{分界}$ 增大到 $D'_{分界}$，也就是增大了胀形区，使凹模内毛坯受到的切向压应力作用的宽度减小了，同时也降低了切向压应力的数值，从而起到了防止起皱的作用。增大压边力 Q(图 6.2(c))和采用带拉深肋的凹模(图 6.2(d))都使毛坯中间部分的内应力发生类似的变化，也能起到防止起皱的作用。

用加大毛坯的直径来防止其凹模内毛坯起皱的方法，会引起材料的额外消耗，所以在拉深的曲面零件本来就具有较宽的法兰边或者有一段直边时，把它当作一个顺便的条件予以应用。

在生产中常采用适当地调整和增大压边力以防止凹模内毛坯起皱。但压边力的防皱作用也受到其他因素(如润滑条件等)的影响，所以当零件的形状比较复杂，其正常成形的变形力接近于毛坯被拉断的破坏力时，成形的工艺稳定性较差，而且对前述各种因素很敏感，容易造成大量的废品。

采用带拉深肋的拉深模，可以避免上述缺点。拉深肋对径向拉应力的影响，主要是靠板料在拉深肋上弯曲和滑动时产生的作用而实现的，所以改变拉深肋的高度 h、拉深肋的圆角半径(图 6.3 中的 $b/2$)或者改变拉深肋的数目都可以达到调整阻力和控制径向拉应力和切向压应力的目的。这时压力机外滑块的位置对拉深过程的影响，与普通的压边圈相比受到很大程度的减弱，因而降低了模具安装调整工作的难度，也提高了工艺稳定性。因此，现在复杂形状零件的拉深时，拉深肋的应用是很广泛的。

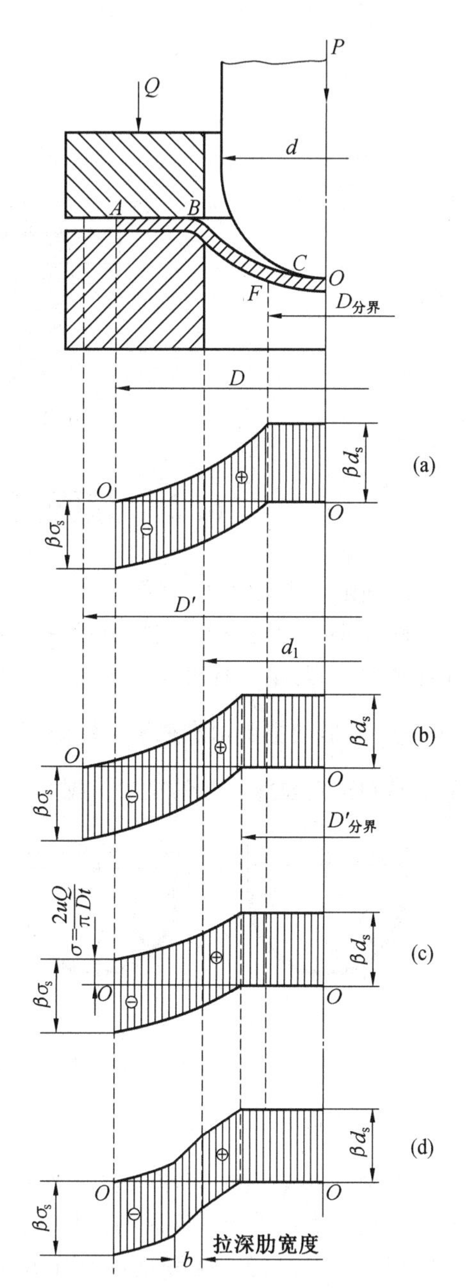

图 6.2 各种防皱措施对毛坯内应力的影响
((a)一般情况；(b)加大毛坯直径；
(c)加大压边力；(d)用拉深肋)

曲面零件拉深成形时，在毛坯、材料、模具、冲压条件等方面采取措施，可以控制拉深件质量。无论什么措施，只要是有利于增加径向拉应力，就可以扩大应力分界圆，增大胀形区，减小拉深区，减小起皱的可能性；反之，只要是有利于减小径向拉应力，就可以减小应力分界圆，减小胀形区，增大拉深区，减小中心区域破裂的可能性。

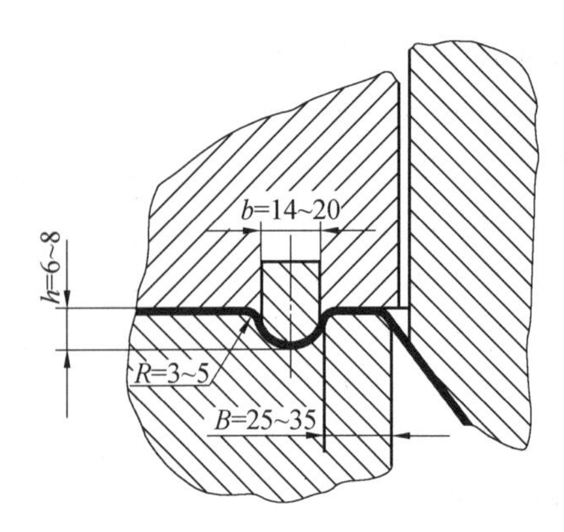

图 6.3　拉深肋的结构形状

6.2　球面形状零件的拉深方法

球面形状有许多类型(图 6.4),其拉深方法和所用的模具结构也不相同。

图 6.4(a)是半球形零件,其拉深系数是一个常数($m=0.71$),且大于圆筒形件的极限拉深系数,而与零件直径大小无关。半球形零件拉深时不用拉深系数作为设计工艺过程的根据,成形的主要困难在于毛坯中间部分起皱,毛坯的相对厚度$\frac{t}{D_0}\times 100$就成为决定成形难易和选定拉深方法的主要依据。

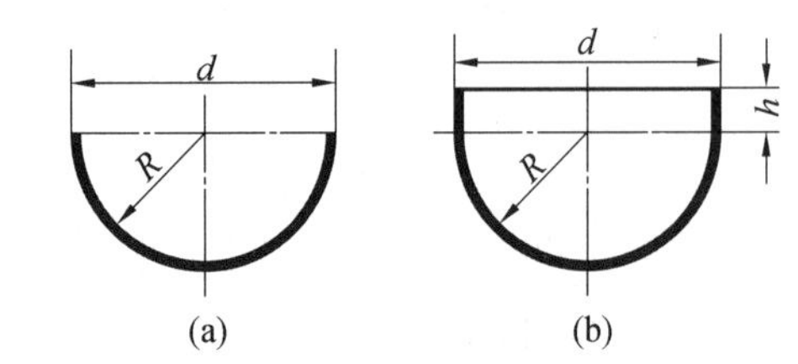

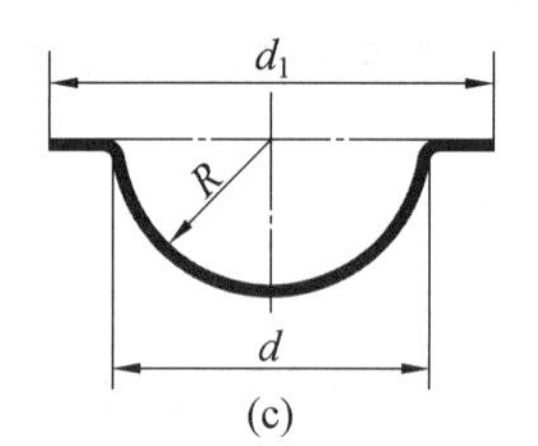

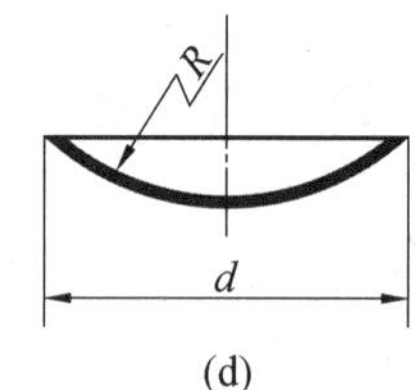

图 6.4　各种球面形状零件

当毛坯的相对厚度较大$\left(\frac{t}{D_0}\times 100>3\right)$时,可以用不带压边装置的简单模具一次拉深成功(图 6.5)。这时需要采用带球底的凹模,并且要在压力机行程终了时进行一定程度的精压校形。在一般情况下,用这种方法制成零件的表面质量不高,而且也因为毛坯贴模不好而使几何形状和尺寸精度受到影响。

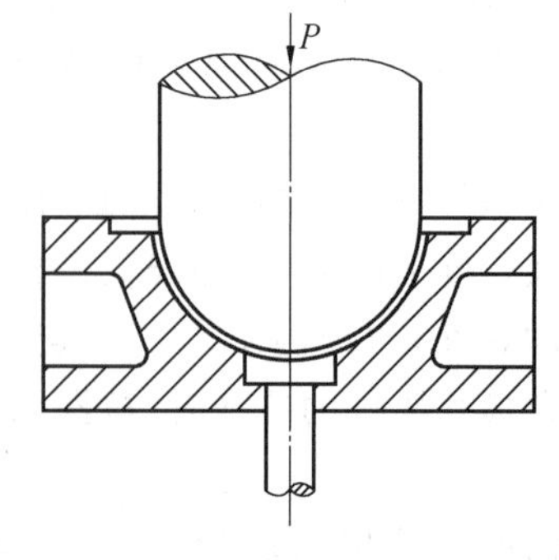

图 6.5　不带压边装置的球形拉深模

当毛坯的相对厚度较小$\left(\frac{t}{D_0}\times 100<3\right)$时,必须用带压边装置的模具进行拉深。这时压边装置的功用,除了防止位于压边圈下的毛坯法兰边部分起皱外,同时也靠压边力造成的摩擦阻力引起径向拉应力和胀形成分的增大,借以达到消除毛坯中间部分起皱和使它紧密地贴模的目的。压边装置可以是平面压边圈

或带拉深肋的压边圈。在单动压力机上多用平面压边圈的拉深模，其结构如图 6.6 所示，压边力由气垫或弹簧垫提供。在拉深过程中随压力机滑块的向下运动，气垫的作用力可能升高 5%～10%，而弹簧垫作用力可能为 30%～50%。这种压边力随压力机滑块的行程升高的现象，有助于毛坯在拉深后期的成形和贴模，对球面形状零件的拉深常常是有利的。

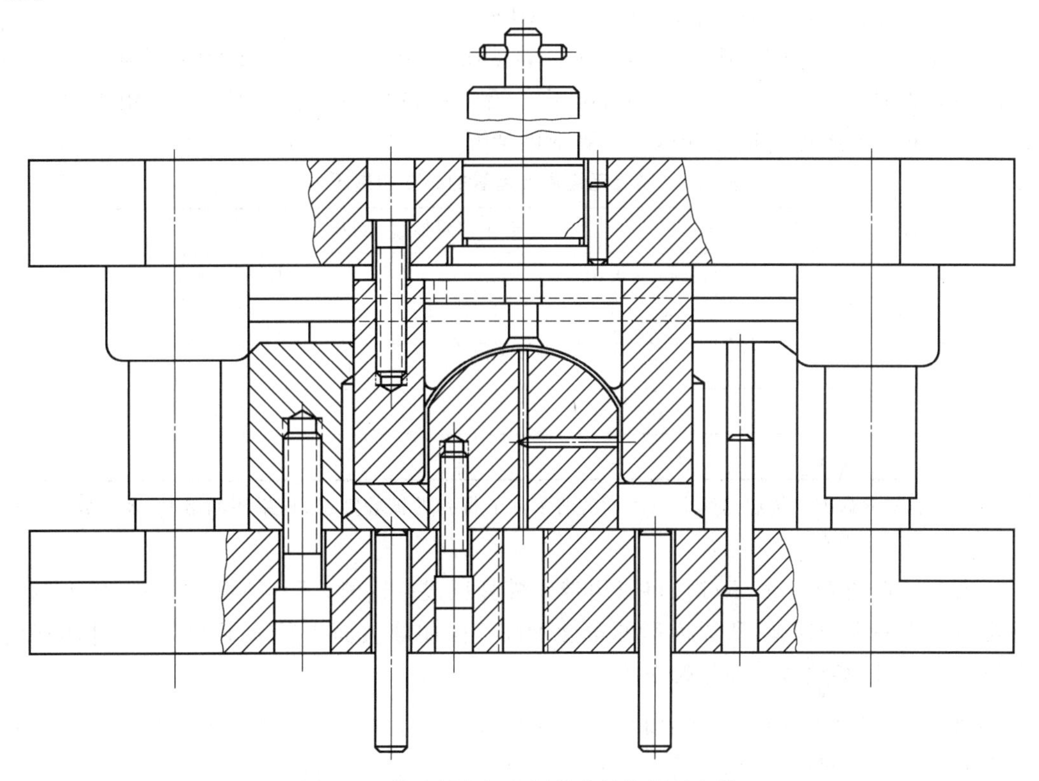

图 6.6 单动压力机上用的落料拉深复合模

在双动压力机上拉深时，前述的两种压边圈都可采用。这时，压边力由压力机的外滑块提供，所以也称刚性压边圈。带拉深肋的压边装置对板料厚度的波动以及对压力机调整和操作因素波动影响的敏感性低，所以其工艺稳定性较高，在生产中采用较多。刚性平面压边装置的工艺稳定性差，但制造简单，所以当对工艺稳定性要求不高时（如相对厚度较大或深度较浅又带有较宽大的法兰边时），也可以采用。尤其当零件带有平法兰边时，也只能采用平面压边圈的拉深模。

当球面形状零件带有高度为(0.1～0.2)d 的直边（图 6.4(b)）或带有每边宽度为(0.1～0.15)d的法兰边时（图 6.4(c)），虽然拉深系数有一定的降低，但对零件的成形却有相当的好处。所以当对不带直边和不带法兰边的半球形零件的表面质量和尺寸精度要求较高时，都要增加工艺余量以形成法兰边，并在零件成形后切除。

当用平面压边圈时，压边力的大小不仅要使毛坯的法兰边部分不能起皱，而且也要保证毛坯中间的曲面部分也不起皱。曲面零件成形时，按后一条件所要求的压边力可按下式计算：

$$Q=\frac{\pi}{4}(D_0^2-d^2)q$$

式中 Q——压边力，N；

D_0——毛坯的初始直径，mm；

d——毛坯球面部分的直径，mm；

q——法兰边上单位面积上的压力，MPa。

单位面积压力 q 值取决于板料的性能、毛坯的初始直径和成形结束时毛坯的外径和毛坯的相对厚度等因素。表 6.1 列出了必要的单位压力 q 的数值，它适用于厚度为 0.5～2 mm的低碳冷轧钢板冲压成半球形的情况。

表 6.1 防止毛坯内部起皱的必要初始压力 q MPa

$\frac{D_0}{d}$	毛坯相对厚度 t/D_0	
	0.006～0.013	0.003～0.006
1.5	3～3.5	5～6
1.6	1.7～2.2	3.5～4.5
1.7	1.0～1.5	1.5～3
1.8	1.0～1.2	0.7～1.5

注：本表中的数据是按压边部分不用润滑的条件下得到的试验结果；如果用润滑时，表中数据应提高 50%～100%。

当毛坯直径 $D_0\leqslant 9\sqrt{Rt}$ 时，可以用带底模具压成。这时，毛坯不起皱，但在成形时毛坯容易产生一定的回弹，所以成形的精度不高。假如球表面半径 R 较大，而零件的深度和厚度较小时，必须按回弹量修正模具。

当毛坯直径 $D_0>9\sqrt{Rt}$ 时，由于毛坯的起皱问题而不可能用前述方法加工。这时应该附加一定宽度的法兰边（工艺余料），并用强力压边装置或用带拉深肋的模具，增大成形中的胀形部分，成形后切掉工艺余料。这样冲成的零件回弹小，具有较高的尺寸精度，表面质量也好。

抛物面形状零件的拉深方法与所用模具结构，与球形零件基本相似。但是，当抛物面形状零件的高度较大、顶端的圆角半径较小时，其成形的难度有所提高。这时，为了使毛坯中部部分紧密贴模而不起皱，必须加大径向拉应力，以增加成形中的胀形成分。图 6.7 为带两个拉深肋的用于较深抛物面形状零件（灯罩）的拉深模。

当曲面形状零件的深度大而顶端的圆角半径又小时，增大径向拉应力和胀形成分的措施受到毛坯尖顶部分承载能力的限制，在这种情况下应该采用多工序逐渐成形的方法。多工序逐渐成形的主要特点是采用正拉深或反拉深的方法，在逐渐增加深度的同时减小顶部的圆角半径。为了保证成形零件的尺寸精度和表面质量，在最后一道工序里应保证一定的胀形成分，为此应使最后工序所用的中间毛坯的表面积稍小于成品零件的表面积。

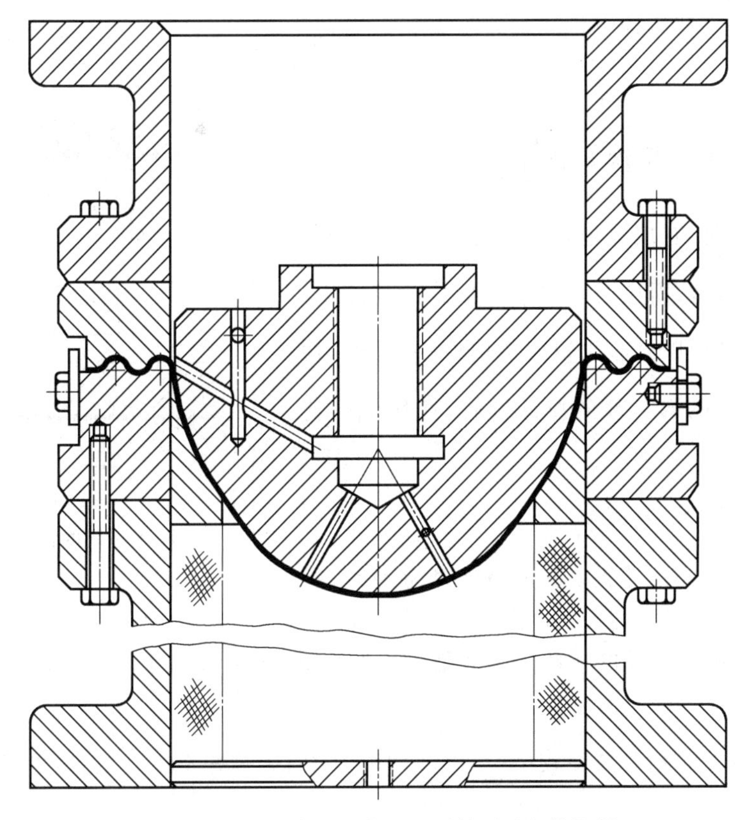

图 6.7 深度较大的抛物面形零件(灯罩)拉深模

6.3 锥形零件的拉深方法

由于锥形零件各部分的尺寸比例关系的不同,其冲压成形难易的程度和所应采用的成形原理与方法也有很大差别。因此,在确定锥形的成形方法和设计其冲压工艺过程与所用模具时,都应以下列几个参数作为依据。

6.3.1 锥形件的相对高度$\frac{h}{d_2}$

将不同的$\frac{h}{d_2}$(图 6.8)进行对比可以看出:假如其他条件相同,当锥形件的高度 h_2 较大时,如不产生胀形变形,则距中心相同距离上的 B 点贴模所要求的径向收缩量 Δ_2 要大于高度 h_1 较小时的径向收缩量 Δ_1,所以这时毛坯中间悬空部分起皱的可能性也大。虽然增大胀形成分的办法可以减小径向收缩量 Δ_2,但是在高度 h_2 过大时,胀形成分的增大受到了板材塑性的限制,也是不可能的。另一方面,锥形件的高度大时,毛坯的直径也要相应增大,也就是增加了位于压边圈下毛坯变形区的宽度,结果使其产生拉深变形所需的径向拉应力也要增大,这又是毛坯中间部分的承载能力不能允许的。当$\frac{h}{d_2}$较大时,成形的难度大，需用多工序冲压加工；而当$\frac{h}{d_2}$较小时，可能一次冲压成功。

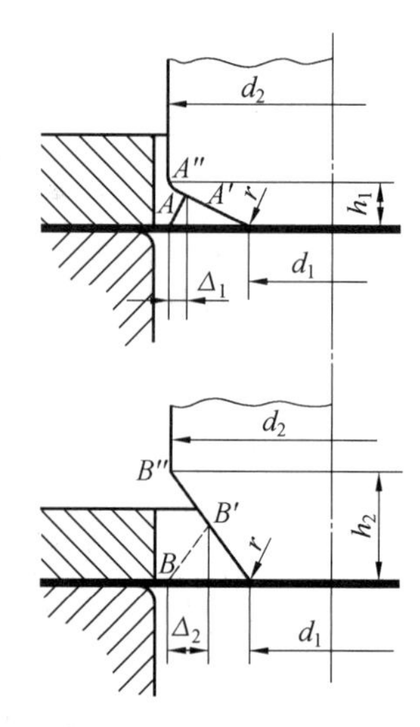

图 6.8　高度不同的锥形件变形对比

6.3.2　相对锥顶直径$\frac{d_1}{d_2}$

当$\frac{d_1}{d_2}$较小时，在成形过程中毛坯中间部分的承载能力差，易破裂，而且毛坯的悬空部分的宽度大，容易起皱，所以冲压成形比较困难；当$\frac{d_1}{d_2}$较大时，情况好转，接近于圆形零件的拉深过程，冲压成形比较容易。

6.3.3　相对厚度$\frac{t}{d_2}$

毛坯的相对厚度小时，中间部分容易起皱，所以成形的难度大，常需增加工序数目。

在生产中锥形零件的形状与尺寸是千变万化的，可分成以下几种情况分析其冲压加工方法的特点。

当锥形零件的相对高度较小$\left(\frac{h}{d_2}<0.2\right)$时，$\frac{d_1}{d_2}$的影响并不十分重要，可以根据相对厚度$\frac{t}{d_2}$确定成形方法。当$\frac{t}{d_2}>0.02$时，可以不用压边装置，用带底冲模一次冲压成功。但是，这时的回弹现象比较严重，为了保证冲压件的尺寸精度，常需修正模具。当对零件的尺寸要求较高，或者当零件的相对厚度较小时，应该采用带平面压边圈或带拉深肋的模具，以增大成形过程中的径向拉应力和胀形成分。假如锥形件不带法兰边，为冲压成形的需要，应该增大毛坯尺寸，使在成形结束时还有一定宽度的法兰边（工艺余料）存在。一般说来，锥形件的胀形条件比球面零件差，变形的不均匀程度较大，变形主要集中在零件底部锥面过渡的圆角 r 附近（图 6.9）。尤其在圆角半径 r 较小时，这种现象更为严重，以致使胀形深度大为降低（与球面冲头相比）。

对于相对宽度较大$\left(\frac{t}{d_2}>0.02\right)$的锥形件，如果$\frac{d_1}{d_2}>0.5$，而且$\frac{h}{d_2}<0.43$，可以用锥形带底凹模一次拉深成功。这时应在压力机行程终了时对零件进行一定程度的校形。假如$\frac{d_1}{d_2}$的比值增大，一次拉深可能成功的高度$\frac{h}{d_2}$也可能相应地加大：如$\frac{d_1}{d_2}=0.6\sim0.7$时，$\frac{h}{d_2}$也可能达到 0.5 左右；而当$\frac{d_1}{d_2}=0.8\sim0.9$时，$\frac{h}{d_2}$可能达到 0.5～0.6 或更大。

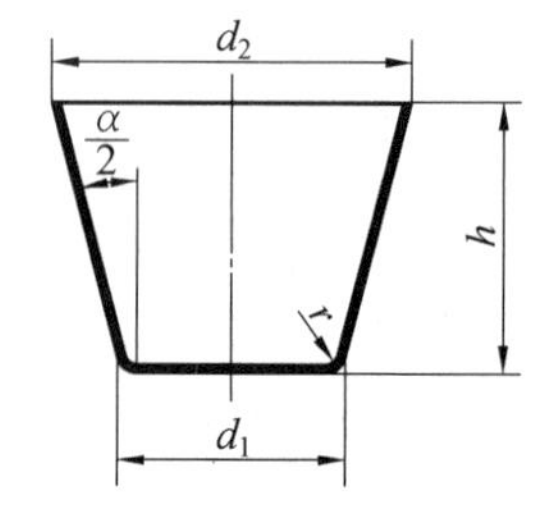

图 6.9　锥形件各部分尺寸

当锥形件的厚度较大，而且其高度超过前述范围或同时又带有较宽的法兰边时，可以采用图6.10所示的冲压工艺方法：首先冲成圆筒形件或带法兰边的筒形件，然后用锥形凹模拉深成所需要的锥形尺寸，并在压力机行程终了时进行校形。在拉深过渡的圆筒形件时，应使其具有便于在后继工序中对成形的有利形状。图6.11为锥形件成形所用的冲模。

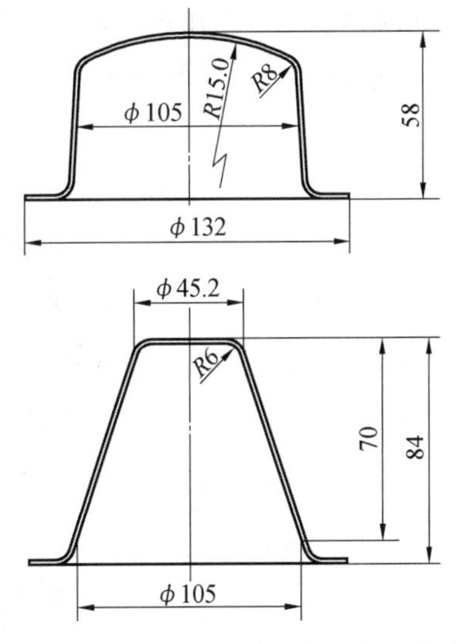

图6.10 高度大的锥形件的成形方法

当锥形件相对厚度较小$\left(\frac{t}{d_2}=1.5\%\sim2\%\right)$时，而且$\frac{d_1}{d_2}\geqslant0.5$及相对高度$\frac{h}{d_2}=0.3\sim0.5$时，通常采用两道冲压工序加工(图6.12)：在第一道工序里拉深成具有较大圆角半径的筒形件或近于球面形状的半成品；然后采用带有一定胀形成分的成形工序，并保证在胀形时各部分的直径要稍小于第二道工序所需的面积。

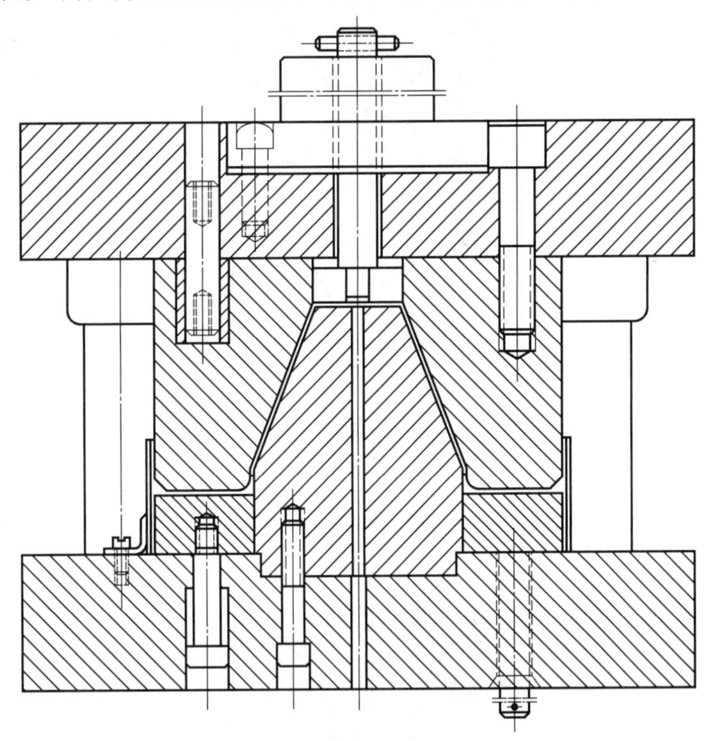
图6.11 锥形件成形所用的冲模

图6.13是一个不带底的锥形件(电振动喇叭筒口)的冲压成形过程。由于零件的相对厚度较小，在第一、二道工序便采用了上述的成形方法。假如锥形件的高度不大$\left(\frac{h}{d_2}=0.3\sim0.4\right)$，而$\frac{d_1}{d_2}$与$r$(图6.9)都比较大时(或零件底部具有便于胀形加工的圆滑过

渡形状时)，也可以采用球面形状零件的成形方法，用较强的压边装置增大径向拉应力和胀形成分，以一道工序冲压成形。

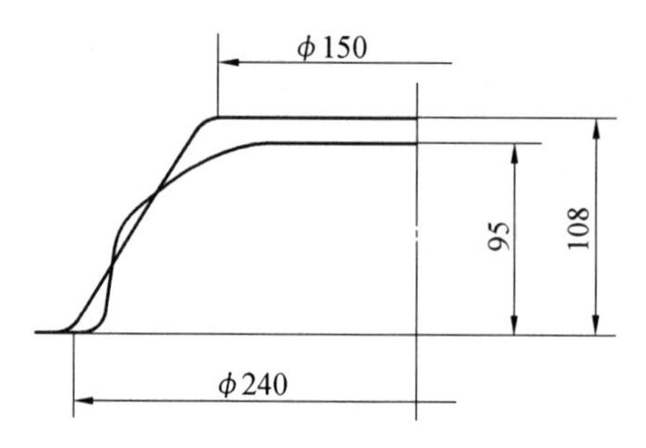

图 6.12 电振动喇叭筒口的成形方法

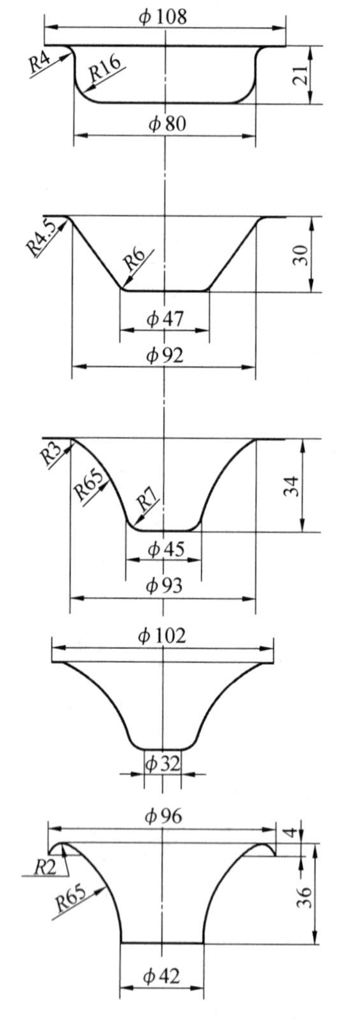

图 6.13 电振动喇叭筒口的成形方法
(材料:冷轧低碳钢板;厚度:0.6 mm)

当锥形件的高度较大$\left(\frac{h}{d_2}>0.5\right)$，尤其是$\frac{d_1}{d_2}$较小时，必须采用多工序的冲压方法使零件逐渐成形。图 6.14 所示是先冲压成具有大圆角半径过渡的阶梯形的中间毛坯，然后校形成锥形零件的方法。由于校形后不可避免地在成品零件表面上残留有阶梯形中间毛坯的痕迹，所以这种方法应用不多。图 6.15 是另一种将零件逐渐冲压成锥形的工艺方法。每道工序里毛坯底部直径的变化，可按加工圆筒形零件多工序拉深时的极限拉深系数选定。

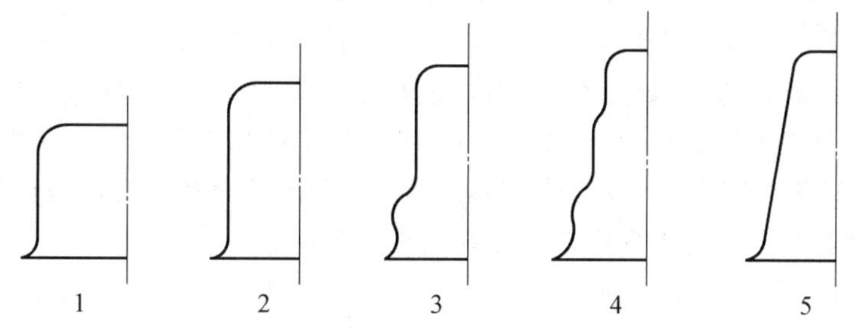

图 6.14　高锥形件的阶梯过渡的拉深方法

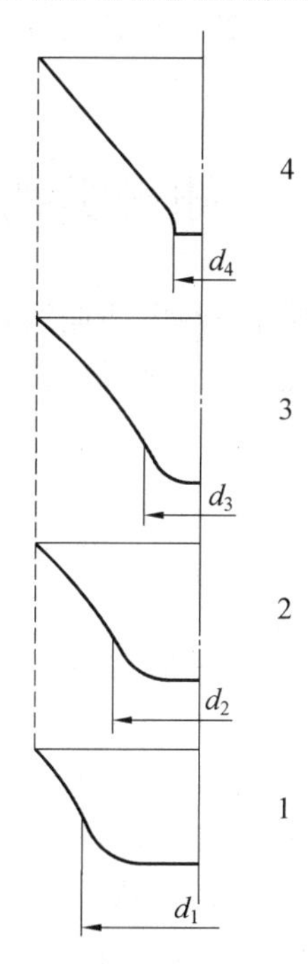

图 6.15　高锥形件的逐步成形法

思考题与习题

1. 简述曲面零件成形时的变形机理。
2. 试从曲面零件拉深成形机理说明如何防止起皱和破裂。

第7章　翻　　边

翻边是在成形毛坯的平面部分或曲面部分上使板料沿一定的曲线翻成竖立边缘的冲压方法。用翻边方法能够加工形状较为复杂、具有良好的刚度和合理的空间形状的立体零件，在冲压生产当中应用较广，尤其在汽车、拖拉机等工业生产中应用更为普遍。

按变形的性质，翻边可以分为伸长类翻边和压缩类翻边。与塑性力学中对变形性质的定义有所不同：在冲压成形中，板平面内的最大变形量为伸长变形时称为伸长类变形；最大变形量为压缩变形时称为压缩类变形。故伸长类翻边是指变形区内产生伸长类变形的翻边，压缩类翻边是指变形区内产生压缩类变形的翻边。

当翻边是在平面上或毛坯的平面部分上进行时，称为平面翻边；当翻边是在曲面毛坯上进行时，称为曲面翻边。

当翻边的沿线是一条直线时，翻边变形就转变为弯曲，所以也可以说弯曲是翻边的一种特殊形式。

7.1　伸长类翻边

伸长类翻边包括孔的翻边、沿不封闭的内凹曲线进行的平面翻边和在曲面毛坯上进行的伸长类翻边等。它们的共同特点是毛坯变形区在切向拉应力的作用下产生切向的伸长变形，其变形特点属于伸长类成形。

7.1.1　圆孔翻边

1. 圆孔翻边过程分析

圆孔的翻边是伸长类平面翻边的一个形式，在生产中应用较广，可以加工成各种复杂形状的零件。圆孔翻边时毛坯变形区的受力情况与变形特点如图7.1所示。在翻边前毛坯圆孔的直径是d_0，翻边变形区是内径为d_0而外径是d_1的环形部分。在翻边过程中，变形区在凸模的作用下其内径d不断地增大，直到翻边结束时，变形区内径的尺寸等于凸模的直径d_p，这时也最终形成了竖直的边缘(图7.2)。

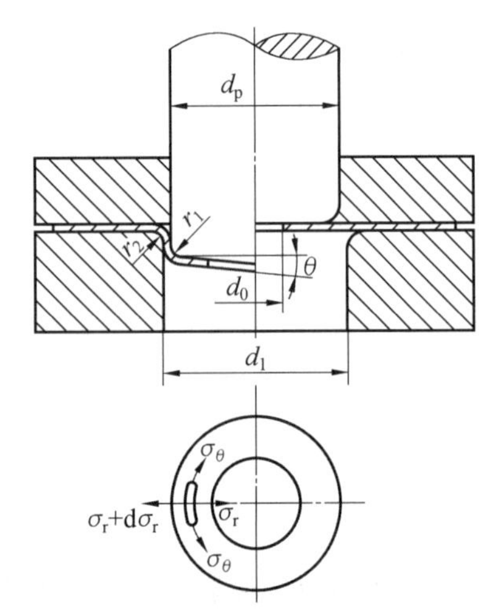

图7.1　孔翻边时变形区的应力与变形

在圆孔翻边时，毛坯变形区内应力与应变的分布如图7.3所示。切向变形量随变形过程的进行而不断地增大，在变形区内孔边缘位置上具有最大

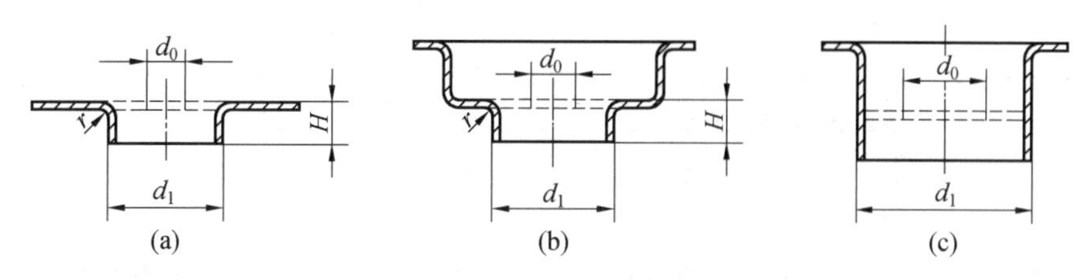

图 7.2 孔翻边加工零件举例

值 $\varepsilon_\theta=\ln\dfrac{d}{d_0}$，且随变形过程的进展而不断地增大，翻边结束时，其值为 $\varepsilon_{\theta\max}=\ln\dfrac{d_1}{d_0}$。毛坯变形区受两向拉应力——切向拉应力 σ_θ 和径向拉应力 σ_r 的作用，其中切向拉应力是最大主应力，最小主应力为零。径向拉应力 σ_r 是中间主应力，其值远小于切向拉应力 σ_θ。在翻边变形区内边缘上毛坯处于单向受拉的应力状态，这里只有切向拉应力的作用，而径向拉应力的数值为零。在翻边过程中毛坯变形区的厚度在不断变小，翻边后所得到的竖边在边缘部位上厚度最小，其值可按单向受拉时变形值用下式估算：

$$t=t_0\sqrt{\frac{d_0}{d_1}} \tag{7.1}$$

式中 t——翻边后竖边边缘部位上材料的厚度，mm；

t_0——板料毛坯的原始厚度，mm；

d_0——翻边前孔的直径，mm；

d_1——翻边后竖边的外径，mm。

凸模与凹模的作用，除了使毛坯产生上述的翻边伸长变形外，也具有使毛坯的环形变形区脱离凸模面翘起并转向凹模侧壁的趋势。但是，切向拉应力 σ_θ 妨碍了宽度为 $\dfrac{d_1-d_0}{2}$ 的毛坯边缘沿凸模圆角的转动，却使毛坯在进入凸模圆角区时沿凸模的圆角部分产生弯曲变形。而在脱离凸模圆角区时，变形区已被弯曲的毛坯边缘在径向拉应力的作用下被反向拉直或被凸模与凹模的间隙作用而挤成直壁。但在变形区边缘附近作用的径向拉应力 σ_r 的数值很小，而且又由于这个部位上板料厚度的变薄量较大，间隙对零件的校直作用也因而减弱，所以翻边后所得零件形状也会发生畸变(图 7.4)。为了克服这种弊病，提高翻边零件的质量，在生产中时常采用较小的翻边模间隙使侧壁变薄的翻边方法。

2. 翻边系数

圆孔翻边时的极限变形程度可用翻边系数计算，其值为

$$K=\frac{d_0}{d_1} \tag{7.2}$$

式中 K——翻边系数；

d_0——翻边前孔的直径，mm；

d_1——翻边后竖边的外径，mm。

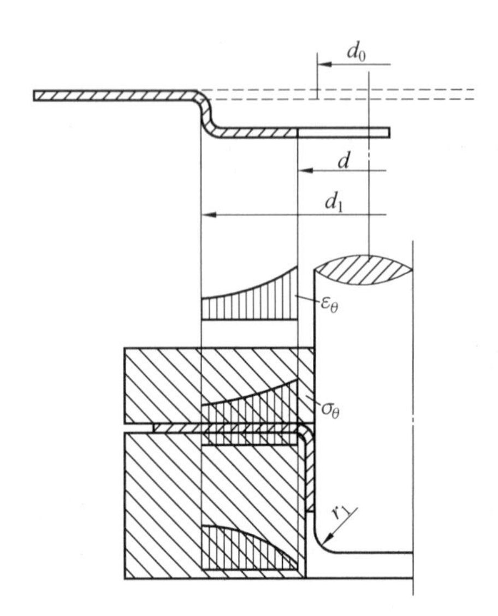

图 7.3　圆孔翻边时变形区内应力与应变的分布

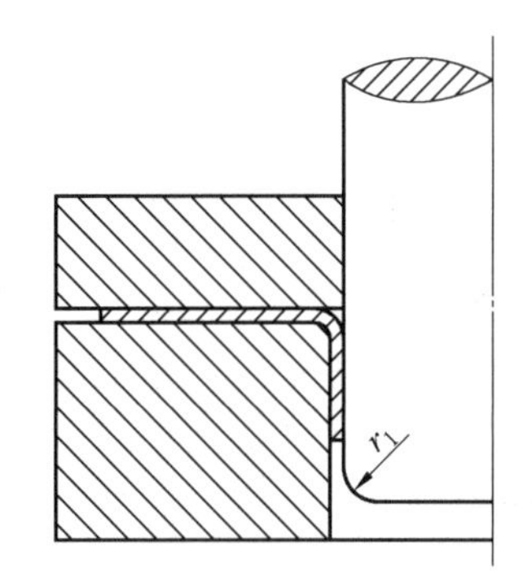

图 7.4　冲模间隙过大和凸模圆角半径过小时零件直壁的形状畸变

由于圆孔翻边时变形区内金属在切向拉应力的作用下产生切向的伸长变形，所以极限翻边系数主要取决于毛坯金属材料的塑性。孔翻边时毛坯变形区内在半径方向上各点的切向伸长变形的数值是不同的，毛坯孔的边缘处的伸长变形最大，应保证其小于材料塑性所允许的极限值。因此，圆孔翻边时变形区边缘上允许产生的最大相对伸长变形量为

$$\delta_\theta=\frac{d_1-d_0}{d_0}=\frac{1}{K}-1\leqslant\delta \tag{7.3}$$

由式(7.3)可见，圆孔翻边时的极限翻边系数与材料的延伸率 δ 成反比例关系。但实际上，式(7.3)中所用的延伸率 δ 的数值，通常要大于在简单拉伸试验中所得到的均匀延伸率，其原因在于翻边变形区内直径方向上各点的伸长变形大小不同：在边缘上的伸长变形量最大，而其余各点上的伸长变形量随其与边缘距离的增大而迅速减小。由于伸长变形量较小的邻区的影响，使孔边缘处塑性变形的稳定性得到加强，抑制了边缘部位上金属产生局部集中变形的趋势，因而翻边时毛坯边缘部分可能产生比简单拉伸试验大得多的伸长变形量。但是，只有在翻边的孔径比较小，切向应变 δ_θ 的变化梯度较大(图 7.3)时这种影响才比较显著。当翻边的孔径很大时，切向应变 δ_θ 的变化梯度较小，以致使这种影响可能降到实际上不起作用的程度。表 7.1 列出了低碳钢圆孔翻边时的极限翻边系数的数值。分析表中的数值，完全可以看出上述尺寸效应对翻边变形极限的影响。

表 7.1　低碳钢圆孔翻边时的极限翻边系数

凸模形式	孔的加工方法	d_0/t										
		100	50	35	20	15	10	8	6.5	5	3	1
球形凸模	钻孔并清理	0.7	0.6	0.52	0.45	0.4	0.36	0.33	0.31	0.3	0.25	0.2
	冲孔	0.75	0.65	0.57	0.52	0.48	0.45	0.44	0.43	0.42	0.42	—
圆柱形凸模	钻孔并清理	0.8	0.7	0.6	0.5	0.45	0.42	0.4	0.37	0.35	0.3	0.35
	冲孔	0.85	0.75	0.65	0.6	0.55	0.52	0.5	0.5	0.48	0.47	—

3. 提高极限翻边系数的措施

用钻孔的方法代替冲孔，或者在冲孔后采用整修方法切掉冲孔时形成的表面硬化层和可能引起应力集中及变形集中的表面缺陷与毛刺，或者在冲孔后采用退火热处理等措施，都能提高伸长类翻边的极限变形程度。另外，采用球形凸模或使翻边的方向与冲孔时相反(即使冲孔后毛坯的光亮带朝向翻边凹模，而带有毛刺的剪裂带朝向翻边凸模)以降低容易开裂部分的伸长变形，也都能起到提高翻边变形程度的目的。上述几种措施都是在生产中时常采用的行之有效的方法。

4. 翻边初始孔径的确定

圆孔翻边时毛坯变形区厚度变小、面积增大，毛坯的孔径可按弯曲变形长度展开的方法做近似的计算，计算公式为

$$d_0=d_1-2(H-0.43r-0.22t) \tag{7.4}$$

实际上，由于在翻边时毛坯变形区内的切向拉应力引起的变形使翻边高度减小，而径向拉应力的作用又使翻边的高度加大，所以翻边时的变形程度(翻边系数)、模具的几何形状和间隙、板材的性能等都是可能引起翻边高度变化的因素。一般情况下，切向拉应力的作用比较显著，实际所得的翻边高度都略微地小于按弯曲变形展开计算所得的翻边高度值。当对翻边高度尺寸的要求比较严格时，翻边前毛坯孔的尺寸都要根据翻边模的试冲结果确定。

5. 翻边力

圆孔翻边力可按下式估算(用圆形凸模时)：

$$F=1.1\pi t(d_1-d_0)\sigma_b \tag{7.5}$$

式中 F——翻边力，N；

σ_b——材料抗拉强度，MPa；

d_1——翻边直径，mm；

d_0——毛坯孔直径，mm；

t——板材厚度，mm。

翻边凸模的圆角半径 r_p 对翻边变形、零件质量和所需的翻边力都有较大影响。增大凸模圆角半径 r_p 时，可以大幅度地降低翻边力。当采用球形凸模时，翻边力可比用小圆角半径凸模时降低 50%左右。其翻边力可按下式计算：

$$F=1.2\pi d_1 t m\sigma_b \tag{7.6}$$

式(7.6)中 m 为一个系数，其值可由表 7.2 查到。

表 7.2 系数 m

翻边系数 $K=\frac{d_0}{d_1}$	m
0.5	0.2～0.25
0.6	0.14～0.18
0.7	0.08～0.12
0.8	0.05～0.17

7.1.2　伸长类平面翻边

圆孔翻边的变形是轴对称的，变形区内的应力与应变沿翻边线的分布相同，所以它是伸长类平面翻边的一种特殊形式。非圆孔翻边和沿不封闭的内凹曲线进行的翻边(图 7.5)是伸长类平面翻边的一般形式，其应力状态及变形特点都和圆孔翻边相同，而区别仅仅在于变形区内沿翻边线应力与变形的分布是不均匀的，而且随其曲率半径的变化而变化。

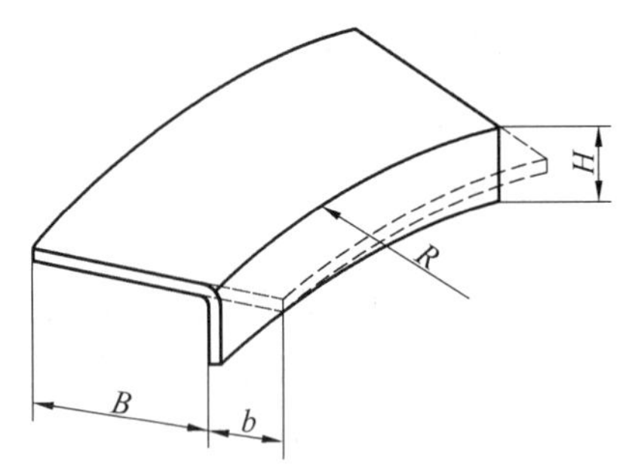

图 7.5　伸长类平面翻边

翻边的高度相同时，曲率半径大的部位上的切向拉应力和切向伸长变形都小，而在直线部分上则仅在凹模圆角附近产生弯曲变形，在竖边上的切向伸长变形量为零(图 7.6)。由于曲线部分和直线部分是连接在一起的一个整体，不可避免地会使曲线部分上的翻边变形在一定程度上扩展到直边部分，使直边部分也产生一定的切向伸长变形。反过来，曲线部分的切向伸长变形也因此而得到一定程度的减轻，所以这时可以采用较圆孔翻边时更小一些的极限翻边系数。极限翻边系数降低多少，取决于直线部分和曲线部分之间的比例，在实用时可以近似地按下式计算：

$$K'=\frac{K\alpha}{180^\circ} \tag{7.7}$$

式中　K'——非圆孔翻边时的极限翻边系数；

K——按表 7.1 求得的圆孔极限翻边系数；

α——曲线部分的中心角，(°)(图 7.6)。

式(7.7)适用于 $\alpha\leqslant180^\circ$，当 $\alpha>180^\circ$时，由于直边部分的影响已很不明显，故应按圆孔翻边确定极限翻边系数。当直边部分很短或者不存在直边部分时，极限翻边系数的数值也应按圆孔翻边计算。

伸长类平面翻边系数 K'可用下式表示：

$$K'=\frac{R-b}{R}$$

式中　R 和 b——翻边线的曲率半径和毛坯上需要翻边成形部分的宽度(图 7.5)。

非圆孔的平面翻边时，毛坯变形区内切向拉应力和切向的伸长变形沿全部翻边线的分布是不均匀的，在远离边缘或直线部分而且曲率半径最小的部位上最大，而在边缘的自由表面上的切向拉应力和切向伸长变形量都为零。切向伸长变形对毛坯在高度方向上变形的影响大小沿全翻边线的分布也是不均匀的。假如这时采用宽度 b 一致的毛坯形状(图 7.7 中的实线，即半径为 r 的弧线)，翻边后零件的高度就不是平齐的，而是两端高度大中间高度小的竖边。另外，竖边的端线也不垂直，而是向内倾斜成一定的角度。

为了得到平齐一致的翻边高度，应在毛坯的两端对毛坯的轮廓线做必要的修正，采用图 7.7 中虚线所示的形状。翻边系数$\frac{r}{R}$和角度 α 越小，修正值$(R-r)-b$ 越大。毛坯端

线修正角 β，视 $\frac{r}{R}$ 及 α 大小而不同，通常可取 25°～40°。假如翻边的高度不大，而且翻边沿线的曲率半径很大时，也可以不做修正，按部分圆孔边的情况确定毛坯的形状。

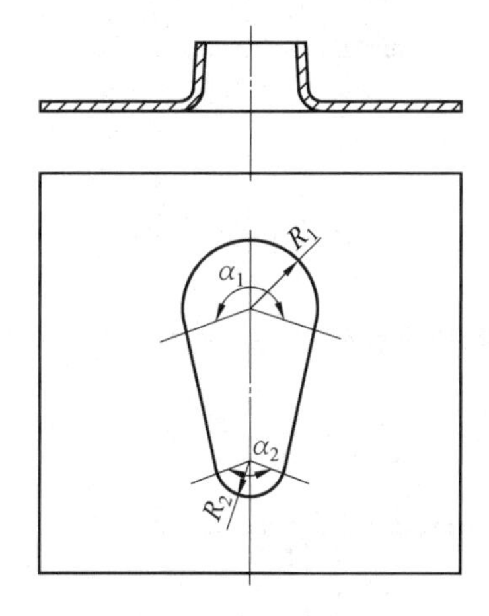

图 7.6　非圆孔翻边

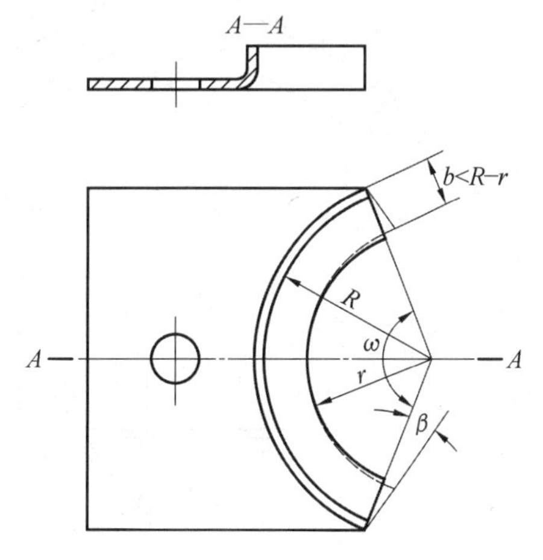

图 7.7　非圆孔翻边时毛坯的形状

7.1.3　伸长类曲面翻边

伸长类曲面翻边，如图 7.8 所示。变形区是宽度为 b 的条形部分(图 7.8 中虚线所示)，在翻边后成为高度为 H 的竖边。

伸长类曲面翻边的变形特点可以从图 7.9(a)看出。当翻边变形进行到图示的中间状态时，已进入凸模与凹模之间的间隙里高度为 $H-R$ 的竖边是传力区，而位于凹模曲面上宽度为 b 的条状部分是不变形区，因为当凸模向下运动时其长度不变，仅仅宽度 b 随着减小。这时变形区是处于凹模圆角区的金属。变形区内长度为 l_1 和 l_2 的两个直边部分，在凹模的作用下应向翻边线的法线方向翻折展开，其结果势必引起中心角为 α 的圆弧部分在切向拉应力作用下产生切向的伸长变形。但是，由于上述两个部分的两种变形趋向都受到宽度为 b 的不变形区的限制，结果使中间圆弧部分的切向伸长变形得到减轻，并使两端的直线部分产生拉向毛坯中心的剪切变形。伸长类曲面翻边模结构中应采用较强的压料装置以防止毛坯底部在中间部位上出现起皱现象。另一方面，不变形区对变形区的牵制作用使曲面翻边的变形变得十分困难，因而有时也可能出现因翻边力过大，超过传力区的强度所能承受的数值而使后者被拉断的问题。事实上，宽度为 b 的不变形区，在翻边接近结束时在变形区的作用下也会产生一定的伸长变形。

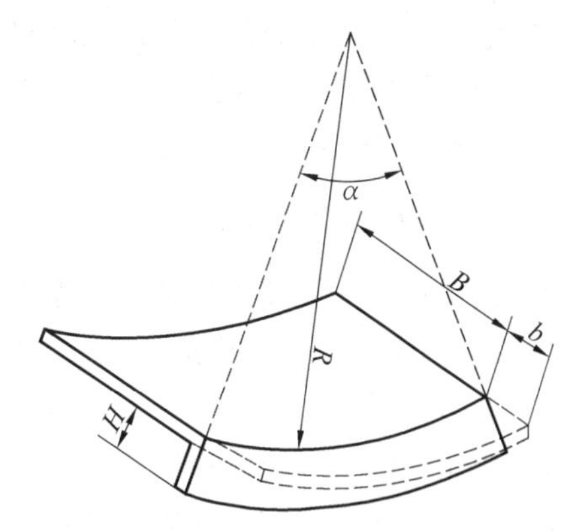

图 7.8　伸长类曲面翻边

曲面翻边时，所得零件的形状和尺寸取决于凸模的形状，所以必须使凸模和压料板的

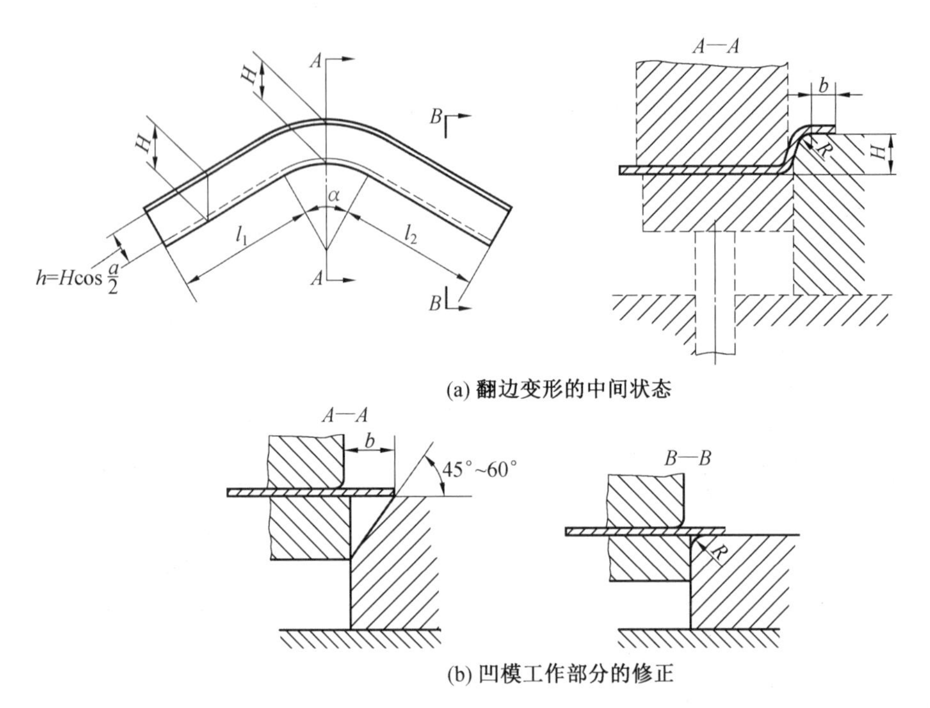

(a) 翻边变形的中间状态

(b) 凹模工作部分的修正

图 7.9　伸长类曲面翻边的变形分析

几何形状和曲面毛坯的形状相同。翻边凹模的形状并不决定所得零件的形状和尺寸，但是却对翻边变形有极大的影响，所以在模具设计时必须从翻边变形的规律和要求出发正确地确定凹模工作部分的几何形状和尺寸。

假如把凹模的形状做成和凸模的形状完全一致，则在翻边过程中当冲模相对于毛坯的运动距离为 H 时，无论是毛坯的中心点（A－A 断面）或两端斜边上冲模上各点的垂直位移都应是 H，而在两端斜边上已经完成的翻边高度较小，其值仅为 $h=H\cos\frac{\alpha}{2}$。在毛坯中心点附近为形成较高的翻边高度而必须多补充的材料，虽然可以从宽度为 b 的不变形区得到，但是当不变形区的宽度 b 较大时，也可能使 A－A 断面附近已翻成的竖边上产生径向伸长变形（在 A－A 方向上），甚至可能在这个方向上被拉裂。另一方面，因为在翻边高度较小的两端上不变形区的宽度大，而在毛坯中心点上不变形区的宽度较小，所以切向伸长变形容易集中于毛坯的中间部分，引起这部分在切向方向上的开裂。为了避免产生这种不利的情况和创造有利于翻边变形的条件，在生产中时常对凹模工作部分的形状做一定的修正。假如将凹模的形状修正成图 7.9(b)或 7.10(a)所示的形状，就会使翻边变得比较有利，改变上述那种在毛坯的中间部分上过早地进行翻边变形的不利局面，而使翻边变形首先从毛坯的两端开始（图 7.10(b)），以后逐渐地扩展到毛坯的中间部分。这对于防止毛坯中间部分的开裂和提高极限翻边高度都是有利的。

冲压方向的选取，也就是毛坯在翻边模内位置的确定，是伸长类翻边模设计中的另一个重要问题。正确的冲压方向应对翻边变形提供尽可能有利的条件，另外也应保证翻边作用力在水平方向上的平衡。翻边曲线的法线与冲压方向所构成的角度越大，翻边变形也越困难。因此，通常应取冲压方向与毛坯两端切线构成的角度相同（图 7.11 中的 N 方向)，而不取毛坯两端点连线 AB 的垂直方向(图 7.11 中的 M 方向)。

假如翻边零件的曲面具有接近或超过 180°以上的中心角，就不能用上述的翻边方法，这时常用两道翻边工序冲压完成(图 7.12)，可能得到的最大翻边宽度由下式求得：

$$K=\frac{d}{d+2b} \tag{7.9}$$

或

$$b=\frac{1}{2}\left(\frac{d}{K}-d\right) \tag{7.10}$$

式中　K——极限翻边系数，其值可由表 7.1 查到。

伸长类翻边的主要成形限制是变形区边缘部位的破裂。因此，凡是有利于增强边缘部位塑性变形能力的措施，以及减小边缘部位变形量和变形集中的措施都可以减小破裂的可能性。

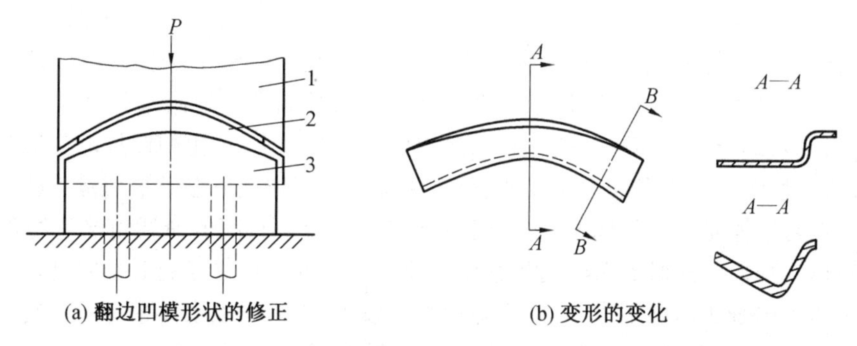

图 7.10　伸长类曲面翻边凹模形状对变形的影响

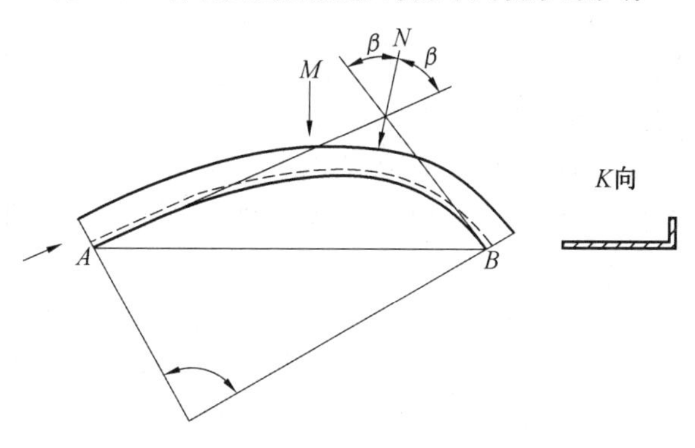

图 7.11　曲面翻边时冲压方向的选择

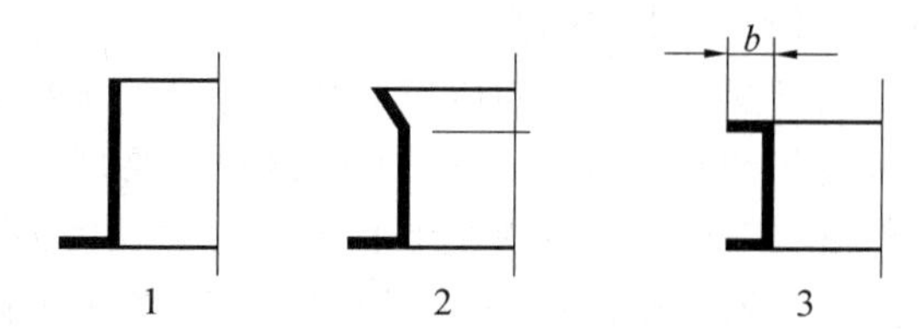

图 7.12　中心角过大时的翻边方法

7.2 压缩类翻边

压缩类翻边可以分为压缩类平面翻边(图 7.13)和压缩类曲面翻边(图 7.14)。

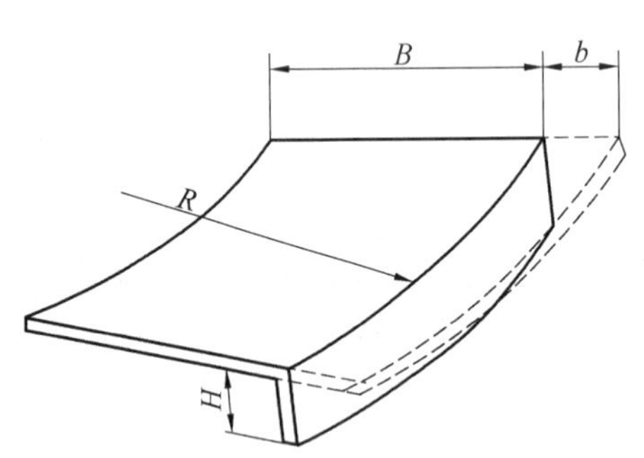

图 7.13　压缩类平面翻边

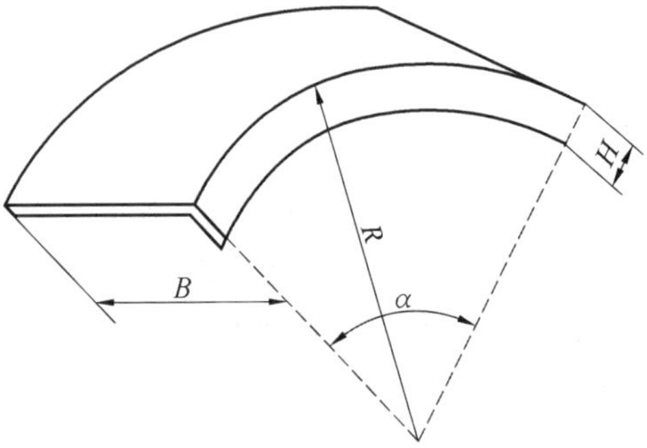

图 7.14　压缩类曲面翻边

压缩类平面翻边时,毛坯变形区内除靠近竖边根部圆角半径附近的金属产生弯曲变形外,其余主要部分处于切向压应力和径向拉应力的作用下,产生切向压缩变形和径向伸长变形(这里切向压应力和切向压缩变形是主要的)。实质上压缩类平面翻边的应力状态和变形特点与拉深是完全相同的,区别仅在于前者是沿不封闭的曲线边缘进行的局部非轴对称的拉深变形。这时的极限变形程度主要受毛坯变形区失稳起皱的限制。不用压边装置可能达到的翻边高度不大,所以当翻边高度较大时,模具上也要带有防止起皱的压边装置。压缩类平面翻边系数 K 实质上就是拉深系数,并用下式计算:

$$K=\frac{r}{R} \tag{7.11}$$

式中　r——翻边线的曲率半径,mm;

　　　R——毛坯边缘的曲率半径,mm(图 7.15)。

沿不封闭的曲线进行压缩类平面翻边时,翻边线上切向压应力和径向拉应力的分布是不均匀的,其在曲率半径小的部位上或在圆弧部分的对角线的位置上最大,而在两端最小。假如采用由半径为 R 构成的圆弧线为毛坯轮廓(图 7.15 中的实线),由于毛坯边缘的宽度相等而宽度方向上的变形量不同,在翻边后势必形成中间高两端低的竖边,并且两端的边缘线也不与零件平面垂直而向外倾斜。为了得到翻边后竖边的高度平齐而两端线垂直的零件,必须对毛坯的形状做必要的修正。修正的方向恰好和伸长类平面翻边相反。修正后得到毛坯的形状如图 7.15 中虚线所示。

压缩类曲面翻边时,毛坯变形区在切向压应力作用下产生失稳起皱是限制变形程度的主要因素。因此,当板料的相对厚度不大时,可能翻边的高度是不大的。压缩类翻边时,凹模工作部分的几何形状与尺寸对翻边变形和极限变形程度都有较大的影响。例如把凹模的形状做成图 7.16 所示的形状时,可以使中间部分的切向压缩变形向两侧扩展,使局部的集中变形趋向均匀,从而可能减小起皱的可能性。另外,凹模形状修正以后,对毛坯两侧在偏斜方向上进行冲压的情况也有一定的改善。

压缩类曲面翻边模设计时,冲压方向的选择原则基本上和伸长类曲面翻边时相同。

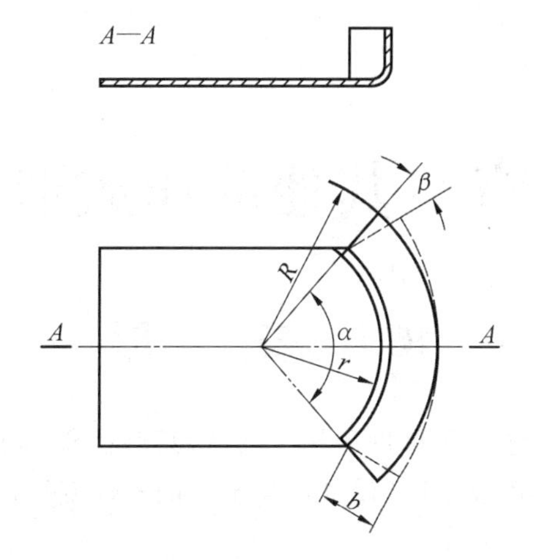

图 7.15 压缩类平面翻边毛坯形状的修正

压缩类翻边的主要成形限制是变形区边缘部位的失稳起皱。因此，凡是有利于增强变形区抗起皱能力的措施和减小边缘部位变形量的措施都可以减小起皱的可能性。

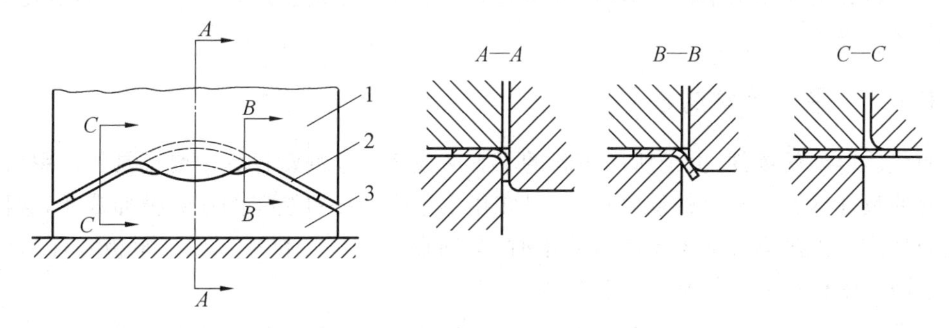

图 7.16 压缩类曲面翻边凹模形状的修正

1—凹模；2—毛坯；3—凸模

思考题与习题

1. 简述翻边变形的力学特点。
2. 采用哪些工艺措施可以提高圆孔翻边的极限变形程度？
3. 球形、锥形冲头与圆柱形冲头相比，对圆孔翻边的实现有何优越之处？
4. 为什么要对外缘翻边件的坯料进行修正？
5. 试从应力与应变关系的角度出发，把翻边与胀形、拉深工序进行比较（列表表示）。
6. 简述两类冲压成形的最根本特点。

第8章　其他冲压成形方法

8.1　校　　形

校形是指冲压零件在经过各种冲压加工之后，其形状和尺寸已经相当接近成品零件，但尺寸精度还不能满足使用要求时，使其产生不大的塑性变形，从而提高零件的形状和尺寸精度的冲压方法。

校形在冲压生产中具有重要意义，应用比较广泛。校形时的应力状态应有利于减小卸载过程中毛坯的弹性变形引起的形状和尺寸的变化。在各种不同校形工艺中，由于冲压件的形状和精度要求不同，毛坯所处的应力状态和产生的变形都不一样，而且也比成形过程要复杂得多。

8.1.1　平板零件的校平

冲裁后得到的零件，由于所用板料的不平度或者由于冲裁过程中受模具的作用结果，都能使冲裁件具有不平整的缺陷，尤其是在用不带弹性压料装置的连续模冲裁时，这种现象更为严重。当对零件的不平度有要求时，必须在冲裁后加校平工序。平板零件的校平模有平面校平模和尖齿校平模两种形式。

用平面校平模(图8.1)对平板零件进行校平时，主要依靠上下两块平模板使不平整的零件产生反向的弯曲变形以达到提高零件平直度的目的。平模板使被校平毛坯在反向弯曲的同时受三向压应力的作用，有利于毛坯在模板作用下的平直状态得以保留下来。但是平模板的单位压力较小，对改变毛坯内应力状态的作用不大，在校平模板的作用力去除之后，毛坯仍有较大的回弹。所以，这种校平方法主要用于平直度要求不高，由软金属(如铝、软钢、软黄铜等)制成的小型零件。

当对平板零件的平直度要求较高时，可以采用尖齿校平模(图8.2)。在校平时，模具的尖齿挤压进入毛坯表面层内一定的深度，并且使毛坯因压平的反向弯曲引起的单向应力状态遭到比较彻底的破坏，在模具压力作用下的平直状态可以保持到卸载以后。尖齿校平模的效果好，可能达到很高的平面度要求，主要用于平直度要求较高或强度极限高的较硬材料。用尖齿校平模时，在校平零件的表面上留有较深的压痕，而且毛坯也容易黏在模具上不易脱模，所以在生产中多用平齿校平模，即将尖齿校平模的齿尖做成具有一定宽度 $b=(0.2\sim0.5)t$ 的齿顶。当零件的表面不允许有压痕时，可以采用一面是平板，而另一面是带齿模板的校平方法。

用模具校平时的校平力 F 取决于材料的力学性能、厚度等因素，可以用下式粗略计算：

$$F=pA \tag{8.1}$$

式中 F——校平力,N;

A——校平零件的面积,mm^2;

p——校平单位压力,MPa。

用平面校平模时,可取 $p=80\sim100$ MPa;用尖齿或平齿校平模时,可参考表 8.1 选取。

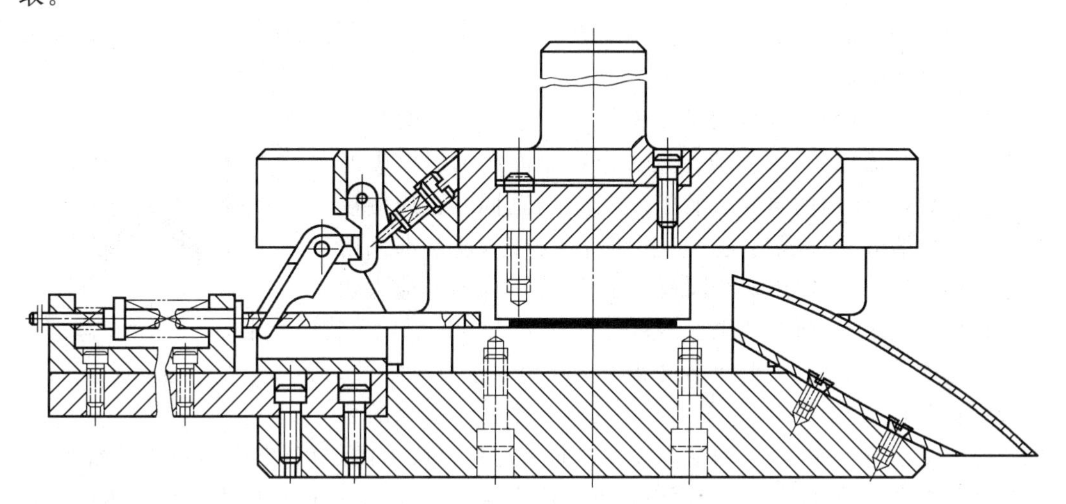

图 8.1 带有自动弹出器的通用校平模

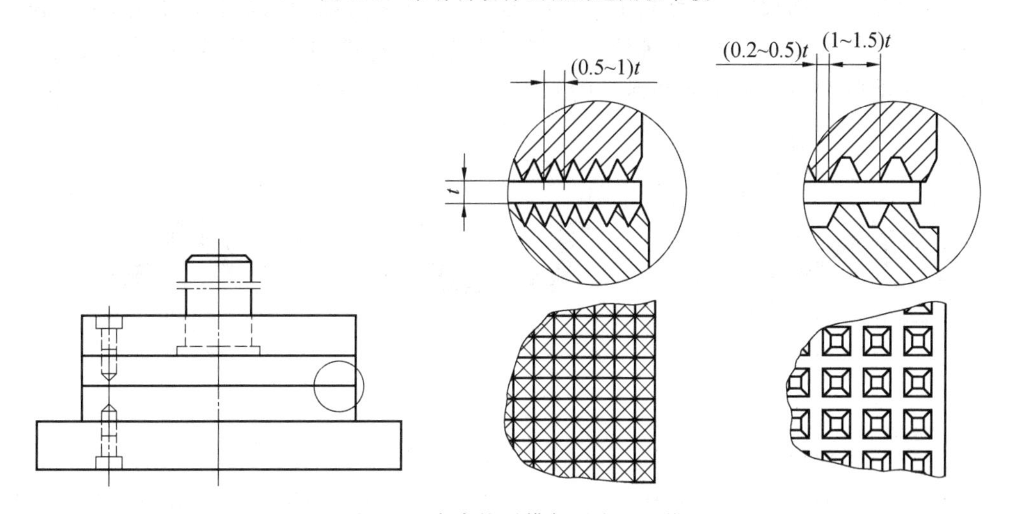

图 8.2 尖齿校平模与平齿校平模

表 8.1 采用尖齿或平齿校平模时校平单位压力

校平材料	校平单位压力 p /MPa
软钢	250～400
软铝	20～50
硬铝	300～400
软黄铜	100～150
硬黄铜	500～600

8.1.2 空间形状零件的校形

弯曲或拉深后的空间形状零件已经具有相当接近于成品零件的形状和尺寸，所以在校形时零件的尺寸变化不大，主要目的是为了提高冲压件的精度。

1. 弯曲件的校形

弯曲件的校形方法主要有压校和镦校两种形式。压校方法(图 8.3)主要用于用折弯方法加工的弯曲件。

在压校时，对弯曲件两臂的平面也有校平作用。假如弯曲件两个臂的面积不等时，应注意选定弯曲件在校形模中的正确位置，尽量使两侧向的水平分力接近平衡，同时也应使校平单位压力的分布接近均匀。U 形零件压校时，通常都采用两道校形工序，分两次压两个圆角。压校时，零件内部应力状态的性质变化不大，所以效果也不显著。

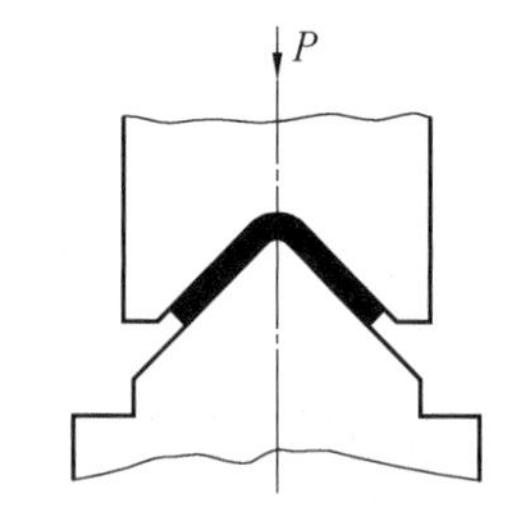

图 8.3 弯曲件的压校方法

在弯曲件的镦校时，要取半成品的长度稍大于成品零件。在校形模具的作用下(图 8.4)，不仅在与零件表面垂直的方向上毛坯受压应力的作用，而且在长度方向上也受压应力的作用，产生不大的压缩变形。这样就从本质上改变了毛坯断面内各点的应力状态，使其受三向压应力作用。压应力在厚度方向上的分布比较均匀，有利于减小回弹，使零件保持准确的形状。因此，镦校得到的弯曲件尺寸精度较高。但是，镦校方法的应用也常受零件的形状限制，例如带大孔的零件或宽度不等的弯曲件都不能用镦校的方法。

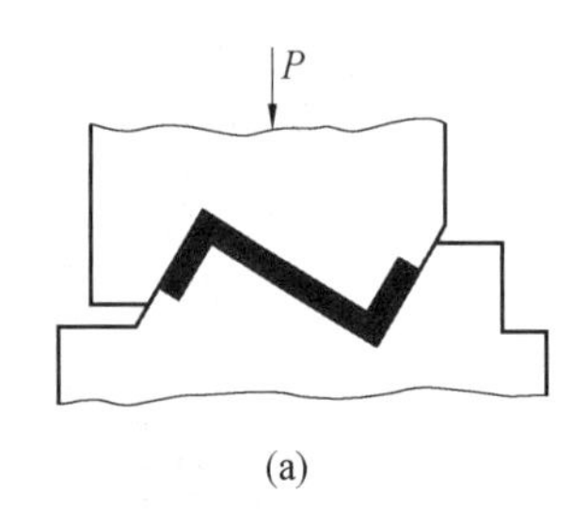

(a)

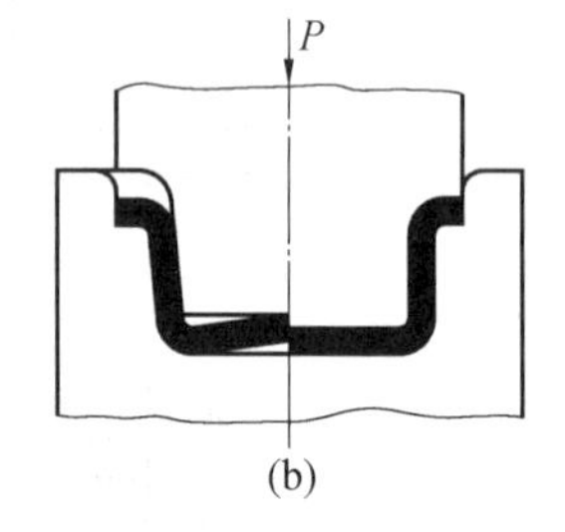

(b)

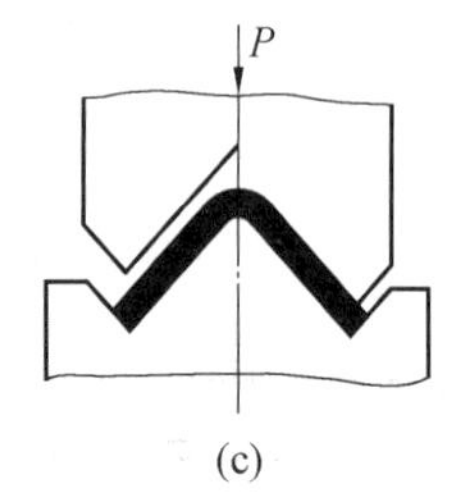

(c)

图 8.4 弯曲件的镦校方法

2. 拉深件的校形

由于拉深件的形状不同，精度要求的内容和程度不同，在生产中所采用的校形方法也不同。

对于不带法兰边的直壁拉深件，通常都是采用变薄拉深的校形方法提高零件侧壁的精度。可以把校形工序和最后一道拉深工序结合在一起，以一道工序完成。这时应取稍大些的拉深系数，而拉深模的间隙可取为(0.9～0.95)t。

当拉深件带法兰边时，校形的目的时常包括：校平法兰边平面，校小根部与底部的圆角半径，校直侧壁和校平底部等(图 8.5)。

在拉深后所得零件法兰边根部的圆角半径等于拉深凹模的圆角半径，所以当要求根部的圆角半径很小时，必须在校形的同时也校小圆角半径，得到成品零件的尺寸。零件法兰边根部的圆角半径由大到小的变化，要求从外部向圆角部分补充材料。如果校形工序所用半成品的高度等于成品零件的高度，便不可能从侧壁向圆角部分补充材料(图 8.6(a))，这时只能从法兰边部分转移，并使法兰边直径 d_F 由大变小；如果法兰边的直径 d_F 较大，而且 $d_F \geqslant (2\sim2.5)d$ 时，法兰边的外径也不可能产生收缩变化，而法兰边根部圆角半径的减小所必需的材料只能靠校形零件的侧壁和法兰边内口附近板材的变薄实现。在这种情况下，在校形零件各个部分都作用有相当大的拉应力，从变形特点看，相当于变形不大的胀形，所以模具作用下零件的形状易于保持下来，校形精度也好。但是，胀形变形不宜过大，否则在校形时也可能使零件破裂。在生产中常取校形时零件变形部位的伸长变形为 2%～5%。

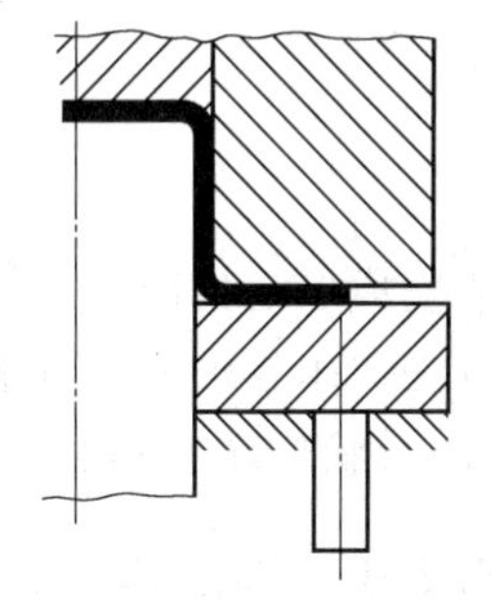

图 8.5　拉深件的校形

假如在校形时零件法兰边的根部和底部圆角半径变化过大，也可以取校形前半成品的高度稍微大于成品零件，即取 $h'>h$；以防止校形时因胀形变形过大而造成零件的破裂。但是，所取的半成品高度 h' 不能过大，因为当 h' 过大以致使半成品的面积等于或大于成品零件所需的面积时，在校形过程中就不会产生胀形变形。这时，校形零件要受到压应力的作用，并且可能因失稳和材料的过剩而使零件表面形成不平的波纹，降低零件的质量(图 8.6(b))。

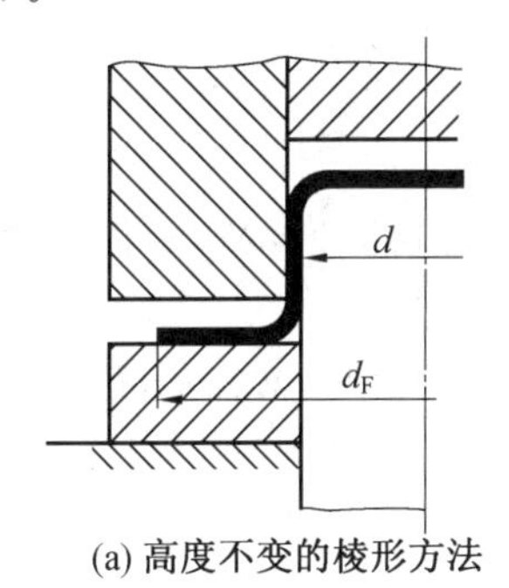

(a) 高度不变的棱形方法

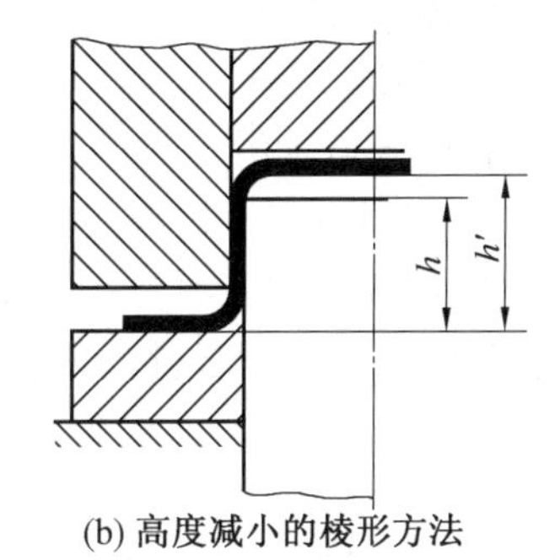

(b) 高度减小的棱形方法

图 8.6　拉深件校形时的尺寸变化

对拉深件的法兰边平面校平时，除了依靠上模与下模平面对法兰边的压平作用外，还必须考虑零件侧壁和底部对法兰边平面的影响。因为平面形状的法兰边的刚度很差，只要侧壁的高度稍有差别或者因内应力的作用稍有变形，就会反映为法兰边平面的翘曲或歪扭。在这种情况下，采用仅仅对零件的法兰边进行压平的方法，时常得不到理想的效果。因此，必须综合考虑校平时零件的侧壁和法兰边根部圆角变形的影响。尤其是在非旋转体零件的法兰边校平时，即使沿零件周边的根部圆角半径由大到小的变化相同，而需要由外界补充材料的多少和补充的难易等都因其周边的形状和曲率的大小而异。因此，在冲压生产中也常采用改变根部圆角大小，使其沿周边分布不均的方法，以求达到可以校平法兰边平面的目的。

8.2 软模成形

软模成形是指用液体、橡胶或气体的压力代替刚性的凸模或凹模对板料进行冲压加工的方法。用软模成形方法可以进行的冲压工序很多，如弯曲、拉深、翻边、平板毛坯的胀形、空间形状毛坯的胀形等，有时也用来进行剪切加工。

8.2.1 软凸模拉深和胀形

软凸模拉深如图 8.7 所示。在液体压力的作用下，平板毛坯的中间部分首先在两向拉应力的作用下产生胀形变形，其形状由平面变成为接近球面的曲面。当液体的压力继续增大，而且毛坯法兰边内口的径向拉应力 σ_1 达到足以使毛坯外周产生拉深变形时，毛坯周边便开始逐渐地进入凹模，并形成零件的侧壁。

毛坯周边产生拉深变形所需的液体压力，可由下列平衡条件得到：

$$p\frac{\pi d^2}{4}=\pi \mathrm{d} t\sigma_1$$

整理后得

$$p=\frac{4t}{d}\sigma_1 \tag{8.2}$$

式中 p——所需液体压力，MPa；

d——零件的直径，mm；

t——板料厚度，mm；

σ_1——为使毛坯周边产生拉深变形所需的径向拉应力，MPa，包括摩擦损失，其值可按圆筒零件拉深的公式计算。

在拉深后期，如需成形得到零件底部较小的圆角半径时，必需的液体压力为

$$p=\frac{t}{r}\sigma_s \tag{8.3}$$

式中 r——零件底部的圆角半径，mm；

σ_s——板料的屈服强度，MPa。

用软凸模进行拉深时，毛坯的稳定性不好，容易偏斜，而且中间部分的胀形和变薄是不可避免的，其应用受到一定的限制。但是，由于所用模具简单，有时不用冲压设备也能进行冲压成形，所以软凸模拉深时常用于大尺寸的或形状极为复杂的零件。

图 8.8 是用软凸模对平板毛坯进行局部胀形的原理。胀形时毛坯的外边缘不产生拉深变形，零件形状的变化主要是依靠在两向拉应力作用下板料面积增大。因此，毛坯不会起皱，对于薄材料的曲面形状零件的冲压加工十分有利。

图 8.8 所示的平板毛坯胀形所需的单位压力为

$$p=\frac{2t}{R}\sigma_s \tag{8.4}$$

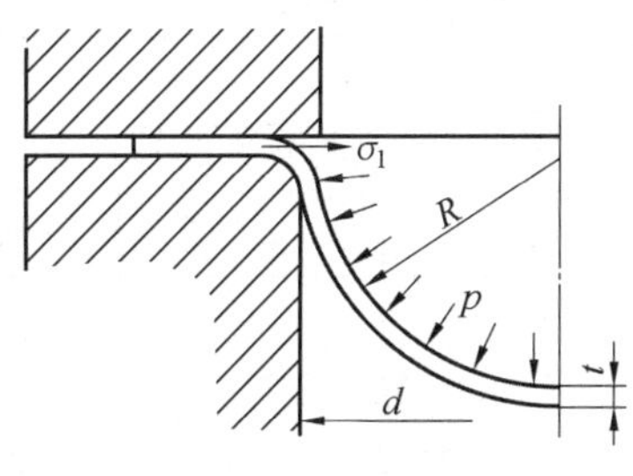

图 8.7 软凸模拉深

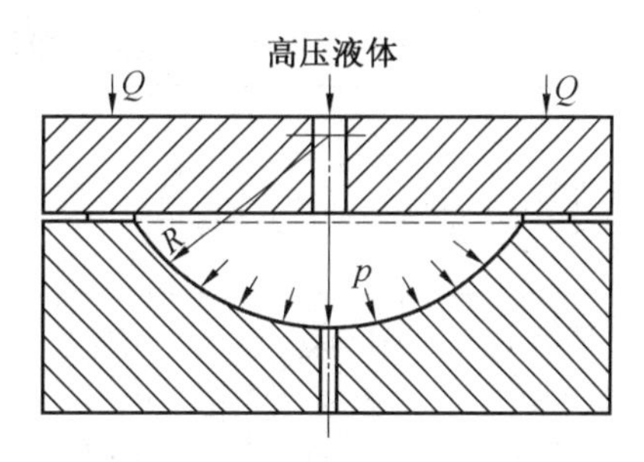

图 8.8 软凸模胀形

用液体、橡胶或气体进行空间零件的胀形或校形，可以简化模具结构，加工形状极为复杂的零件，如波纹管、火箭发动机的各种零件等。低温成形时，多用液体或橡胶；高温成形时则用气体。

8.2.2 软凹模拉深

用液体或橡胶的压力代替刚体凹模的作用，也可以进行拉深工序(图 8.9)。在拉深成形时，高压液体将毛坯紧紧地压在凸模的侧表面上，增大了毛坯的传力区(侧壁)与凸模表面的摩擦力，也减轻了毛坯侧壁内的拉应力，使传力区的承载能力得到很大程度的提高。另一方面，在软凹模拉深时，也使毛坯与凹模的摩擦损失有相当程度的降低，因此，极限拉深系数比普通拉深时小很多，有时可达 0.4～0.45。

软凹模拉深时，液体的压力数值应该足以防止毛坯的起皱和提供足够的表面摩擦力，其数值可以参考表 8.2 选取。

充液拉深是软凹模拉深的另一个特殊形式(图 8.10)。拉深前，于凹模内充满液体。在拉深时，凸模下降并压入凹模，在凹模腔内形成高压。高压液体将毛坯紧紧地压在凸模表面上，造成对拉深变形有利的摩擦。同时液体通过毛坯外表面与凹模之间的空隙排除，使毛坯与凹模表面脱离接触，创造了一个极好的压力下实现强制润滑的条件，从而降低了毛坯与凹模之间的有害摩擦。其极限拉深系数常可降至 0.35～0.4。

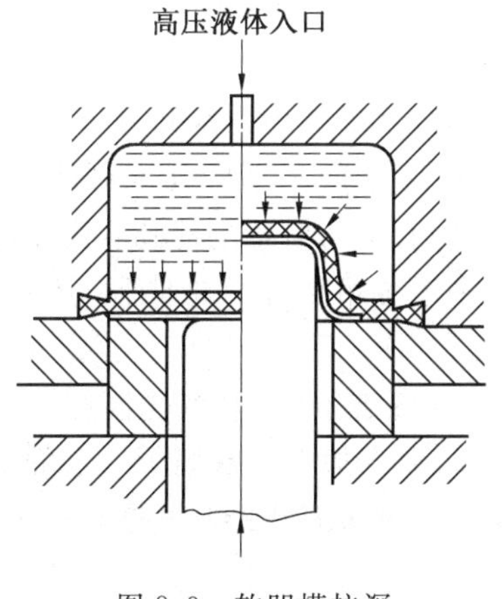

图 8.9 软凹模拉深

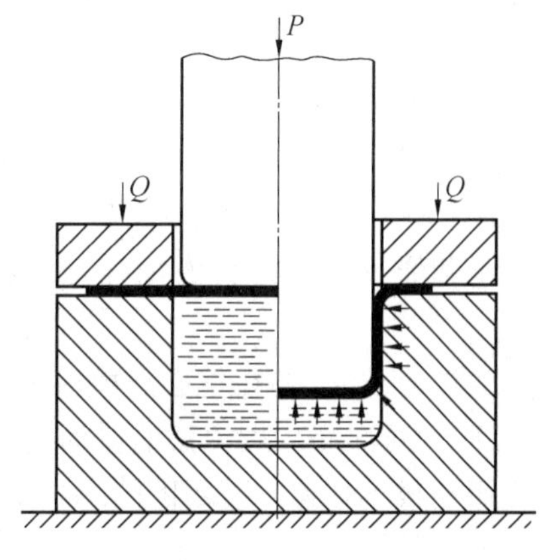

图 8.10 充液拉深

表 8.2　液体凹模拉深所需的压力(加工板厚 $t=1$ mm)　MPa

材料	拉深系数 $m=\frac{d}{D_0}$					
	0.7	0.6	0.5	0.45	0.43	0.42
硬铝	0～22	0～32	0～34	0～35	0～35	0～35
低碳钢	0～50	0～55	0～60	0～60	0～65	—
不锈钢	0～60	0～60	0～70	0～75	0～75	0～90

8.3　差温拉深法

在拉深时,毛坯可能产生的最大变形受到传力区(侧壁)强度的限制。假如毛坯的变形程度过大,则变形区产生拉深变形所需的径向拉应力 σ_1 可能达到或超过材料的强度极限。此时法兰边部分已经不是应产生拉深变形的“弱区”,而成为不可能再变形的“强区”,变形区将转移到毛坯侧壁,侧壁很快就产生破裂。降低变形区的变形力和增强传力区的传力能力都能较好地解决这一问题。差温拉深法就是在拉深过程中使毛坯的变形区和传力区处于不同的温度,而其温度变化的影响恰好有利于提高拉深时的极限变形程度。差温拉深可以分为局部加热拉深和局部冷却拉深两种方法。

局部加热拉深如图 8.11 所示。在拉深过程中,使压边圈和凹模之间的毛坯变形区加热到一定的温度,降低其变形抗力。同时在凹模圆角部分和凸模内通水冷却,保持毛坯传力区的强度不要降低。用这种方法可以使极限拉深系数降低到 0.3～0.35,即用一道工序可以代替普通拉深方法的 2～3 道工序。在各种高盒形零件的拉深时,局部加热法的效果更为显著。由于加热温度受到模具钢耐热能力的限制,因此,目前这一方法主要用于铝、镁、钛等轻合金零件的冲压加工,对钢板应用得不多。

在局部加热拉深时,毛坯的加热温度取决于材料的种类,对于铝合金可以取 310～340 ℃;对黄铜(H62)可取 480～500 ℃;对于镁合金可取 300～350 ℃。

局部冷却拉深如图 8.12 所示。在拉深过程进行时,毛坯的传力区和处于低温的凸模接触,并且被冷却到－160～－170 ℃。在这样低的温度下低碳钢的强度可能提高到两倍,而 18－8 型不锈钢的强度能提高到 2.3 倍。毛坯的底部与侧壁的冷却和强度的提高,使传力区的承载能力得到很大的加强,所以极限拉深系数可以显著地降低,达到0.35左右。

常采用的深冷方法,是在空心凸模内添加液态氮或液态空气,其汽化温度是－195～－183 ℃。目前,局部冷却拉深法的应用受生产率不高和冷却方法麻烦等缺点的限制,在生产中的应用还很不普遍,主要用于不锈钢、耐热钢等特种金属或形状复杂且高度大的盒形零件。

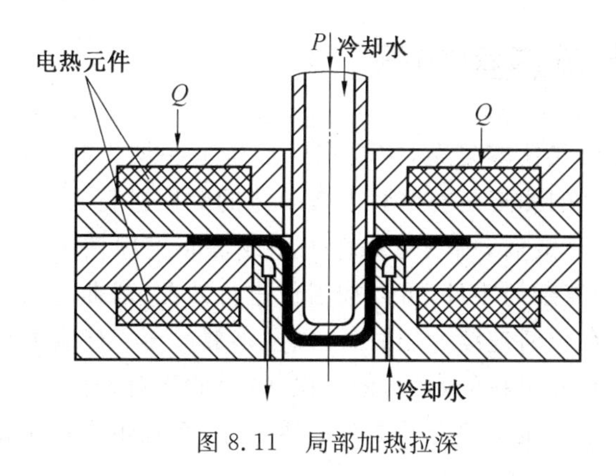

图 8.11 局部加热拉深

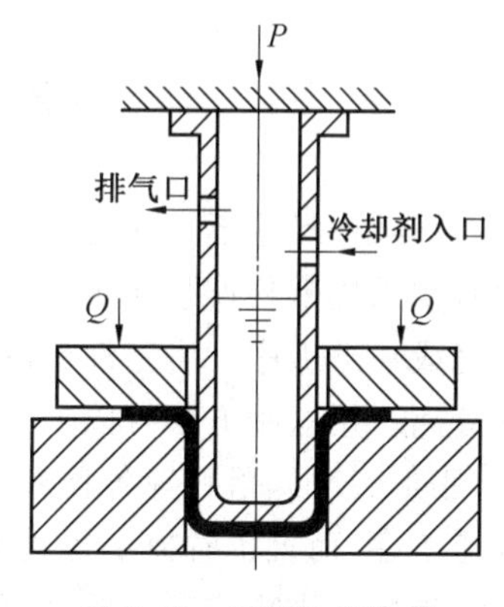

图 8.12 局部冷却拉深

8.4 加径向压力的拉深法

加径向压力的拉深方法如图 8.13 所示。在拉深凸模对毛坯作用的同时,由高压液体在毛坯变形区的四周施加径向压力,使变形区的应力状态发生变化,并使径向拉应力的数值减小。在变形区的外边缘则是三向受压的应力状态。高压液体的径向压力作用,使毛坯变形区产生变形所需的传力区的径向拉应力下降,极限变形程度提高。另外,高压液体由毛坯与模具接触面之间的泄漏也形成了良好的强制润滑作用,其结果也有利于拉深过程的进行。用这种方法进行拉深时,极限拉深系数可能降低到 0.35 以下。高压液体可以由高压容器供给或在模具内由压力机的作用形成,后一种方法可能得到几百兆帕的径向压力。

因为所用模具和设备比较复杂,所以这种拉深法的应用受到限制,目前的应用还很不广泛。但是,对于低强度和低塑性的材料(如某些非金属材料),由于所需径向压力较小,而三向压应力状态对工艺塑性的有利影响又有比较重要的实际意义,所以这种拉深方法还会有一定的发展。

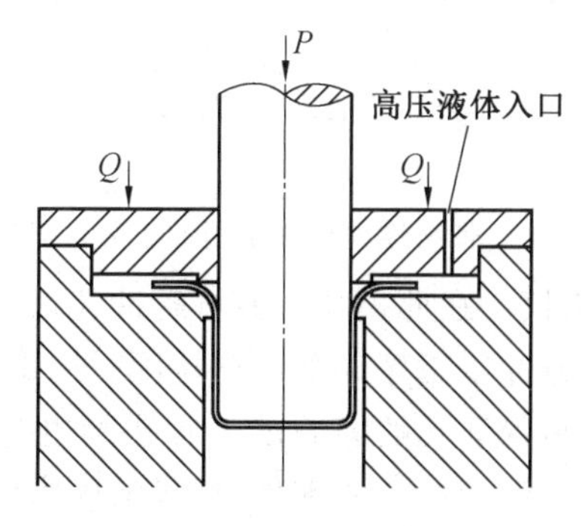

图 8.13 加径向压力的拉深方法

8.5 带料连续冲压

对于某些尺寸不大的冲压件，假如其形状比较复杂，需要多道冲压工序加工时，在生产中时常采用带料连续冲压。这时，冲压件的加工是在带料上按一定的顺序进行，在每个工位完成一道工序。当零件最后冲压加工完成后，用一道落料工序或切断工序使零件与带料分离。用这种方法可以加工形状极为复杂的零件，可以按工位进行冲孔、弯曲、拉深、翻边、胀形、校形、落料等各种冲压加工。在带料连续冲压时，可以把多数冲压工序合并成为一道工序，而且也省掉了每道工序里进料和出料的麻烦，便于操作，也便于自动化。

在带料上进行连续冲压时，可以把多数冲压工序合并成为一道工序，而且也省掉了每道工序里进料和出料的麻烦，便于操作，也便于自动化。

在带料上进行连续拉深加工时，通常都要在第一道拉深工序之前加一道或两道冲切工艺切口工序，使带料上形成一定形状而又不与带料完全分离的单个平板毛坯。为了保证冲压加工的顺利进行，工艺切口的形式应不妨碍每个毛坯的拉深过程中直径的变化，尽量减小或防止冲压过程中步距和带料宽度的变化，同时又能保证毛坯与带料之间的可靠联结，便于进行工序间的进出料与定位。工艺切口形式很多，图 8.14 所示为常见的几种切口形式。

图 8.14(a)所示的切口形式简单，但在第一次拉深过程中带料两侧的搭边有由平行到倾斜又到平行的变化，结果引起步距的改变，对拉深时毛坯外缘的变形有一定的牵制作用。图 8.14(b)、(c)所示的两种切口形式对毛坯的拉深变形没有影响，但其形式比较复杂，有时还会多增加一些材料消耗。

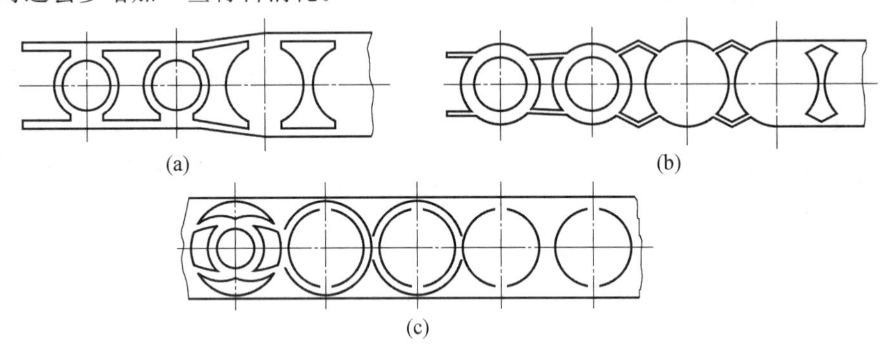

图 8.14　带料连续拉深常用的工艺切口形式

图 8.15 是带料连续拉深模。在此模具上共进行冲艺切口、第一道拉深、第二道拉深、冲底孔、底孔翻边、落料共六道冲压工序。第一道拉深时用蝶形弹簧 3 压料防止起皱。冲底孔时，用冲孔定位套 1 定位，保证孔的同心度。底孔翻边时，用翻边导正定位块 6 定位和防止推出器压料。冲孔的废料和冲成的零件，均经上模内的孔道逐个推出。

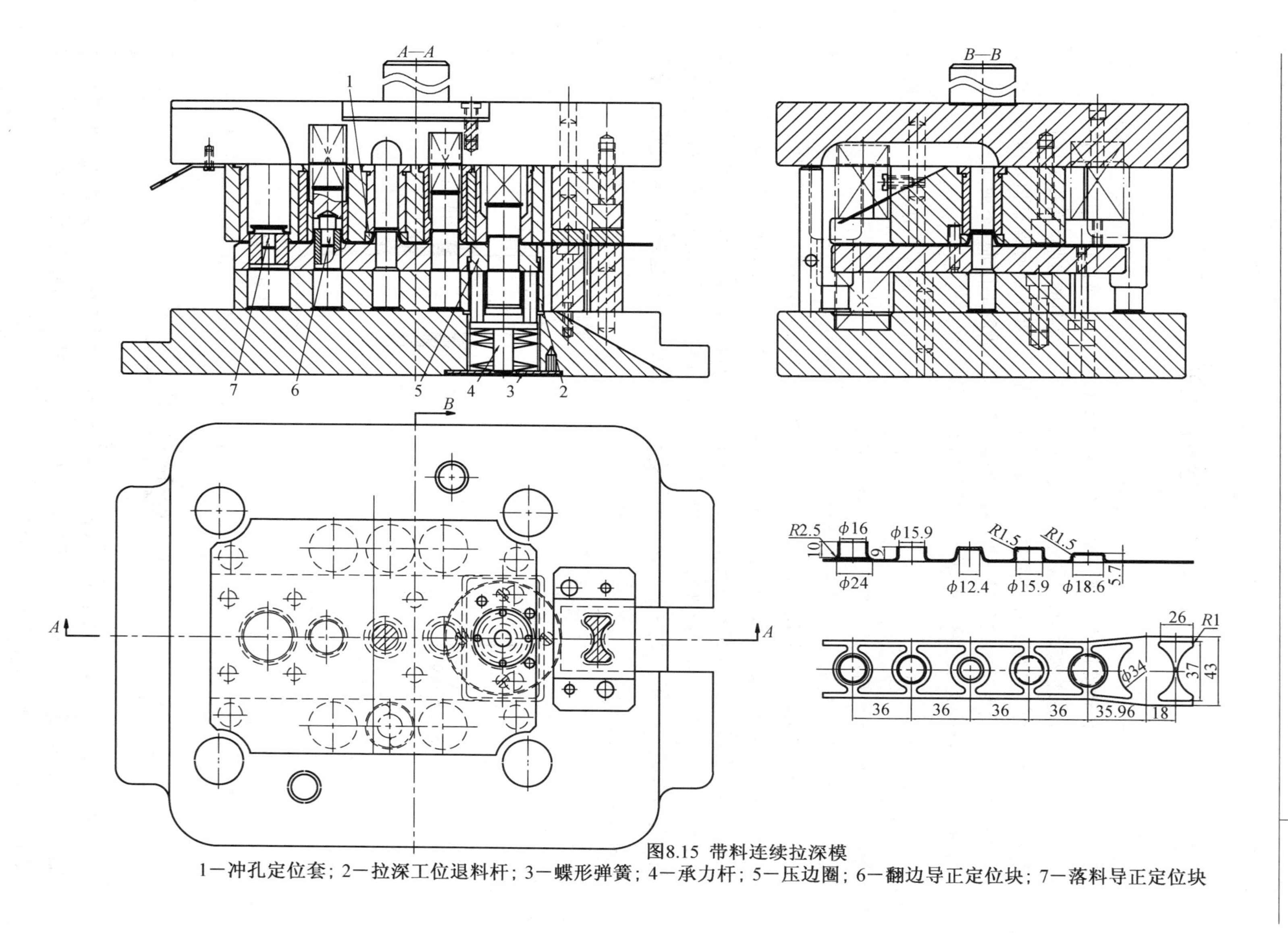

图8.15 带料连续拉深模

1—冲孔定位套；2—拉深工位退料杆；3—蝶形弹簧；4—承力杆；5—压边圈；6—翻边导正定位块；7—落料导正定位块

8.6 变薄拉深

变薄拉深(图 8.16)时,毛坯的直径变化很小,主要的变形反映在厚度的变化,所以它是冲压变形的一种特殊形式。变薄拉深适合于加工高度大、壁薄而底厚的空心件。

变薄拉深时,毛坯的变形区是处于凹模孔内锥形部分范围的金属,而传力区是已从凹模内被拉出厚度为 t_2 的侧壁部分和底部。变形区内的金属处于轴向受拉和另两向受压的三向应力状态。变薄拉深时的最大变形程度受到传力区强度的限制,不能过大。通常用变薄拉深系数表示变形程度。变薄拉深系数 m 的计算式为

$$m=\frac{t_2}{t_1} \tag{8.5}$$

式中 t_1 与 t_2——变形前后毛坯侧壁的厚度,mm。

对于大多数的金属,可取极限变薄拉深系数为 0.65～0.7。

变薄拉深时,凹模的角度 α 对变形过程有非常重要的影响,一般可取 $\alpha=12°\sim15°$。

旋转变薄拉深(图 8.17)是在变薄拉深基础上发展的一种新工艺方法。装有滚珠 4 的转盘 5 以 1 000 r/min 左右的速度旋转。毛坯 2 在凸模 1 的带动下以一定的速度(通常为 50～150 mm/min)做轴向进给。毛坯变形区尺寸(即毛坯与凹模的接触面积)的减小,可以显著降低变形力,因此一道拉深工序所能完成的壁厚减小量也得到相应的增大,通常可达 $\frac{t_2}{t_1}=0.3\sim0.5$。

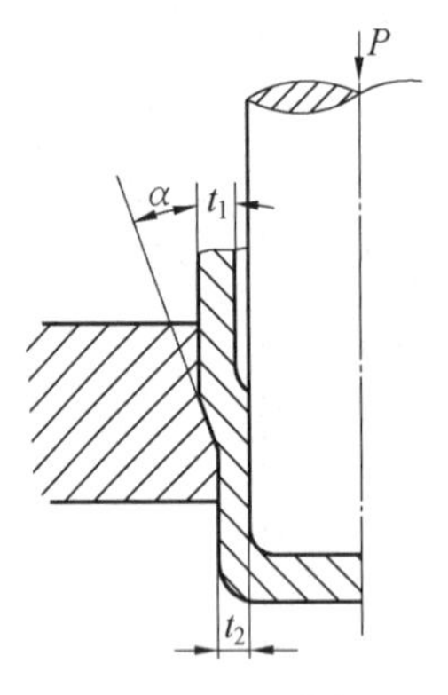

图 8.16 变薄拉深

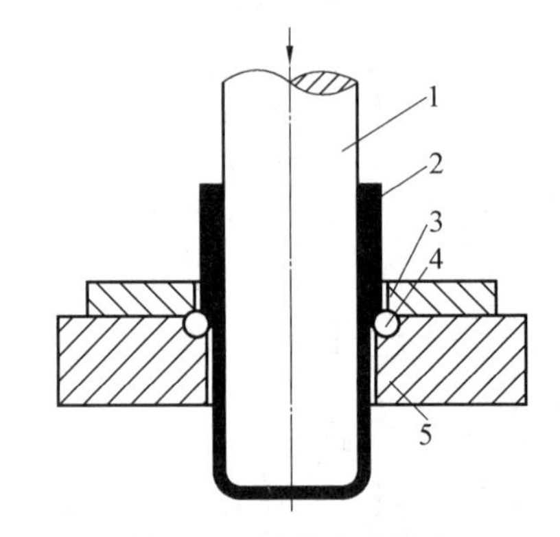

图 8.17 旋转变薄拉深

1—凸模；2—毛坯；3—压盖；4—滚珠；5—转盘

8.7 特种冲压工艺

冲压加工是一种较为古老的金属材料成形方法,随着科学技术的进步也不断焕发出新的活力,许多特种冲压成形工艺及辅助技术不断被开发出来,并应用到生产实践中。本节将对一些特种冲压工艺进行简单介绍。

8.7.1 旋压成形

旋压是加工薄壁空心回转体零件的无屑成形方法，它是借助旋轮或擀棒、压头对随旋压模转动的金属圆板或预成形坯料作进给运动并施压，主要改变其直径尺寸(壁厚随机变化)使之成为所需制件(图 8.18)。

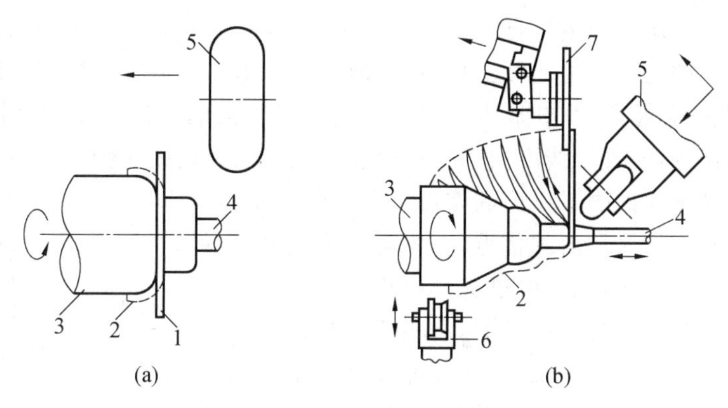

图 8.18 普通旋压成形简图

1—板坯；2—工件；3—芯模；4—尾顶；5—成形旋轮；6—切边轮；7—反推盘

旋压分为普通旋压和变薄旋压。普通旋压成形时，毛坯的形状产生变化，由平板或预成形坯料变成所需要的筒形形状，但毛坯的厚度不变，零件的表面积不变；而变薄旋压成形时，不仅毛坯的形状产生变化，还产生毛坯的厚度减小，毛坯的表面积增加。普通旋压的主要优点表现在：半模成形，模具研制周期较短，且费用可低于成套冲压模的 50%～80%；成形中毛坯为点变形，旋压机公称力可比冲压机低 80%～90%；可在一次装夹中完成成形、切边、制梗等工序。变薄旋压的主要优点表现在：具有小的壁厚差(0.005～0.05 mm)和优于普通旋压的尺寸精度；微观表面粗糙度可达到较高级别；可以细化晶粒，提高强度和抗疲劳性能，从而有利于产品性能的提高，延长零件寿命。

8.7.2 电液成形

电液成形指通过放在液体中的坯料和放电电极，借助电容器在液体中放电产生冲击波，使板材成形的冲压加工方法(图 8.19)。电液成形具有以下特点：

(1)加工方便、危险性小，模具结构简单，加工件质量高。

(2)适用于小型件的成形。

(3)可用于板材的成形，例如拉深、压印、冲孔、管材的胀形加工。

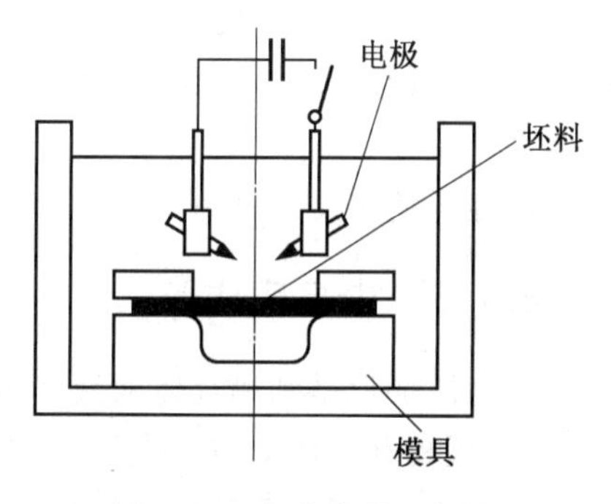

图 8.19 电液成形示意图

电液成形主要用于板件和管件的拉深、胀形、翻边、冲孔等，但由于受到设备容量的限制，电液成形仅适用于中小件的成形，尤其适合管类零件的胀形加工。

8.7.3 电磁成形

电磁成形和电水成形、电爆成形都是高能高速的塑性成形方法，它们所用的电器装置原理和成形原理都是相同的，只是所采用的传递能量的介质不同。

电磁成形所使用的能量来自电器装置中的可充电容，放电过程中所产生的电磁场能量使处于磁场中的毛坯产生塑性变形，达到所要求的零件的形状与尺寸。图 8.20 是电磁成形原理图，当线路接通时，在成形用线圈 2 内形成很强的脉冲电流，此时线圈空间就产生一均匀强脉冲磁场，置于线圈内的管状金属毛坯 1 的外表面就会产生感应脉冲磁场，管坯外表面在这种很大的磁场压力的作用下产生塑性变形。

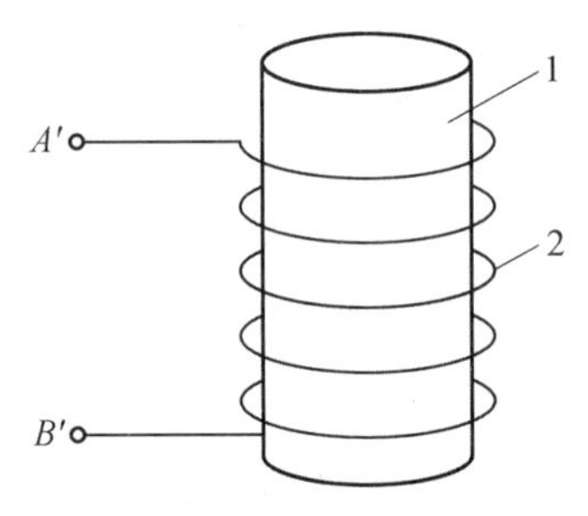

图 8.20 电磁成形原理图

1—管状金属毛坯；2—成形用线圈

电磁成形具有许多显著的优点，非常适合于某些特殊零件的生产。其主要优点有：电磁成形可以很方便地实现对各种工艺参数和成形过程的控制，容易实现生产过程的机械化和自动化；可以实现高速成形，每分钟可工作数百次；电磁成形不产生摩擦，无须润滑剂，零件不用进行清理，利于保护环境；工艺装备及模具简单，只需一个凸模或凹模即可实现加工，工装费用低；可以实现金属与非金属的连接与装配；所成形的零件精度高，残余应力低，形状冻结性好；用电磁成形方法加工导电性能差的金属时，加工效率低，需要利用良导体材料作“驱动片”进行间接加工。因为电磁成形方法具有优良特点，因而常被用来进行板材、管材的缩口、胀形、翻边、冲孔、切断加工，以及完成装配和连接工序。

8.7.4 无模液压胀形

无模液压胀形技术是哈尔滨工业大学王仲仁教授 1985 年提出的一种新的球形容器成形方法。

无模液压胀形技术的基本原理是：先由平板或经过辊弯的单曲率壳板组焊成封闭多面壳体，然后在封闭多面壳体内加压，在内部压力作用下，壳体产生塑性变形而逐渐趋向于球壳。

该工艺的主要工序为：下料→弯曲→组装焊接→液压胀形，如图 8.21 所示。

8.7.5 内高压成形

内高压成形是利用气体或液体压力使板料、壳体或管坯成形的一种塑性加工方法（图 8.22）。板料和壳体的内压成形所需要的压力一般较小，而管坯内压成形所需要的压力则较高，一般要达到几千甚至上万个大气压。

内高压成形时的变形一般属于胀形变形，毛坯的表面积增加、厚度减小，所成形的零件具有减轻零件质量、节约材料、减少模具数量、降低模具费用、制件强度与刚度高、抗疲劳性能好、生产成本低等优点。因此，内高压成形广泛用于航空航天、汽车等行业的零件

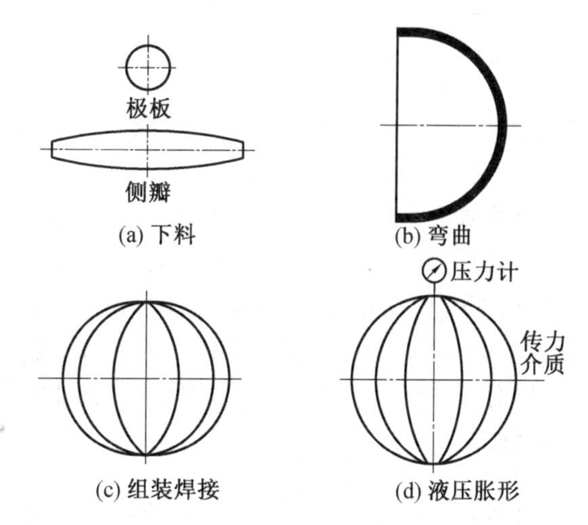

图 8.21 无模液压胀形技术的主要工序

生产。

内高压成形的构件质量轻，产品质量好，并且产品设计灵活，工艺过程简捷，同时又具有近净成形与绿色制造等特点，因此在汽车轻量化领域获得了广泛应用。通过有效的截面设计与壁厚设计，许多汽车零部件都能用标准管材，通过内高压成形制成结构复杂的单一整体构件。这显然在产品质量、生产工艺简捷性等方面比传统的冲压焊接方式优越得多。大多数液压成形工序只需一个与零件形状一致的凸模(或液压成形冲头)，液压成形机上的橡胶隔膜起到通常凹模的作用，因而模具成本比传统模具少约 50%。与传统的需多道工序的冲压成形相比，液压成形只需一步就可成形相同零件。

与冲压焊接件相比，管材液压成形的优点是：节约材料，减轻质量，一般结构件可减重 20%～30%，轴类零件可减重 30%～50%。如轿车副车架，一般冲压件重为 12 kg，内高压成形件为 7～9 kg，减重 34%；散热器支架，一般冲压件重 16.5 kg，内高压成形件为 11.5 kg，减重 24%；可减少后续的机加工量和组焊工作量；提高构件的强度与刚度，由于焊点减少而提高疲劳强度。与冲焊件相比，材料利用率为 95%～98%；降低生产成本和模具费用 30%。

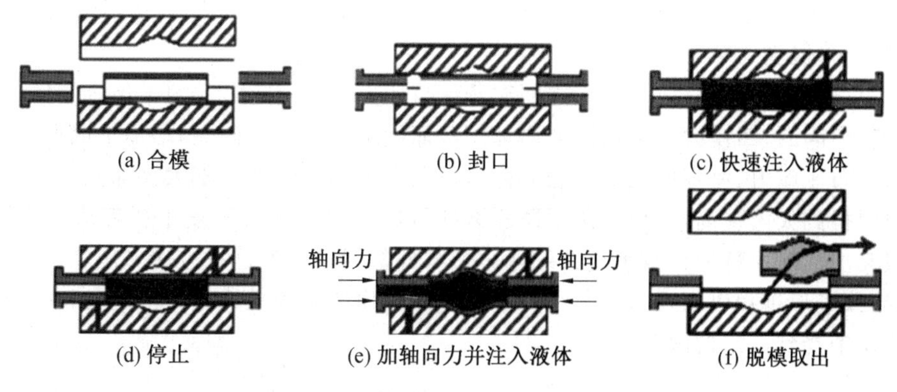

图 8.22 内高压成形的基本原理

8.7.6 充液拉深成形

充液拉深是在凹模兼液压室的型腔内充满液体(水或油),利用凸模(带动板材毛坯)进入凹模后建立的反向液压而使板材成形的方法(图 8.23)。充液拉深成形不需要凹模,可大大降低模具成本、缩短模具制造周期。成形过程中,液压力使凸模与板材之间的摩擦保持作用,承担了大部分的成形力,使零件侧壁抗破裂能力大大加强,成形极限得到大大提高;在锥形、抛物线形等曲面零件成形时,毛坯悬空部分由于受到液体的压力与凸模紧贴在一起,从而不容易起皱。充液拉深方法还具有成形的零件形状精度和尺寸精度高、零件的内外表面精度高、板厚分布均匀等一系列特点。但这种方法中的密封橡胶膜寿命低,需要经常更换,生产率相对较低。

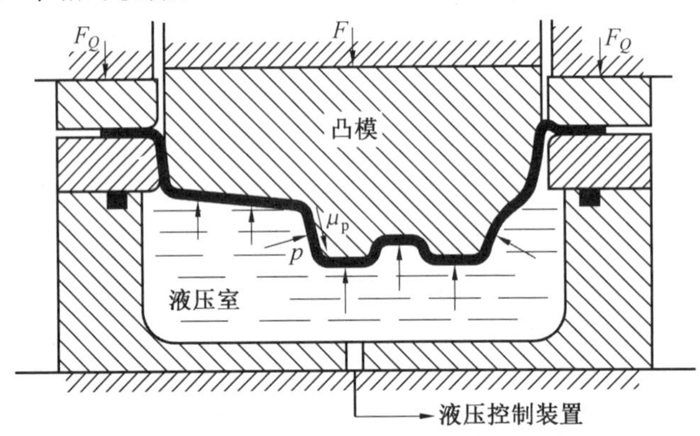

图 8.23 充液拉深成形

8.7.7 软模微冲压成形

软模微冲压成形是采用某种材料(如固态的橡胶、聚氨酯等弹性材料,液态的水、油,压缩空气及黏塑性材料等)代替刚性凸模或凹模作为成形的传力介质,配合另一刚性凹模或凸模,在传力介质作用下使薄板贴模成形出具有微细特征结构零件的方法(图 8.24)。与传统的薄板微冲压方法相比,软模微冲压成形技术具有模具制造成本低、加工周期短、模具磨损少、成形零件表面质量好、零件厚度分布均匀、可成形零件形状结构复杂及回弹小、起皱小等优点。

成形过程中,软模介质与薄板之间时刻保持压力、摩擦作用,避免了传统刚性凸、凹模成形过程中因凸、凹模的局部接触或局部过载而导致零件过早破裂,增加了成形过程中薄板厚向均布压应力,使零件局部抗破裂能力以及抗失稳起皱能力都大大加强,整体上薄板成形极限得到大大提高,有效解决了薄板微冲压成形中因介观尺度下材料成形极限降低而导致无法成形大特征比或者复杂结构微型零件的问题。但这种方法采用软模作为成形介质,导致成形过程中出现自动化程度降低以及软模介质失效或密封等问题,在大批量生产中应用中受到一定的限制。

8.7.8 黏性介质压力成形

黏性介质压力成形(Viscous Pressure Forming,VPF)是于 1992 年被提出的一种板

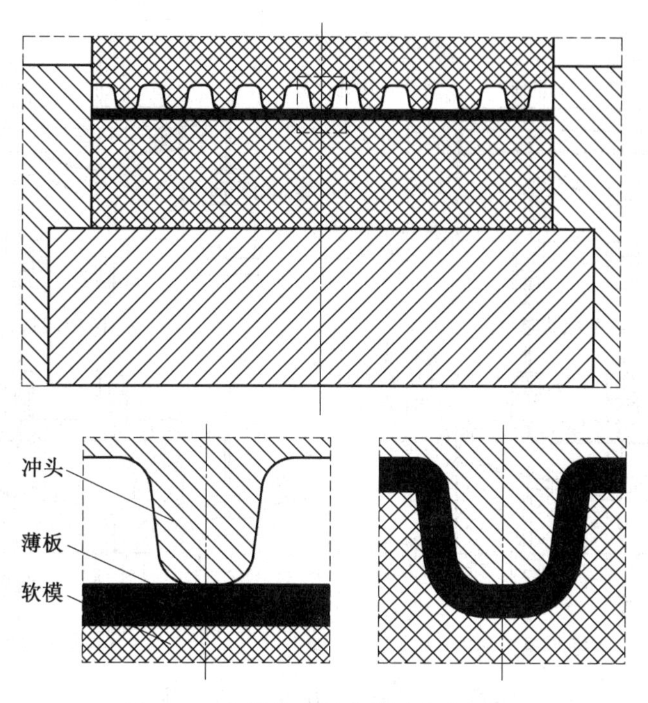

图 8.24 软模微冲压成形原理示意图

材成形技术。与已有成形方法的本质区别在于,黏性介质压力成形采用半固态、可流动并且具有一定黏度和速率敏感性的物质作为凸模材料,称作黏性介质。黏性介质不同于液压成形采用的液体压力源,不符合帕斯卡(Pascal)定律,受力状态下的黏性介质所形成的压力场可以呈现非均匀分布,使板坯料受到的黏性介质压力可以是非均匀的;由于黏性介质速率敏感性,黏性介质压力场可以自适应于板坯料的变形而变化;具有黏性特征的黏性介质不但对板坯料施加正向压应力,而且沿板坯料表面的切向方向施加黏性附着应力,切向黏性附着应力使板坯料处于较好的应力状态,有利于变形均匀化;黏性介质也不同于固态凸模(如金属、聚氨酯橡胶等),具有的半固态性质可以采用注入的方式加载和排放,成形过程中黏性介质可以通过控制注入和排放,得到可控制的非均匀黏性介质压力场。成形过程中黏性介质始终包覆在板坯料表面,施加可控制的自适应于板坯料变形的非均匀压力场(正向压应力和切向黏性附着应力),使板坯料变形过程材料流动的控制成为可能,板材成形性的提高有了可实施的途径,这有助于提高板材构件(尤其是难加工材料)成形制造性。成形过程中黏性介质可以作用于板坯料一侧,或者在两侧同时加载,通过注入与排放顺序和速度的调整,控制在板坯料表面的压力分布和大小,同时与压边力控制相匹配,使板坯料在黏性介质压力和压边力的协调作用下成形为所要求的零件形状,黏性介质压力成形过程和原理如图 8.25 所示。图 8.25 为板坯料两侧同时加载黏性介质的情况,黏性介质压力和压边力之间的匹配控制是黏性介质压力成形技术的关键。采用黏性介质作为凸模,填补了半固态材料作为凸模的空白,形成了固态→半固态→液态连续物态凸模材料的选择。

黏性介质的可流动性使得板坯料成形过程充填性好,尤其对于具有小半径曲面的复杂形状构件,成形贴模性好、尺寸精度高。与聚氨酯橡胶成形相比,聚氨酯橡胶的有限变

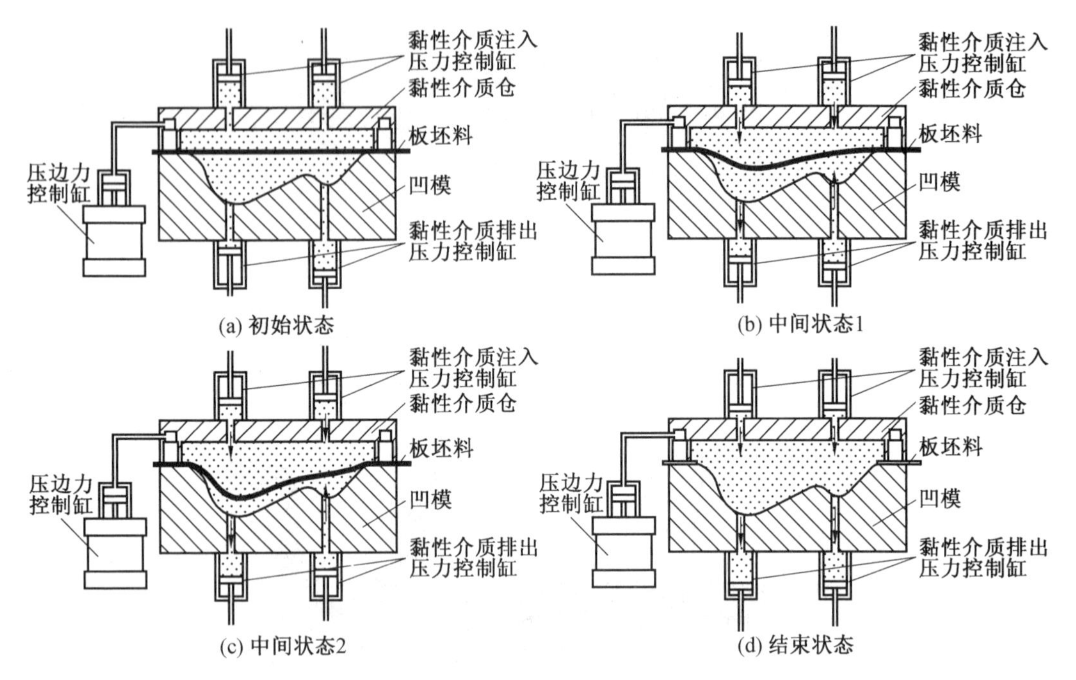

图 8.25　黏性介质压力成形过程和原理

形极限限制了充填性，不适合于具有小半径曲面板材构件成形。飞行器中的复杂板材构件一般由橡皮囊液压成形，但是这种成形方式对于成形落差很大的构件则存在困难。对于刚性凸模成形，凸、凹模之间的相对位置精度会限制较高尺寸精度构件成形。如具有等间距、不等高度、局部小半径曲面的波纹状构件(图 8.26)、局部具有形状突变的异形曲面板材零件(图 8.27)等无法用刚性模成形，而采用黏性介质可成功地成形出这些零件。黏性介质的速率敏感性使得板坯料所受到的黏性介质压力自适应于自身的变形，在发挥良好充填性的同时，对于板坯料的回弹、扭曲、翘曲等具有很好的抑制作用，避免了形状和尺寸缺陷。这对于高强度材料(如镍基高温合金)、大尺寸超薄壁(壁厚为 0.3～0.5 mm)零件成形质量的提高十分有利。

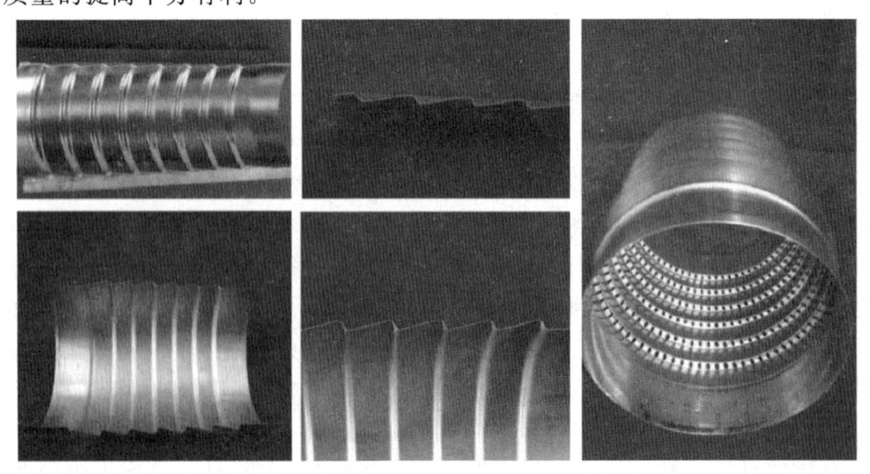

图 8.26　局部具有小半径曲面的波纹状构件

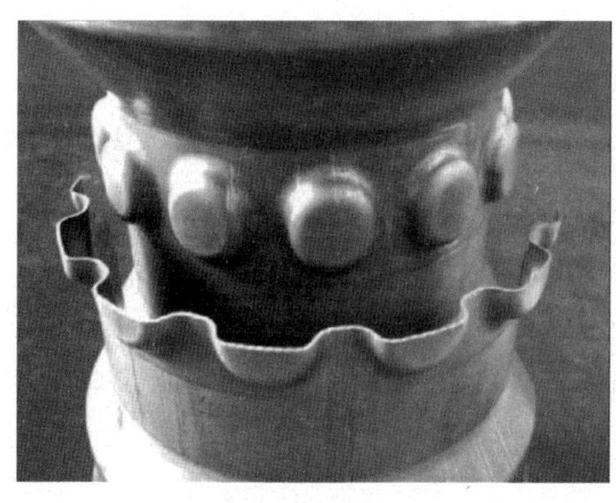
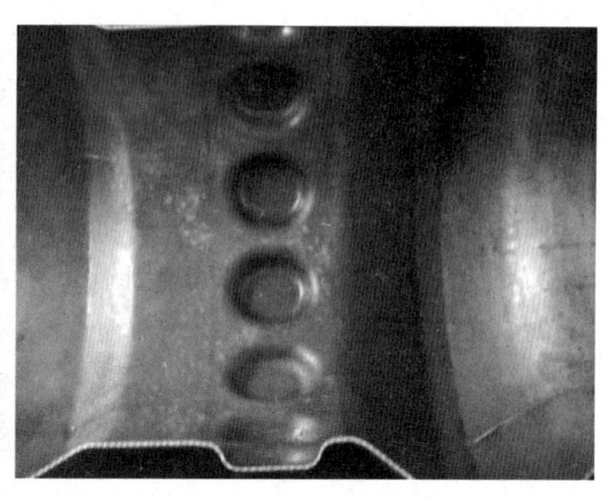

图 8.27 局部具有形状突变的异形曲面板材零件

8.7.9 多点成形

多点成形是对板材进行三维曲面成形的一种柔性、数字化的加工方法，其核心理念就是将模具离散化，通过计算机控制若干个规则排列、高度可调的基本体组成“多点模具”来代替传统模具，通过“多点模具”来实现三维板料的成形。在传统模具成形(图8.28(a))中，板料形状是由模具形面来成形的；而在多点成形(图 8.28 (b))中，板料形状是由若干个多点基本体球冠所组成的包络面来成形。由于各基本体的高度位置可以在计算机控制下独立调节，所以改变各基本体高度即可改变整个成形曲面的形状，即改变基本体高度也就相当于更换新的成形模具。这种成形方法的优点除了体现在无须设计使用传统模具，只需采用一台多点成形设备就可完成不同三维曲面的成形以外，还可以通过多点基本体上下可调的特点优化板料成形路径，实现多种特色的成形方法。如通过反复成形，减小回弹，释放板料成形过程产生的残余应力；通过分段成形，实现小型设备加工大型零件的目的。

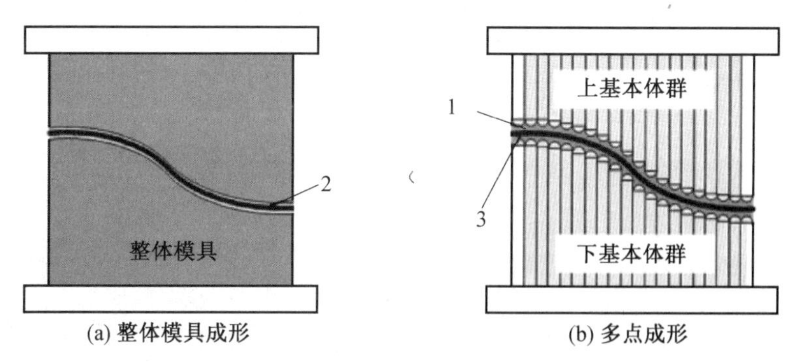

图 8.28 多点成形原理

1—弹性垫；2—不可变成形面；3—可变成形面

多点成形技术作为一种新的柔性成形技术，具有很多优点：

(1)真正实现一机多用，实现了各种模具在同一设备上的“重构”，节省了设计、制造和调试的时间和费用，降低了成本，提高了效率，增加了产品的市场竞争力。

(2)模具模面变形路径可控,能实现多道次成形和反复成形等复杂成形工艺,合理优化板材在成形过程中的受力状态,最大限度地抑制板材的成形缺陷。

(3)实现精确成形和精确调整,可在加工过程中测量板料回弹量以后调整模具进行补偿,从而抑制甚至消除回弹,提高成形精度。

(4)实现用小设备生产大工件,利用多点形面可变的特点能实现板材的分段、分片成形。采用这种成形方法,多点设备能加工大于其工作台面数倍甚至数十倍的大尺寸板料。

(5)实现自动化和数字化,对曲面造型、基本体控制、压机控制和板材精度检测等全部在计算机控制下实现自动化;模具形面信息和基本体控制信息均以数学模型的形式储存在多点控制主机中,容易实现产品生产的数字化。

思考题与习题

1.什么是校形和软模成形?

2.什么是变薄拉深?变薄拉深时的受力状况如何?

3.特种冲压工艺都有哪些?

第9章　冲压工艺与模具设计

冲压工艺设计和冲压模具设计是综合利用冲压工艺知识和模具知识制定冲压生产的操作规范、工艺规程和模具制造依据的过程。正确合理设计冲压工艺和模具对生产高质量的冲压产品起决定性的作用。

9.1　冲压工艺设计的内容

冲压件的生产过程包括:原材料的准备、各种冲压工序和其他必要的辅助工序(如清理、酸洗、退火、表面处理等)。有时还要和切削加工、焊接、铆接等配合,才能最后完成一个冲压件的制造过程。在设计冲压工艺过程时,必须综合考虑各方面的因素,对这些工序做出合理的安排。

冲压工艺过程设计,应着重解决下列几方面的问题:

(1)冲压件工艺性的分析。

根据产品图纸分析研究冲压件的形状特点,进行冲压变形趋向性分析,判断冲压变形的主要类型特点和变形控制要点,并分析产品的尺寸大小、精度要求、厚度大小,所用材料的力学性能、冲压性能和使用性能、变薄量要求,发生回弹、翘曲、歪扭、松弛等弊病的可能性等,以及它们对冲压加工难易程度的影响。如果发现冲压件的工艺性很差,则应该在不影响其使用性能的条件下对零件的形状和尺寸做必要的合理修改。

(2)冲压件总体工艺方案的确定。

在冲压件工艺性分析的基础上根据冲压件的几何形状、尺寸、精度要求和生产批量等,确定冲压加工的工艺方案及其他辅助工序(热处理、表面处理、清理、组装等)。

(3)工序数目与顺序的确定。

以极限变形参数及变形的趋向性分析为依据,决定所需的冲压工序数目及其顺序安排,同时,还需要计算中间毛坯的过渡性尺寸。

(4)模具类型与结构形式的选定。

根据冲压件的形状特点、精度要求、生产批量,工厂模具加工的条件、操作人员操作上的习惯,以及现有的通用机械化自动化装置的特点等确定模具的类型和结构形式。

(5)冲压设备的选择。

根据需要完成的冲压工序的性质选定设备的类型,并进一步按照冲压加工所需要的变形力、变形功和零件尺寸,选定设备的吨位。

(6)编制冲压工艺卡。

在制定冲压工艺过程,确定冲压加工方法、工序的数目与顺序、冲模的类型与构造以及选定冲压设备的形式时,必须根据生产批量和冲压件的特点,从产品的成本、质量要求和现有工厂的生产条件等基本条件出发,对所选定的工艺过程做出经济成本和技术指标等方面的综合分析，以保证做到以最经济合理的方式完成冲压件的制造过程。

9.2 冲压变形中的变形趋向性

在冲压过程中，成形毛坯的各个部分在同一个模具的作用下，有可能发生不同形式的变形，即具有不同的变形趋向性。毛坯的各个部分是否变形和以什么方式变形，以及能不能借助于正确地设计冲压工艺和模具等措施来保证在进行和完成预期的变形的同时，排除其他一切不必要的和有害的变形等，这些是获得合格的高质量冲压件的根本保证。

一般情况下，可以把毛坯划分成为变形区和传力区。冲压设备给出的变形力通过凸模和凹模，并且进一步通过传力区而施加于毛坯的变形区，使其发生塑性变形。图 9.1 所示的缩口加工中毛坯 A 部分为变形区，而 B 部分则是传力区。

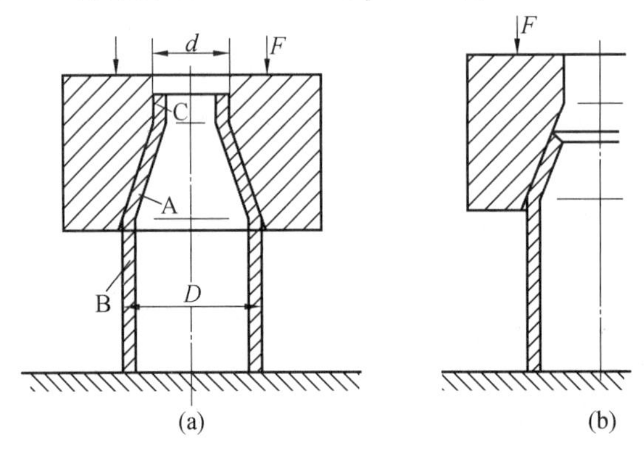

图 9.1　缩口变形区毛坯各区的划分

在成形过程中，变形区和传力区并不是固定不变的，相反，它们的尺寸在不断变化，而且也是在互相转化的。在图 9.1(b)所示的缩口过程开始时，随着凹模的下降变形区在不断地扩大，传力区不断地在减小，金属则由传力区转移到变形区去。而在拉深过程中，情况恰好相反，变形区的尺寸不断在减小，而金属则不断地由变形区转移到传力区，形成零件的侧壁。

当缩口发展到图 9.1(a)所示的阶段时，变形区的尺寸大小不再发生变化，由传力区进入变形区的金属体积和由变形区转移出去的金属体积相等，通常称这种状态为稳定变形过程。在稳定变形过程中，传力区 B 不断减小，已变形区 C 不断增大(指缩口时)，而变形区的尺寸大小和变形区内应力的数值与分布规律都不变，所以每一个瞬时的情况都可以代表全部的变形过程。

变形区发生塑性变形所必需的力，是由模具通过传力区获得的。而同一个毛坯的变形区和传力区都是相毗连的，所以在变形区与传力区的分界面上作用内力的性质与大小一定是完全相同的。在这样一个相同内力的作用下，变形区和传力区都有可能产生塑性变形，但是，由于它们可能产生的塑性变形方式不同，而且也是由于变形区和传力区之间的尺寸关系不同，通常总是有一个区需要比较小的塑性变形力，并首先进入塑性变形。因此，可以认为这个区是一个相对的“弱区”，而不能产生塑性变形的区为“强区”。为保证冲压过程的顺利进行，必须保证在该道冲压工序中应该变形的部分(变形区)成为“弱区”，以便在把塑性变形局限于变形区的同时，排除传力区产生任何不必要的塑性变形的可能。也就是说，在冲压过程中，“弱区必先变形，变形区应为弱区”。

在图 9.1 所示的缩口过程中，于变形区 A 和传力区 B 的交界面上作用有数值相等的压应力 σ，传力区可能产生的塑性变形方式是镦粗，其变形所需要的压应力为 σ_s，所以传力区不致产生镦粗变形的条件是

$$\sigma < \sigma_s \tag{9.1}$$

变形区产生的塑性变形方式为切向收缩的缩口，在轴向压应力 σ_k 的作用下，变形区产生缩口变形所需要的切向压应力为

$$\sigma \geqslant \sigma_s \tag{9.2}$$

由式(9.1)和式(9.2)可以得出在保证传力区产生塑性变形而能够进行缩口加工的必要条件为

$$\sigma_k < \sigma_s \tag{9.3}$$

因为 σ_k 的数值取决于缩口系数 d/D，所以式(9.3)就成为确定极限缩口系数的依据。同样，极限扩口系数、极限拉深系数、极限翻边系数等也应以此原理来确定。这就是以“弱区必先变形，变形区应为弱区”的原理为基础，来确定极限变形参数的过程。

在设计工艺过程、选定工艺方案、确定工序和工序间尺寸时，也必须遵守“弱区必先变形，变形区应为弱区”的基本原理。如图 9.2 所示的零件，当 $D-d$ 较大，h 较小时，可用带孔的环形毛坯用翻边方法加工；但是当 $D-d$ 较小，h 较大时，如用翻边方法加工，则不能保证毛坯外环是需要变形力较大的强区、翻边部分是变形力较小的弱区的条件。所以在翻边时，毛坯的外径必然收缩，使翻边加工成为不可能实现的工艺方法。在这种情况下，就必须改变原工艺过程为拉深后切底和切外缘的工艺方法，或者采用加大外径的环形毛坯，经翻边成形后再冲切外圆的工艺过程(如图 9.2 中虚线所示)。

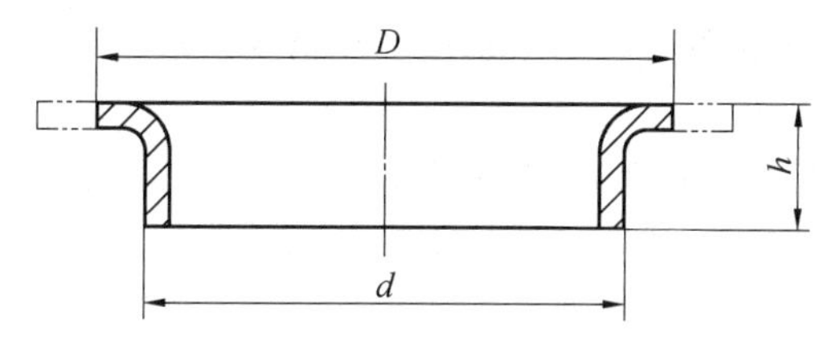

图 9.2　变形趋向性对冲压工艺的影响

当变形区或传力区有两种以上的变形方式时，则首先实现的变形方式所需要的变形力最小。因此，在工艺过程设计和模具设计时，除要保证变形区为弱区外，同时还要保证变形必须实现的变形方式要求最小的变形力。如图 9.1 中的缩口时，变形区 A 可能产生切向收缩的缩口变形和变形区在切向压应力作用下的失稳起皱；传力区 B 可能产生直筒部分的镦粗和失稳。这时，为使缩口成形工艺能够正常地进行，就要求在传力区不产生上述两种中之一的任何变形的同时，变形区也不要发生失稳起皱，而仅仅产生所要求的切向收缩的缩口变形。在这四种变形趋向中，只能实现缩口变形的必要条件是：与其他所有变形方式相比，缩口变形所需的变形力最小。

又如在冲裁时，在凸模的作用力下，板料具有产生剪切和弯曲变形两种变形趋向。如

果采用较小的冲裁间隙，建立对弯曲变形不利而对剪切有利的条件，便可以在发生很小的弯曲变形的情况下实现剪切，提高零件的尺寸精度。

在冲压生产中，对毛坯变形趋向性的控制是保证冲压过程顺利进行和获得高质量冲压件的根本保证，毛坯的变形区和传力区并不是固定不变的，而是在一定的条件下可以互相转化的。因此，改变这些条件就可以实现对变形趋向性的控制。生产实践中可以从以下几方面采取控制措施：

(1)变形毛坯各部分的相对尺寸关系是决定变形趋向性的最为重要的因素，所以在设计工艺过程时，一定要合理地确定初始毛坯的尺寸和中间毛坯的尺寸，保证变形的趋向符合于工艺的要求。

(2)改变模具工作部分的几何形状和尺寸也能对毛坯的变形趋向性起到控制作用。如圆筒零件成形时，增大凸模的圆角半径，减小凹模的圆角半径，可以使拉深变形的阻力增大，有利于胀形变形；而增大凹模圆角半径，减小凸模的圆角半径，则有利于实现拉深变形，而不利于胀形成形。

(3)改变毛坯与模具接触表面之间的摩擦阻力，借以控制毛坯变形的趋向，也是生产中常用的一个方法。如拉深时，加大压边力，使摩擦阻力增大，不利于拉深变形，而有利于胀形；而减小毛坯与凹模表面的摩擦阻力，则有利于拉深变形。

(4)采用局部加热或局部深冷的方法，降低变形区的变形抗力或提高传力区的强度，都能达到控制变形趋向性的目的，可使一次成形的极限变形程度加大，提高生产效率。

9.3 冲压件工艺性分析

冲压件的工艺性是指该零件在冲压加工中的难易程度。良好的冲压工艺性应保证材料消耗少、工序数目少、模具结构简单而寿命高、产品质量稳定、操作简单等。在一般情况下，对冲压件工艺性影响最大的是几何形状尺寸和精度要求。

1. 冲裁件的结构工艺性

(1) 冲裁件的形状应该尽量简单，最好是规则的几何形状或由规则几何形状(圆弧与互相垂直的直线)所组成。应该避免冲裁件上过长的悬臂与狭槽，它们的宽度要大于料厚的 2 倍，即 $b>2t$(图 9.3(a))。

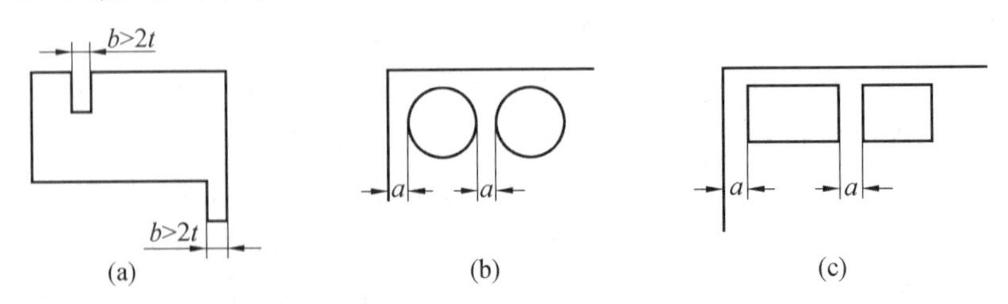

图 9.3 冲裁件的结构工艺性

(2)虽然可以用分段冲切的方法制造不带圆角半径的冲裁件，但在一般情况下，都应该用 $R>0.5t$ 以上的圆角半径代替冲裁件的尖角。圆角半径过小时，冲模寿命会显著降低。

(3) 因受到凸模强度的限制,冲孔的尺寸不能过小。用一般冲模可能冲孔的最小尺寸见表 9.1,长方形孔的宽度也不要小于表中的数值。

表 9.1 冲孔的最小尺寸

材料	冲孔最小直径或最小边长	
	圆孔	方孔
硬钢	$1.3t$	$1t$
软钢及黄铜	$1t$	$0.7t$
铝	$0.8t$	$0.5t$
夹布胶木及夹纸胶木	$0.4t$	$0.35t$

(4)孔与孔之间的距离 a 或孔与零件边缘之间的距离 a(图 9.3(b)、(c)),受到模具强度或冲裁零件质量的限制,其值不能过小,一般应取 $a \geqslant 2t$,但需要保证 $a=3\sim4$ mm。如用连续模冲裁,而且对零件精度要求不高时,a 可以适当减小,但也不宜小于板厚。

2. 弯曲件的结构工艺性

(1)弯曲件的圆角半径不宜小于最小弯曲半径,也不宜过大。因为过大时,受到回弹的影响,弯曲角度与圆角半径的精度都不易保证。

(2)弯曲件的弯边长度不宜过小,其值应为 $h>R+2t$(图 9.4(a))。当 h 较小时,弯边在模具上支持的长度过小,不容易形成足够的弯矩,很难得到形状准确的零件。

(3)对阶梯形毛坯进行局部弯曲时,在弯曲根部容易撕裂,这时,应减小不弯曲部分的宽度 B,使其退出弯曲线之外。假如零件的宽度不能减小,则应如图 9.4(b)所示,在弯曲部分与不弯曲部分之间切槽,消除根部弯曲时产生的伸长变形。

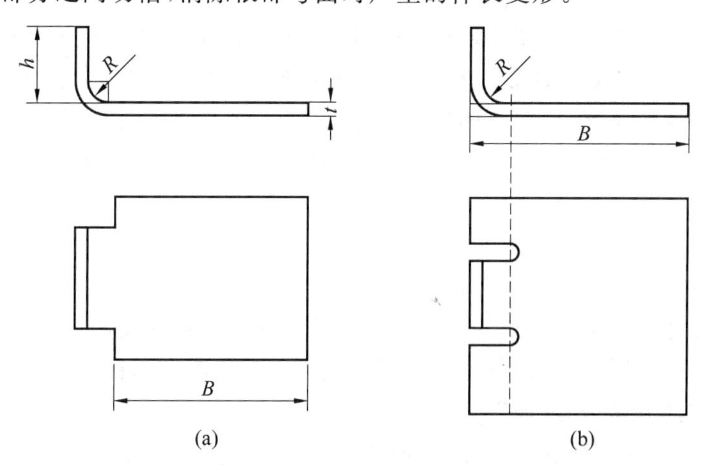

图 9.4 弯曲件的结构工艺性

3. 其他空心零件的结构工艺性

这种类型零件繁多,形状也比较复杂,所用冲压工艺方法也是多种多样(拉深或拉深与其他方法结合起来),所以其工艺性也必须从这些特点出发,根据具体情况去研究。一般应考虑以下原则:

(1)轴对称零件在圆周方向上的变形是均匀的,而且模具加工也最方便,所以其工艺性最好,其他形状零件的工艺性较差。对于非轴对称零件,应尽量避免急剧的轮廓变化,内凹与外凸的轮廓变化也会对工艺性产生不同的影响。

(2)过高或过深的空心零件需要多次冲压工序,所以应尽量减小其高度。

(3)在零件的平面部分尤其是在距离边缘较远位置上的局部凹坑与突起的高度不宜过大。

(4) 应尽量避免曲面空心零件的尖底形状,尤其高度大时,其工艺性更差。

生产中可以根据冲压加工的特点,对冲压件的几何形状和尺寸做某些修改,使其使用性能不变,却可使冲压加工得到很大简化。例如图 9.5 所示的消声器后盖,结构形状经过修改后,其高度由 27 mm 和 43 mm 分别减至 8 mm 和 10 mm,结果冲压加工由八道工序降为二道工序,而且材料消耗也减少 50%。

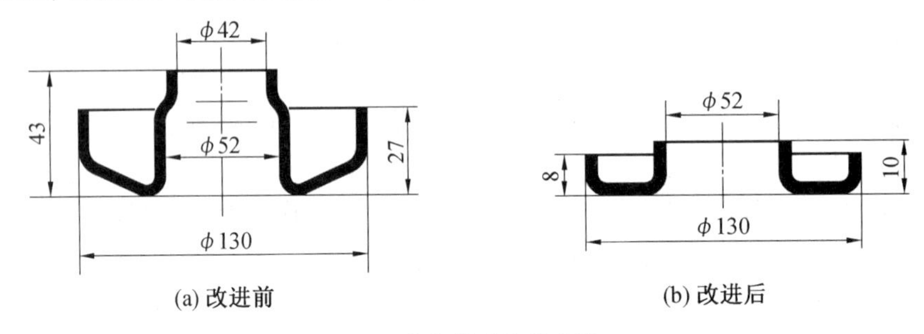

图 9.5 消声器后盖的改进

9.4 确定冲压加工方案、工序数目与顺序的原则

在确定冲压加工方案、工序数目与顺序时,必须考虑的问题是多方面的,而且也要经过综合分析、比较,才能最后决定。在这些各种各样的问题中,除应根据冲压件的生产批量和对冲压件质量的要求,确定总体的加工方案外,还必须使所制定的工艺过程符合冲压变形的基本规律,以保证冲压加工过程能够顺利地完成,而且所用的模具结构要简单,操作要方便。

1. 冲压变形的规律对冲压工艺过程的要求

在需经数道冲压工序成形的零件加工中,零件的形状是逐步地、分部分地形成。每一道冲压工序都使毛坯的某一部分变成成品零件的一部分。这样逐步加工的结果使毛坯逐步地接近成品零件。因此,为使每道工序都能顺利地完成既定的任务,就必须使在该道工序中应该变形的部分是个"弱区"。

(1)有些零件的几何形状完全相同,但由于某个部分或尺寸上的一些差别,为保证"变形区应为弱区",必须采用不同的冲压加工方案。图 9.6(a)所示的油封内夹圈的冲压工艺过程为落料冲孔和翻边二道工序。翻边变形区是外径为 ϕ92 mm、内径为 ϕ76 mm 的内环形部分,翻边系数为 0.8;而外环部分不变形。图 9.6(b)所示是油封外夹圈,与内夹圈的主要差别是翻边高度大,为 13.5 mm。如果采用相同的工艺过程,则由于第一道工序冲孔直径较小,翻边系数降为 0.68,使翻边力增大,已经不能保证"变形区应为弱区"的条件，而毛坯的外环部分也要发生切向收缩变形，这是不允许的。因此，采用图 9.6(b)所示的工艺过程：落料、拉深、冲孔、翻边。这时翻边系数变为$\frac{d_0}{d_1}=\frac{80}{90}\approx0.9$，“变形区应为弱区”的条件得到了保证，该工艺方案是可行的。

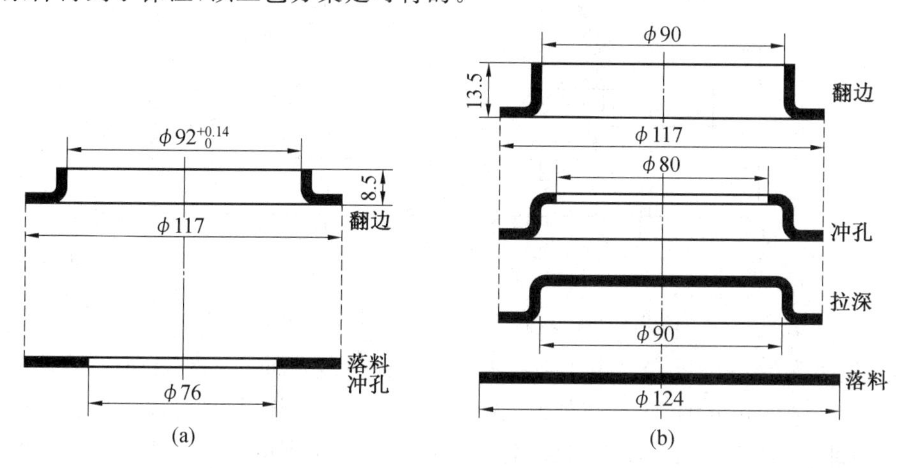

图 9.6 油封内夹圈与油封外夹圈的冲压工艺过程

在对图 9.6 所示类型零件的工艺分析时，可以参考图 9.7 的曲线。根据翻边系数$\frac{d_0}{d_1}$和板料毛坯与模具表面间的摩擦系数 μ，便可以判断毛坯的外环部分是否收缩。从图 9.7 中举例可见，当$\frac{d_0}{d_1}=0.76$，而摩擦系数 $\mu=0.15$ 时，假如毛坯外径与凸模直径之比为 1.3 时，毛坯外径不致变化。图 9.6 中油封内夹圈的工艺过程就是依此而制定的。

图 9.7 是用球面形状的凸模翻边时所得的曲线。当用平端面凸模翻边时，应将零件外径与内径尺寸比$\frac{D}{d_1}$的数值减小 10%～20%后，再利用图中的曲线确定翻边毛坯外径不变的条件。

另外，当在拉深件的底部翻边时，也应该用图 9.7 中的曲线进行校核。

(2)在某些情况下，为了保证“变形区应为弱区”的条件，要增加一些附加的工序。例如图 9.6(a)所示的油封内夹圈，假如其外径由 117 mm 减至 100 mm，则在翻边时，外径也势必变形而收缩，“变形区应为弱区”的条件被破坏。这时的冲压工艺过程应改为：落料冲孔、翻边、冲切外圆。第三道冲切外圆的工序，就是为了保证翻边时的“变形区应为弱区”的条件所引起的附加工序。

又如图 9.8 所示的两个零件，其形状非常近似，但其冲压工艺过程却有很大的差别。图 9.8(a)所示的零件冲压工艺过程是：落料、拉深、冲孔。假如 9.8(b)所示的零件，也采用与此相同的工艺过程，则拉深前毛坯的直径应为 ϕ81 mm，其拉深系数为$\frac{33}{81}\approx0.4$，略小于极限拉深系数。同时，零件根部的圆角半径较小($R2$)，形成了对拉深变形很不利的条件，所以在这个冲压工艺方案中用一道拉深工艺方案使零件成形是不可能的。在实际生产中所采用的较为合理的冲压工艺过程是：落料冲孔、拉深、冲底孔与冲外圆、冲 ϕ6 孔(六

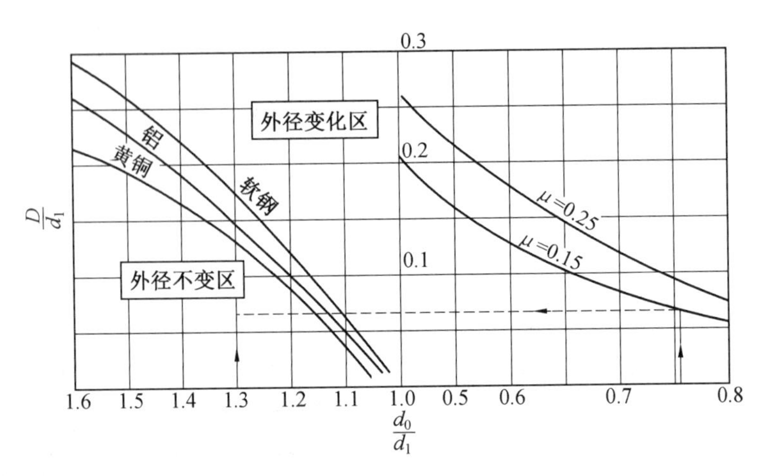

图 9.7　球形凸模翻边时，毛坯外径不变的条件

个）共四道工序（图 9.8(b)）。由于在拉深工序前的毛坯上冲孔 ϕ10.8 mm，使拉深时毛坯的内部（小于 ϕ33 mm 的部分）与外部（大于 ϕ33 mm 的部分）都是可以产生一定变形量的弱区。内部金属向外扩展，而外部金属向内收缩，使拉深高度 9 mm 成为可能。所以冲孔 ϕ10.8 mm，是由变形规律引起的附加工序，这个孔并非零件上的一部分，因为 ϕ23 mm 的孔是在拉深以后的第三道工序中形成的。

像 ϕ10.8 mm 这种可以改变变形趋向的孔，生产中也称为变形减轻孔，它具有使变形区转移的作用。如在图 9.8(b)所示零件的原始毛坯上冲出 ϕ10.8 mm 的内孔以后，使第一道拉深工序中的变形区由凸模圆角部分转化为直径小于 ϕ33 mm 的内环部分，也可以说是减轻了凸模圆角部分毛坯的局部变形。也有另外一种情况，变形减轻孔不是在成形工序进行前冲出，而是在成形过程中的一个恰当时刻冲成，例如汽车门板毛坯的变形减轻孔就属于这种情况。

在某些复杂形状零件成形时，变形减轻孔能使不易成形的部分或不可能成形的部分的变形成为可能，但是它的形状、尺寸和位置的确定却是一个相当复杂的问题。

(3)在确定冲压工序的先后顺序时，也必须考虑满足“变形区应为弱区”的条件。

在图 9.6 所示零件的冲压过程中，必须把冲孔工序安排在拉深工序之后进行。假如把冲孔工序安排在拉深工序之前，则拉深时的变形区（内径为 ϕ90 mm、外径为 ϕ124 mm 的外环部分）会变成相对的强区，而内径为 ϕ80 mm、外径为 ϕ90 mm 的内环部分会成为相对的弱区。这时在第二道拉深工序里可能实现的变形只能是毛坯内孔的翻边，而不再是毛坯外环部分的拉深，这样就不能生产出产品零件。

(4)非轴对称的阶梯形零件的冲压工序顺序的安排原则不同于轴对称的阶梯形零件。轴对称阶梯形零件的一般冲压方法，都是首先拉深成较大直径的阶梯，然后再逐个地拉深较小直径的阶梯部分。而非对称的阶梯形零件的拉深顺序与此相反，首先拉深成内部较小尺寸的阶梯部分，然后再拉深外部较大尺寸的阶梯部分。在这种情况下，如果先拉深成外部较大尺寸的阶梯部分，则已成形的直壁会限制内部小尺寸阶梯部分的拉深变形，使以后的变形成为不可能。

(5)当零件需要经过数道工序冲压成形时，零件的总体形状是通过各个成形工序分部

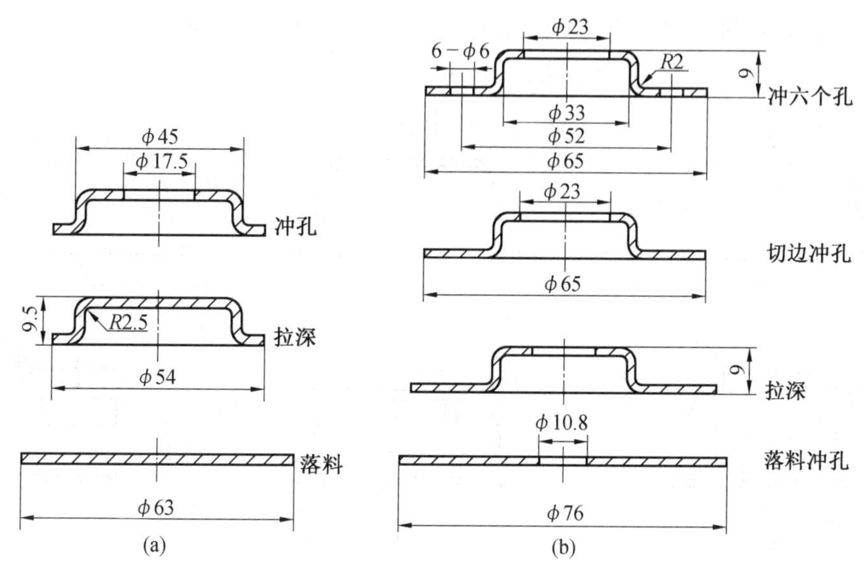

图 9.8 挂车制动阀的冲压工艺

（材料：08 钢；厚度：(0.8±0.08) mm）

分地、逐步地形成的。当在最初的某个成形工序中，一旦形成了零件的某一个部分以后，在后来的成形工序里已成形部分的形状和尺寸就不再发生变化。中间毛坯已成形部分，把毛坯分为内外两个部分。在以后的冲压工序中，毛坯的变形只能分别在内部或外部进行，也就是必须使内部或外部需要变形部分为弱区，而已成形部分一定是相对的不变形的强区。因此，在内部毛坯变形时，金属的分配与转移只能局限于内部的范围，而不能从外部补充金属到内部来；外部成形时也是这样。只要上述这些条件得到保证，不管是先成形内部，或者是先成形外部，或者内部与外部同时成形，从变形的可能性来看都是可行的。这时，内部和外部成形的先后顺序主要是从操作、定位、模具结构等因素出发来确定。

图 9.9 是调温器外壳冲压工艺过程。在第一道拉深工序中即已形成零件最终形状的一部分——直径为 ϕ60 mm 的侧壁与锥形部分，而以后的变形就应该在被已成形部分划分为内、外两部分的本身范围内各自进行。翻边工序应在内部进行，其应该保证的条件是：外径为 ϕ34 mm、内径为 ϕ20.6 mm 的环形部分应为弱区产生变形，锥形部分及和它相连接的内径为 ϕ34 mm 的圆环部分应为强区，不应产生变形。这个条件可由图 9.7 中的曲线确定。镦根时，ϕ68 mm 的法兰边产生直径减小的收缩变形（实际上是变形量不大的拉深变形），这属于外部变形。镦根时应保证直径为 ϕ60 mm 的直筒部分不发生变形。镦根与翻边也可以分先后顺序完成。

2. 冲压件尺寸精度对冲压工艺过程的要求

对冲压件尺寸精度的要求、允许的厚度减小量等，也是确定工艺方案、工序数目和顺序的重要依据。

（1）当毛坯在冲压成形时的强区与弱区的对比不明显时，不可能得到冲压件所要求的稳定的准确尺寸，所以，在对零件上某部分尺寸有精度要求时，这一部分就必须在成形之后冲出。如图 9.10 所示的锁圈，其内孔尺寸 $\phi\ 22_{-0.1}^{\ 0}$是配合尺寸，有精度要求，所以其冲压工艺过程是落料、成形、冲孔。假如对内孔没有精度要求时，则可以考虑用较为简便而且效率较高的工艺过程：落料冲孔、成形这两道工序。

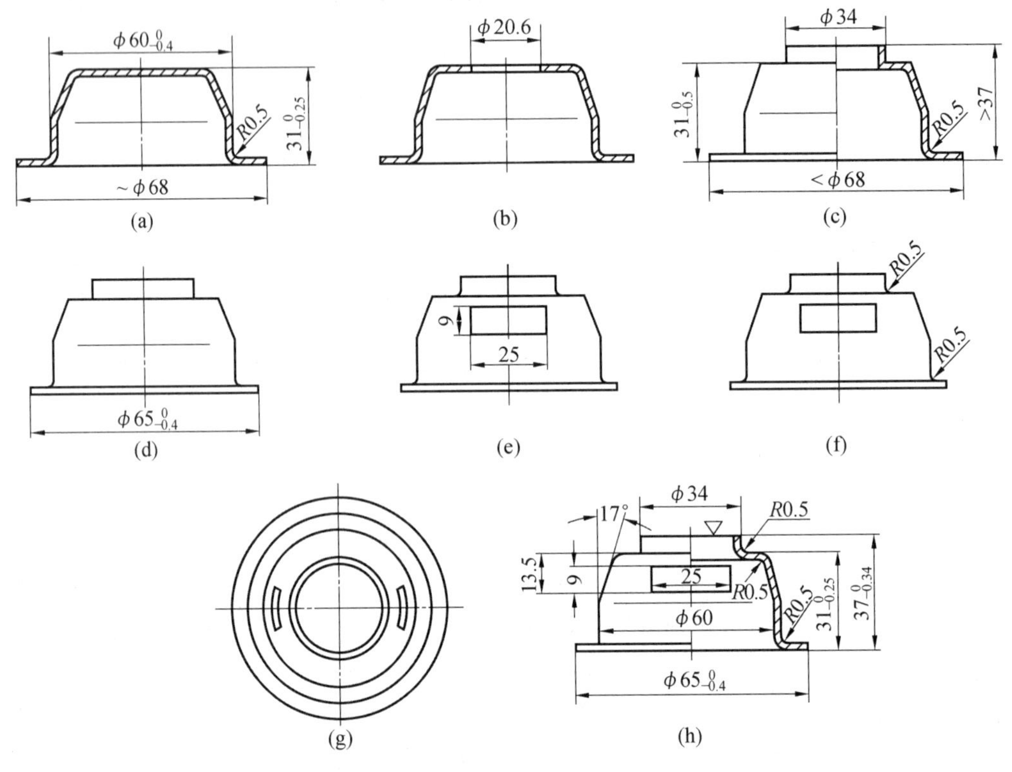

图 9.9　调温器外壳冲压工艺过程

1—拉深；2—冲孔；3—翻边镦根；4—切边；5—冲侧孔；6—整形；7—冲顶部两孔；8—零件图

（材料：黄铜 H62；厚度：0.8 mm）

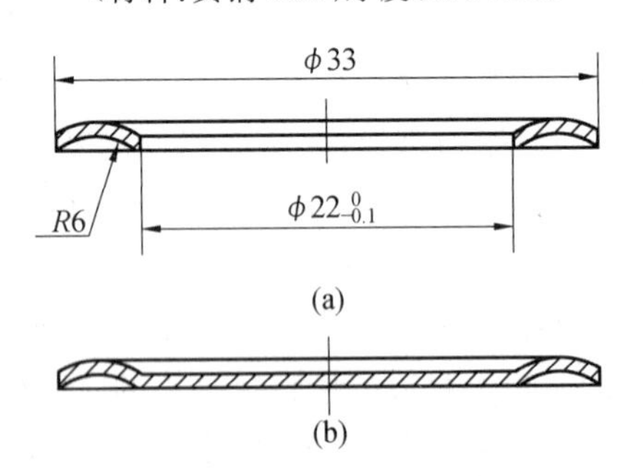

图 9.10　锁圈的冲压工艺过程

（材料：黄铜；厚度：0.3 mm）

(2)当对孔的尺寸和位置的要求较高时，冲孔工序应该放在所有的成形工序之后进行，当这方面要求不高时，可以把冲孔工序适当提前，以求加工方便或提高生产率。当然，对于在冲压成形时还要变形的部位上的孔，不能先冲。

图 9.11 所示的零件上的三个孔都应该在拉深工序之后冲成。由于对 ϕ16 mm 的孔的位置（中心高度为 10 mm）精度没有要求，所以，可以把冲 ϕ16 mm 孔安排在冲切翻边

工序之前，并且与 $\phi5.5$ mm 两个孔的冲孔工序同时进行。假如对孔的中心高度 10 mm 有精度要求时，则 $\phi16$ mm 孔的冲孔工序应该安排在冲切翻边之后进行。

又如图 9.7 中的零件，在顶部有两个弧形的长孔，冲孔工序安排在整形工序之后，成为全部冲压工艺过程的最后一道工序。假如把冲孔工序安排在整形之前，则由于窄长孔的刚度特别差，在整形时不可避免地要发生孔形的畸变。

(3)拉深件的外边缘或扩孔件的内边缘，都不能得到规则的几何形状，尤其是板料具有较大的方向性时，制成零件的外缘与内孔形状的畸变更为显著。所以，一般情况下，要在拉深、扩口、翻边等成形工序之后应进行冲孔或切边工序。如果拉深件或翻边零件的高度较小，而且又对周边没有精度要求时可与其他工序合并。

(4)当对冲压件的几何形状或尺寸有较高的精度要求时，必须加一道精整工序。精整的形式很多，常用的有：靠精压实现的精整、靠拉应力与拉伸变形实现的曲面零件的精整、靠壁厚变薄实现的拉深件的精整等。图 9.9 所示的零件底部与法兰边都有较高的不平度要求，所以最后安排一道整形工序达到精整目的。

(5)冲压件壁厚变薄量的要求常对冲压工艺方案与工序顺序产生很大影响。如图 9.9 的翻边部分，当对壁厚的要求不允许变小时，只能采用拉深到所需要的高度后再进行切底的工艺方案，因为用一般的翻边方法时，毛坯变形部分厚度的变小是不可避免的。

3. 操作对冲压工艺过程的要求

在设计冲压工艺过程时，必须考虑到操作方便与安全，以及半成品的定位和工艺稳定性等实际问题。

(1)当冲压件需要数道冲压工序加工时，必须解决操作中的定位问题，这是保证冲压件尺寸的基本条件。

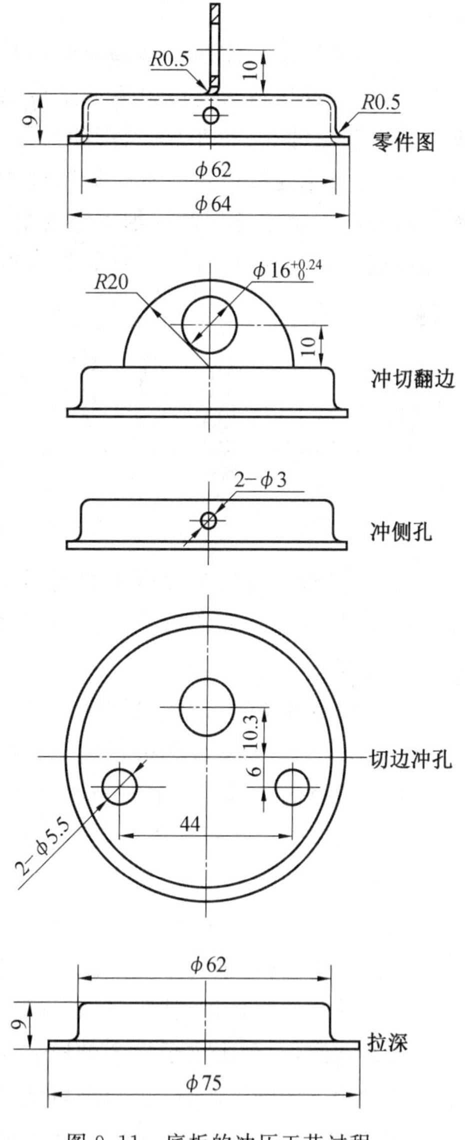

图 9.11 底板的冲压工艺过程

(材料：0.8 钢；厚度：0.8 mm)

对于图 9.9 所示的零件，在第一道拉深工序中形成的 $\phi\,60_{-0.4}^{\ 0}$mm 圆柱面是以后各道工序中所采用的定位部分。又如图 9.11 所示的零件，在第三、四道工序中仅靠 $\phi62$ 圆柱面定位是不够的，还必须进一步增加方向定位，防止毛坯的转动。这里是用 $\phi5.5$ mm 的孔解决冲侧孔和冲切翻边两道工序的方向定位。

为了提高零件的尺寸精度,消除多次定位的误差,应该尽量使全部工序中都用零件的同一个部分作为定位基准。上述两个零件都是这样处理的。

毛坯的定位基准最好是利用成品零件的某个部分,例如毛坯的外形或孔等。而且应该使所选定的毛坯定位部分,在冲压过程中不应产生变形或定位。当在冲压中间毛坯上找不到合适的定位部分时,也可以利用在以后的工序中需要切除的废料上冲孔作为定位基准。

(2)不便取拿操作的小零件或是形状特殊不易定位的零件,在安排工序时,不要先落料分离,应在冲压成形完成以后冲切分离。图 9.12 中的零件(电线接头)所采用的工艺方案就是在完成冲孔、冲外形、预弯和弯曲后再行落料分离。这样,不仅便于操作、有利于保证安全,而且也能提高生产率。用这种冲压方法也容易解决多工序中的定位问题,对提高形状特殊的小型零件的冲压加工精度是很有效的。这种类似的工艺方法也常用于小型的拉深件或形状更为复杂的零件(如带料连续拉深等)。

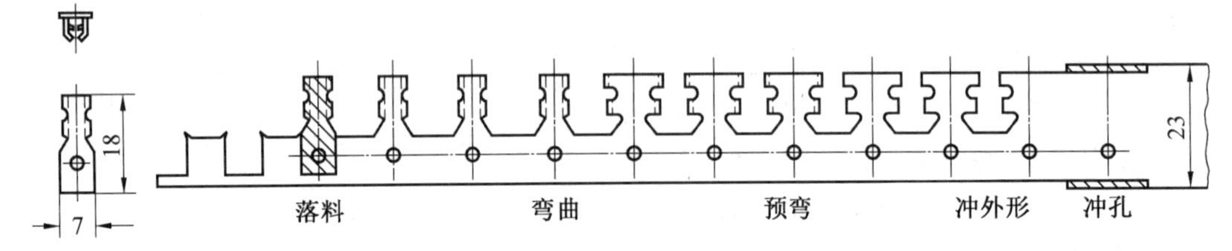

图 9.12 电线接头的冲压工艺

(3)工艺稳定性也是冲压工艺过程设计时不可忽略的问题。原材料力学性能的波动、厚度的波动、模具的制造误差、模具的调整、润滑的变化、设备的精度等,都对冲压工艺的稳定性具有较大的影响。

工艺稳定性差时,冲压过程中的废品率会显著增加,而且对原材料、设备性能、模具精度、操作水平等的要求也是很苛刻,有时是在实际生产条件下难以达到的。

适当地降低冲压工序中的变形程度,可以提高冲压工艺稳定性(如图 9.13 中的拉深变形区内离区域边界较远的部分),要避免在接近极限变形参数的情况下进行冲压加工。适当地降低变形程度,可以使模具调整工作简化,并且也提高了工艺稳定性。在大量生产中的连续流水线所采用的冲压工艺过程,应该保证必要的工艺稳定性。

4. 冲模的结构、强度等对冲压工艺过程的要求

在设计冲压工艺过程时,应该考虑到所定冲压工艺方案与模具结构之间的关系。模具形式的选定,主要决定于生产批量的大小。当生产批量较大时,应该尽量用可以一次完成几种冲压工序的连续模或复合模,把多工序合并成为一道冲压工序。当生产批量很小时,则要考虑用简单模分成单工序逐步地冲成。

对于图 9.6(a)所示的零件,在大量生产时,可以把落料、冲孔、翻边三个冲压工作合并为一道工序用复合模加以完成。而在小批生产时,则要分成为二道工序或三道工序冲压完成。此外,在将落料、冲孔与翻边合并成一道工序时,必须考虑模具的强度问题,假如翻边高度(图中零件为 8.5 mm)很小时,复合模的凸凹模的厚度也一定很小,强度得不到保证,所以不能采用一道冲压工序。

从图 9.14 可以看出，切边工艺对模具结构也有直接影响，用图 9.14(b)所示的切边工艺时，切边线在圆柱表面上需用结构复杂的切边模；当用图 9.14(a)所示的切边工艺时，虽然工序数目增加，但切边线在平面上，冲切方便，模具结构简单，但零件质量稍差一些。

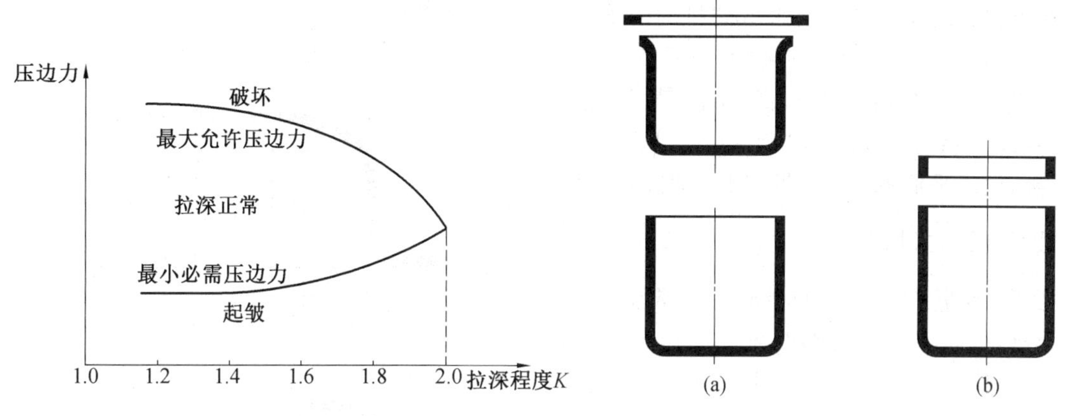

图 9.13 拉深变形程度对工艺稳定性的影响

图 9.14 切边方法对模具结构的影响

9.5 冲压工序间半成品的形状与尺寸的确定原则

冲压工序间半成品是毛坯和冲压件之间的过渡件。每个半成品都可以分成两个组成部分：已成形部分，它的形状和尺寸与成品零件相同；有待以后继续成形的部分，它的形状和尺寸与成品零件不同，是过渡性的，应该根据各个工序中冲压变形的需要正确地确定。虽然在零件的冲压加工完成后，这些过渡性的形状和尺寸会完全消失，可是它们却对每道冲压工序的成败和冲压件的质量与尺寸精度具有极其重要的影响。确定每道工序里半成品的形状与尺寸时，需要考虑的问题是多方面的，但其中起主要作用的是冲压变形的要求。对于同一个冲压半成品来说，其不同部位上的形状与尺寸的确定依据和方法也是不同的。

(1)有一部分半成品的尺寸，可以根据该道冲压工序的极限变形参数的计算求得，例如多次拉深时半成品的直径、拉深件底部翻边前孔的直径等。图 9.15 所示零件的第一道拉深工序后的直径 ϕ22 mm，就是根据极限拉深系数计算得出的。

(2) 确定半成品尺寸时，必须保证在每道工序中被已成形部分隔开的内部与外部，在以后的加工中都各自在本身范围内进行金属的分配和转移，不能企图从其他部分补充金属，也不应有过剩多余的金属。如图 9.15 所示的零件，在第二道拉深工序之后，已经形成直径为 ϕ16.5 mm 的圆筒形部分。这部分的形状和尺寸都与成品零件相同，在以后的各道工序里它不应再产生任何变形，所以它是已经成形部分。在确定半成品尺寸时，必须使被这部分隔开的内部与外部的金属数量，足够它们在以后各道工序里形成成品零件相应部分时的需要，但也不能过剩多余。第二道工序后半成品内部的各个尺寸，也是根据这一原则按面积相等的方法计算得出的。

(3) 有时半成品的形状和尺寸也要满足储料的需要。当在冲压的某个部位上要求局部冲压出凹坑或凸起时,如果所需要的材料不容易或不能从相邻部分得到补充,就必须在半成品的相应部位上采取储料的措施。从图9.15中第三道工序后的半成品底部的形状和尺寸来看,由于凹坑的直径过小(ϕ5.8 mm),假如把第二道拉深工序后的半成品做成平底的形状,凹坑的一次冲压成形是不可能的(拉深系数为 $m=\frac{5.8}{16.5}=0.35$)。把第二道拉深工序后的半成品底部做成球面形状,可以在以后成形凹坑的部位上储存较多的材料,使第三道工序中一次成形凹坑成为可能。

(4)有一些半成品的尺寸,应该从模具的强度出发确定。例如图9.15(a)中零件的冲孔尺寸的确定时,就要考虑到模具的强度。取较大的冲孔直径有利于满足极限翻边系数和变形趋向性的要求,而且厚度减薄量也小,翻边后零件的口部平齐。但是冲孔直径过大时,凸凹模的壁厚就要相应地减小,对模具的强度不利。

(5)在曲面形状零件拉深时,时常把半成品做成具有较强抗失稳能力的形状,用以防止下一道冲压成形工序中起皱现象的发生。图9.16所示的第一道拉深后半成品的形状,其底部不是一般的平底形状,而是做成外凸的曲面。在第二道反拉深的过程中,当半成品的曲面与凸模曲面逐渐贴靠时,半成品的底部形成的曲面形状具有较高的抗失稳起皱的能力。这对第二道拉深工序的进行是十分有利的。

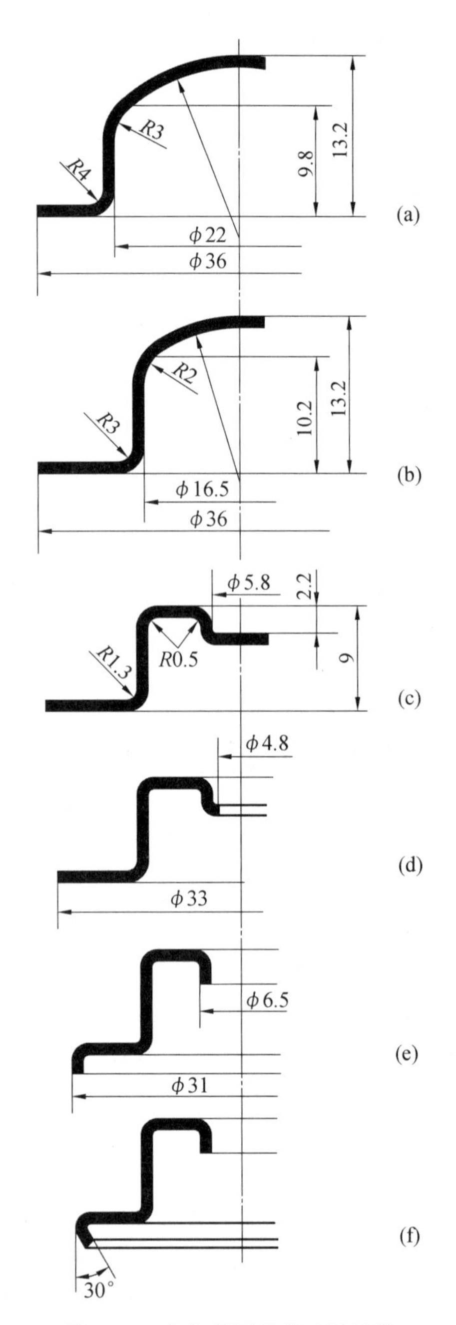

图9.15 出气阀罩盖的冲压过程

(a)—落料、拉深;(b)—拉深;(c)—成形;(d)—冲孔、修边;(e)—外缘翻边、翻内孔;(f)—折边

(材料:黄铜H62;厚度:0.3 mm)

(6)有时半成品的过渡尺寸,直接影响成品零件的表面质量。如多道拉深工序中凸模的圆角半径或宽法兰边零件多次拉深时的凹模与凸模的圆角半径,都不宜取得过小,否则在制成零件的表面上会残留有板料在圆角部位弯曲与变薄的痕迹,降低零件的表面光滑程度。

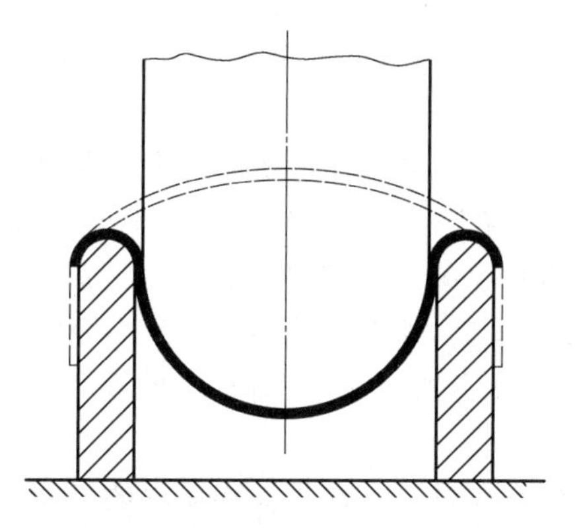

图 9.16 曲面零件拉深时的半成品形状

9.6 冲压设备的选择

冲压设备的选择是工艺过程设计中的一项重要内容，它直接关系到设备的安全和合理的使用，同时也关系到冲压工艺过程能否顺利地完成以及模具的寿命、产品的质量、生产的效率、成本的高低等一系列重要问题。

首先，要根据所要完成的冲压工艺的性质、生产批量的大小、冲压件的几何尺寸和精度要求等来选定设备的类型。

在中小型的冲裁件、弯曲件或拉深件的生产中，主要应用开式单柱机械压力机。虽然单柱压力机的刚度差，在冲压变形力的作用下床身的变形能够破坏冲裁模的间隙分布，降低模具的寿命或冲裁件的表面质量，但由于它有方便的操作条件，非常容易安装机械化附属装置等，仍然是中小型冲压设备的主要形式之一。在这类冲压设备中，具有偏心的行程调节机构，而且在悬臂的轴头上安装连杆的压力机所具有的刚度最差，对冲裁模寿命有非常不利的影响。目前应用较广的开式压力机，在保留了单柱压力机便于操作优点的同时，其传动、导向和床身结构都使其精度和刚度有很大的提高和加强，有利于保证冲压件的质量、减少振动、提高冲模使用寿命等。

在大中型冲压件生产中，多用双柱结构形式的机械压力机，其中有一般用途的通用压力机，也有台面较小而刚度大的专用挤压压力机、精压机等。在大型拉深件的生产中，应尽量选用双动压力机，因为所用模具结构简单、调整方便。双动压力机在大批量生产中应用相当广泛。在大批量生产中，应尽量选用高速压力机或多工位自动压力机。

在小批量生产中，尤其是大型厚板冲压件的生产中，多采用液压机。液压机没有固定的行程，不会因为板材厚度变化而超载，而且在需要很大的施力行程加工时，与机械压力机相比具有明显的优点。但是，液压机的速度一般要比机械压力机小一些。

在选用冲压设备时，应充分注意到压力机的精度和刚度。机械压力机的刚度由床身刚度、传动刚度和导向刚度三部分组成。只有压力机的刚度足够时，其静态精度才能在受载荷作用的条件下保持下来，否则其静态精度(空载时测量所得)也就失去了意义。当压力机的刚度较差时，不仅冲裁模间隙的均匀分布会遭受破坏，而且在冲裁终了时压力机各受力部件的突然卸载会使凸模以很高的速度冲入凹模刃口内较大的深度，同时模具的间隙也迅速变化。这些现象都能降低模具的寿命和冲裁件的质量。因此，在薄板零件冲裁时要尽量选用精度高而刚度大的压力机。

校正弯曲、校平和校形等冲压工艺所用的机械压力机应该具有较大的刚度，以便获得较高的冲压件的尺寸精度。提高机械压力机的结构刚度和传动刚度，都可以降低板材性能的波动、操作因素和前一道工序的不稳定因素引起的成品零件的尺寸偏差。但是，只有采用厚度公差较小的高精度板材时，才有可能使用精度高而刚度大的压力机，否则板材厚度的波动能够引起冲压变形力的急剧增大，这时过大的设备刚度反而容易造成模具或设备的超负荷损坏。

在冲压设备类型选定之后，应该进一步根据冲压件的尺寸、模具尺寸和变形力确定设备的规格。

(1)压力机的行程大小，应该能保证成形零件的取出与毛坯的放进，例如拉深所用压力机的行程，至少应大于成品零件高度的两倍以上。

(2)压力机工作台面的尺寸应大于冲模的平面尺寸，还要留有安装固定的余地，但过大的工作台面上安装小尺寸的冲模时，工作台的受力条件是不利的。

(3)所选定的压力机的封闭高度应与冲模的封闭高度相适应。冲模的封闭高度，即冲压加工完成时冲模的高度，其数值应该介于压力机的最大封闭高度与最小封闭高度之间。按模具封闭高度选设备时，还要考虑因修磨引起的冲模封闭高度的减小值。

(4)当进行冲裁等冲压加工时，由于其施力行程较小，接近于板材的厚度，所以可以按冲压过程中作用于压力机滑块上所有力的总和并按其最大值 F_{max} 选取设备。考虑到板材的力学性能、厚度及操作等因素的波动可能引起的变形力的增大，通常取设备的名义吨位比 F_{max} 大 10%～20%。在某些特殊情况下，例如由于设备的刚度不足不能保证冲压的尺寸精度或者使模具寿命降低很多时，也可以取设备的吨位为 $2F_{max}$。

F_{max} 是进行冲压加工时作用于滑块上力的总和，包括有冲压变形力、推件力、卸料力、弹簧压缩力、气垫压缩力等。当进行拉深等冲压加工或者采用复合模成形时，施力行程较大，而且最大作用力发生的时间可能不与压力机滑块下死点位置相重合，这时便不能单纯地按最大作用力 F_{max} 与压力机吨位之间的关系选择设备，而应该以保证在压力机全部行程里为完成冲压加工所需的滑块作用力都不能超出压力机的允许压力与行程关系曲线的范围为条件进行选择。图 9.17 中的曲线 a 与 b 是曲轴压力机的典型许用压力一行程曲线。从图中可以看出：在不同的滑块行程位置上压力机所能给出的作用力是变化的，而且只有在下死点附近的位置上压力机才能给出名义吨位的压力。一般的通用曲轴压力机的有效工作行程占滑块行程的 5%～8%。因此，在完成拉深、落料拉深复合工序以及其他工作行程较大的冲压工作时，必须保证在全部冲压行程里滑块所应给出的力(包括变形力、冲裁力、卸料力、气垫或弹簧垫的作用力等)不要超过图中的压力一行程曲线。

图 9.15 中，曲线 1、2 与 3 分别代表典型的冲裁、弯曲和拉深的变形力与行程的关系曲线。由图中的对比可以看出，在进行冲裁(曲线 1)或弯曲(曲线 2)时，选用名义吨位为 F_a 的压力机，完全可以保证在全部行程里的变形力都低于压力机的许用压力，所以是合理的。但是，对于名义吨位为 F_a 的压力机，虽然它的名义吨位远大于拉深变形(曲线 3)所需的最大力，但在全部行程中，许用压力一行程曲线不能全部覆盖变形力一行程曲线。所

以，在这种情况下必须选用名义吨位为 F_b 的压力机。

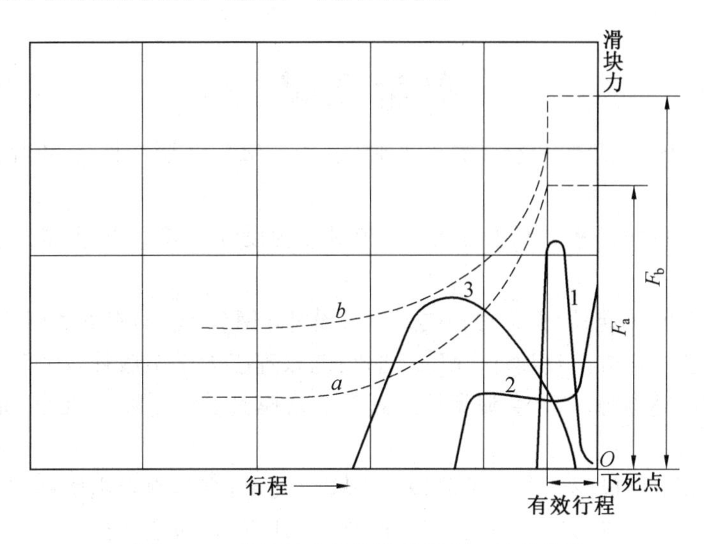

图 9.17　曲轴压力机的许用压力—行程曲线

1—冲裁；2—弯曲；3—拉深

思考题与习题

1. 变形趋向的基本原理是什么？
2. 变形趋向会受到哪些因素的影响？
3. 设计冲压工艺时，必须遵守哪些基本原则？

参考文献

[1] 中国机械工程学会锻压学会. 锻压手册(锻造)[M]. 2版. 北京:机械工业出版社,2002.

[2] 模具设计与制造技术教育丛书编委会. 模具结构设计 [M]. 北京:机械工业出版社,2005.

[3] 张国志,赵宪明,刘晓涛,等. 材料成形模具设计 [M]. 沈阳:东北大学出版社,2006.

[4] 鄂大辛. 成形工艺与模具设计 [M]. 北京:北京理工大学出版社,2007.

[5] 高军,吴向红,赵新海,等. 金属塑性成形工艺及模具设计 [M]. 北京:北京国防工业出版社,2007.

[6] 李春峰. 金属塑性成形工艺及模具设计 [M]. 北京:高等教育出版社,2008.

[7] 夏巨谌. 金属塑性成形工艺及模具设计 [M]. 北京:机械工业出版社,2008.

[8] 高锦张,陈文琳,贾俐俐. 塑性成形工艺及模具设计 [M].2版. 北京:机械工业出版社,2008.

[9] 中国模具工业协会. 模具行业"十二五"发展规划 [J]. 模具制造,2010(11):1-3.

[10] 杨玉英. 实用冲压工艺及模具设计手册 [M]. 北京:机械工业出版社,2005.

[11] 冲模设计手册编写组. 冲模设计手册 [M]. 北京:机械工业出版社,2004.

[12] 柯旭贵. 先进冲压工艺与模具设计 [M]. 北京:高等教育出版社,2008.

[13] 周开华. 简明精冲手册 [M]. 2版. 北京:国防工业出版社,2006.

[14] 程虹. 冲压工艺与模具设计 [M]. 北京:高等教育出版社,2010.

[15] 李洪波,袁立峰. 液压成形在汽车车身成形上的应用分析 [J]. 冲模技术,2017(10):21-24.

[16] 王忠金. 难变形板材复杂形状构件黏性介质压力成形技术 [J]. 航空制造技术,2014(10):26-31.

[17] 张昊晗,殷文齐,张忠顺,等. 板料多点柔性成形技术 [J]. 一重技术,2015(3):6-9.